省级“森林植物”精品在线开放课程配套教材
森林植物省级课程思政示范课程配套教材

植 物 学

BOTANY

黄 安 曾祥划 主 编
陈岭伟 陈日东 赵秀娟 主 审

中国农业大学出版社
·北京·

内 容 简 介

植物学是职业院校园艺、园林、林业、森林资源保护、自然保护区、生物技术及其他涉林专业的一门必修的专业基础课。本教材以“草本与灌木植物的识别”为主线，介绍了植物细胞的结构、植物组织的类型、植物营养器官与繁殖器官的形态与解剖构造以及植物分类的基础知识，并重点介绍了华南地区常见的500余种（含品种与变种）草本与灌木植物的形态特征、生活习性和用途，植物种类包括珠三角森林城市建设与绿化的园林植物及广州市常见的野生草本与灌木类森林植物，乔木树种部分将于续编的《树木学》进行介绍。

图书在版编目（CIP）数据

植物学 / 黄安，曾祥划主编. —北京：中国农业大学出版社，2018.8（2024.5 重印）
ISBN 978-7-5655-2093-8

Ⅰ. ① 植…　Ⅱ. ①黄…②曾…　Ⅲ. ①植物学－高等职业教育－教材　Ⅳ. ① Q94

中国版本图书馆 CIP 数据核字（2018）第 189276 号

书　　名　植物学
作　　者　黄　安　曾祥划　主编

策划编辑　司建新　　**责任编辑**　韩元凤
封面设计　郑　川
出版发行　中国农业大学出版社
社　　址　北京市海淀区圆明园西路 2 号　　**邮政编码**　100193
电　　话　发行部 010-62818525，8625　　读者服务部 010-62732336
编辑部 010-62732617，2618　　出　版　部 010-62733440
网　　址　http://www.cau.press.cn　　**E-mail** cbsszs@cau.edu.cn
经　　销　新华书店
印　　刷　涿州市星河印刷有限公司
版　　次　2018 年 9 月第 1 版　　2024 年 5 月第 3 次印刷
规　　格　787×1 092　　16 开本　　18.75 印张　　465 千字
定　　价　80. 00 元

省级“森林植物”精品在线开放课程

配套教材编审委员会名单

编 写 人 员

主　　编　黄　安　曾祥划

副 主 编　王　琳　胡　瑾

编写人员（按姓氏笔画排列）

王　琳　陈楚民　林翠新

胡　瑾　徐谙为　黄　安

黄彩萍　曾祥划　廖庆文

主　　审　陈岭伟　陈日东　赵秀娟

前言

植物学是高等职业院校涉农专业的一门专业基础课程，为使教学内容更贴近岗位实际，增强学生就业后的基本工作能力，编写团队根据近年来林业行业职业岗位对从业人员的知识、技能的需求和生源的特点，遵照“做中学，学中做，做中考”的现代职业教育教改理念以及线上线下混合式教学方法，结合《森林植物》省级课程思政示范课程立项后的建设计划，对本教材第一版上一印次的内容进行了增补和修订。修订的主要内容有：一是结合教材的内容将党的二十大精神制作成课程思政教育文本，以二维码形式插入到教材各个章节。二是将课程思政元素融入各个项目的自主组卷测试中，并以考试二维码的形式插入相应的页面，学生通过手机扫码即可进入考试并自主评分。三是结合森林植物省级精品课程的内容在各个项目相应页面中插入融入课程思政元素的微课和动画二维码供学生扫码观看。四是根据教学实际更新了部分存在争议的植物插图、修改了部分植物的名称和一些过时不准确的内容。

本教材以“草本与灌木森林植物的识别”为主线，介绍了植物细胞、植物组织、植物器官、以及植物分类的基础知识，并重点介绍了华南地区常见的520余种（含品种与变种）草本与灌木植物的形态特征、生态习性和用途，在强调理论知识够用的基础上，安排了实验及野外植物识别的实训，力求满足新时期生产实践对森林植物教学提出的新要求。为使教学内容更贴近林业生产，增强学生就业后的森林植物识别能力，本教材摒充传统植物学教材采用黑白图片并大量描述森林中野生植物的做法，按高职学生认知规律选择了华南地区林业和园林生产上常用的灌木、草木和花卉进行现场拍摄，并按形态特征、分布、习性，用途等方面进行组织编排，尽量做到简明扼要，知识点清晰。

由于编者水平所限，编写和修订的时间仓促，书中缺点和错误在所难免，敬请读者提出宝贵意见，以供今后进一步的改进修订。

编　者

2023年12月30日

目 录

课程导学

“植物学”是高等职业院校林业、园林、园艺、农业生物技术等涉农涉林专业的一门专业基础课。它是研究植物界和植物体的生活和发展规律的科学，主要包括研究植物各类群的形态结构、进化分类、分布规律和有关生命活动、生长发育规律，以及植物和外界环境间多种多样关系的学科，是理论性、实践性、直观性均很强的课程。

【知识目标】

了解植物的基本特征、植物学的概念、植物的多样性。了解植物在自然界和国民经济中的作用。掌握植物学的课程内容和学习方法。

一、植物的基本特征和多样性

自然界的生物种类繁多，人们一般根据其外部特征、内部结构和生活方式的不同，将它们分为动物界和植物界。其中植物与人类的生产和生活有着密切的关系。丰富多样的植物在生长发育繁殖过程中，为人类的衣食住行提供了各种原料及生态环境。

（一）植物的基本特征

植物的基本特征：

① 绝大多数都具有细胞壁。

② 多数含有叶绿素能进行光合作用，制造有机养料，具有自养能力。

③ 没有运动器官和感觉器官，需要固着在一定的位置生长。

森林植物：指组成森林中的乔木、灌木、藤本和草本等各类植物的总称。

园林植物：在园林建设中所需的一切植物材料，具有一定观赏价值，适用于室内外布置，以净化、美化环境，丰富人们生活的植物。包括木本植物和草本植物。

（二）植物的多样性

在浩瀚的植物王国里，种类繁多的植物都具有自己独特的形态、色彩、风韵、芳香，如尖塔状的雪松、扇形叶的银杏、花如白鸽的珙桐、出淤泥而不染的荷花、清香的茉莉花、淡香的玉兰花、果如腊肠的腊肠树以及叶大如圆盘的王莲。可以看出，随着地球的历史发展，各类植物经过长期的进化，在外部形态特征（包括体型、营养器官、繁殖器官）、结构、生态环境、营养方式、寿命及进化类群等多个方面表现得丰富多彩、绚丽多姿。

1. 外部形态多样性

从体型上看，植物形态各异，有高逾百米的巨大乔木，也有矮至几厘米的草坪及地被植物；有直立的，也有攀缘的和匍匐的。通常把树体高大，有明显主干的称为乔木，它们是森林的“骨架”和主体，其树形各异，如圆锥形、卵圆形、伞形、圆球形等。把树体矮小，无明显主干，多呈丛生或分枝较低的称为灌木，它们是森林的“肌肉”和副体。而有些植物的地上部分不能直立生长，常借助茎蔓、吸盘、吸附根、卷须、钩刺等攀附在其他支持物上生长的称为藤本植物，它们是森林的“筋络”和支体。很多植物的茎草质柔软，木质部不发达，植株矮小，属于草本植物，它们是森林的“血肉”和“衣裳”，这类植物有一年生草本植物和多年生草本植物，不少草本植物专门生活在水中称为水生植物。还有一类利用孢子进行繁殖的植物称为孢子植物。

2. 结构多样性

地球上的植物体在结构上，有的十分微小如微球菌的直径只有 0.2 μm，一般的杆菌长 2 μm，宽 0.5 μm，只有借助于显微镜才能观察到；而肉眼可见的，有平时常见的花、草，也有枝叶繁茂的参天巨树。在内部结构上，有的非常简单，如衣藻、小球藻为单细胞，实球藻、团藻则是由松散联系的一定数量的细胞聚成的群体，而大多数植物是联系紧密的多细胞植物体。多细胞植物中，有低等植物如紫菜、海带等；高等植物则产生了高度的组织分化，形成了维管组织，具有根、茎、叶等器官，最高级的种子植物还能产生种子繁殖后代。

3. 生活环境多样性

从植物的生活环境来看，大多数植物生长在陆地上，通称为陆生植物。那些生长于水里的则称为水生植物，如莲、金鱼藻等。陆生植物又根据对土壤的要求和适应程度的差异分为旱生植物、中生植物和湿生植物。另外，在一些特定的环境中，相应的出现一些特殊类型的植物，如沙生植物、盐生植物、酸性土植物、钙质土植物等类型。野生植物经过引种驯化栽培，在长期自然选择和人工选择下，产生了许多新的生态类型。

4. 营养方式多样性

从营养方式上看，绝大多数植物都具有叶绿体，能够进行光合作用，被称为绿色植物或自养植物。而植物体内无叶绿素，不能自制养料，必须寄生在其他植物上吸收现成的养分而生活的，则被称为寄生植物，如寄生在大豆上的菟丝子，寄生在小麦茎叶上的杆锈菌等。还有些植物如许多菌类，它们生活在腐败的生物体上，通过对有机物的分解作用而摄取生活所需的养料，被称为腐生植物。寄生植物和腐生植物被称为非绿色植物或异养植物。但非绿色植物中也有少数种类如硫细菌、铁细菌，可以借氧化无机物的能量而自制养料，被称为化学自养植物。

5. 寿命多样性

从寿命上看，植物的生命周期也有很大差别，有的仅经过 20～30 min 即可分裂产生新个体；一年生和二年生的种子植物分别在一年中或经历两个年份的两个生长季节才能完成生命周期；多年生的种子植物如桂花、梅花、杨树、松树可以生活多年，而有的树木树龄可长达数百年甚至上千年。

6. 植物类群多样性

根据植物体的形态特征及进化程度，一般将植物分为两大类共 16 个门，即低等植物和高等植物，低等植物分为藻类植物 8 个门、菌类植物 3 个门、地衣植物 1 个门，高等植物有苔藓植物 1 个门、蕨类植物 1 个门、种子植物 2 个门。种子植物是植物界种类最多，形态结构最为复杂，也是和人类经济生活最为密切的一类植物。

我国地域辽阔，植物资源丰富，仅种子植物就有 3 万多种，全部的农作物、树木和多数经济植物都是种子植物。其中，有闻名世界的果树品种荔枝、龙眼、枇杷、梅等；有名贵的建筑材料台湾杉、马尾松、楠木、樟树、柳杉等。花卉品种也很多，如月季、玫瑰、牡丹、菊花、兰花、茶花等。名贵药用植物如杜仲、人参、当归、石斛等。古代珍奇植物有银杏、水杉、水松、银杉、金钱松等。此外，还蕴藏着大量的野生植物资源。

二、植物的作用

（一）植物在自然界中的作用

1. 绿色植物的光合作用——合成有机物，释放氧气

光合作用是绿色植物利用太阳光能，将简单的无机物（如二氧化碳和水）合成为复杂的有机物，并释放氧气，从而把光能转变为化学能的过程。全世界绿色植物固定太阳能的量是非常巨大的。据研究者估计，每公顷森林每天进行光合作用产生的有机物质除用于呼吸作用外，还产生相当于75～300 kg葡萄糖的干物质，每一生长季节能产生相当于1.8～7.7 t葡萄糖的有机碳化合物。植物光合作用产物除供植物本身利用外，剩余部分储藏在各器官中，有些可以成为人类和动物的食物、能源和其他可供利用的产品。因此植物的光合作用是地球上规模最大的将无机物转化为有机物、将太阳能转化为化学能的天然化工厂，也是地球上生命活动所需能量的基本源泉。绿色植物是自然界中的第一生产者（初级生产）。

2. 非绿化植物的矿化作用——分解有机物，释放二氧化碳

自然界的物质总是处在不断的运动中，不仅有从无机物合成有机物的过程，还有有机物分解成无机物的过程。非绿色植物如细菌、真菌、粘菌等把死亡的有机物分解成简单的无机物，并释放大量的二氧化碳，称为非绿色植物的矿化作用。经过非绿色植物的矿化作用，使复杂的有机物分解为简单的无机物，再回到自然界中，重新被绿色植物利用。

3. 物质循环与生态保护的作用

在自然界中，光合作用与矿化作用使物质进行不断的合成与分解，循环往复，进而维持生态平衡和促进生物的发展。因此植物在维持地球上物质循环平衡中起着不可替代的作用。此外植物在调节气温、水土保持，以及在净化生物圈的大气和水质等方面均有极为重要的作用，为地球上其他生物提供了赖以生存的栖息和繁衍后代的场所。

（二）植物在国民经济中的作用

植物界是植物种质保存的天然基因库，为人类提供粮食、蔬菜、水果、木材、纤维、饲料、药材、饮料、烟草、糖、景观、花卉……此外人类生活的重要能源如石油、煤炭、天然气也主要是古代植物遗体经地质矿化而成的。因此人类的衣、食、住、行、医及工业品等都直接或间接与植物有关。

三、植物学的内容与学习方法

（一）植物学的内容和任务

植物学是高职涉农类专业的一门专业基础课，课程的主要内容是在掌握植物细胞、植物组织、植物器官形态与解剖构造，了解植物分类知识的基础上，学会识别各种园林及森林植物。通过本课程的学习，要求能掌握植物学的基础知识，识别400种以上常见的园林

或森林植物，并了解其分布、习性和用途。为进一步学习其他专业课打好基础。

植物学的主要任务有：

① 掌握植物细胞的基本结构、繁殖方式，植物组织的类型及结构特征，植物营养器官——根、茎、叶与繁殖器官——花、果实与种子的形态特征及解剖构造。

② 正确识别华南地区园林及森林中常用的灌木及草本植物 400 种以上； 熟练掌握主要代表植物的形态特征、分布区域、生态习性、观赏价值及应用等基本知识和技能。

③ 了解植物分类的基本方法，掌握植物分类的主要系统及基本理论。

（二）植物学的学习方法和要求

要学会识别植物，就必须掌握每种植物器官的形态特征，多实践，细观察，善于分析，比较和归纳各类植物的异同点，才能准确识别植物。

因此在识别植物时，首先要观察植物的生活型、体型及外部环境，然后仔细观察植物的茎、叶、花、果实等器官的特点，特别是枝、叶在植株上保存和展现的时间较长，是识别植物的重要依据。花、果和种子展现的时间较短，具有季节性，而且花和果实的颜色容易褪，往往只能作为识别的辅助依据。

在植物学的学习过程中要注重理论联系实际，十分重视实验操作和野外实习，认真观察和比较实物，善于整理总结，进行前后联系，横向比较，重在理解，不要死记硬背。

野外识别植物时，记得带一个放大镜和专业用的标本采集记录本，及时记录植物的形态特点，在详细观察和记录植物形态的特点基础上，善于应用国内外植物分类学资料，如检索表、植物志、植物彩色图谱，可通过对不认识的植物进行检索或者利用各种园林植物的彩色图谱与实物标本进行对比。还可利用网络资源，如中国植物志电子版（http://frps.eflora.cn/）、中国在线植物志（http://www.eflora.cn/）、中国数字植物标本馆（http://www.cvh.org.cn/）、中国植物图像库（http://www.plantphoto.cn）以及形色识花、花伴侣等 APP 识花小程序来帮助学习或鉴定植物。

兴趣是学习的最好老师，要尊重科学，热爱自然，逐步培养对植物课程的兴趣。

项目 1　植物的细胞

【项目描述】

植物细胞是植物生命活动中结构与功能的基本单位。植物细胞经过生长和分化形成具有各种结构、功能的组织，它是形成植物器官（根、茎、叶、花、果实、种子）的基础。了解、认识植物细胞形态结构，是识别植物的重要依据。本项目主要学习植物细胞的形态结构及繁殖方式。

本项目的学习任务：掌握植物细胞的结构与功能，掌握植物细胞的有丝分裂和减数分裂的主要特点，了解植物细胞的无丝分裂。

【知识目标】

了解植物细胞的形态和繁殖方式。掌握植物细胞的基本结构。

【技能目标】

使用显微镜观察植物细胞的结构。能利用洋葱表皮制作临时切片观察植物的细胞并绘制植物细胞结构简图。

细胞是构成生物体（除病毒及类病毒外）的形态结构和生命活动的基本单位。生命活动的基本过程都是在细胞内进行的，而植物细胞种类形形色色，千差万别，如某些单细胞的低等植物，一个细胞就是一个个体，一切生命活动都由一个细胞来完成。至于高等植物，一个个体是由无数细胞构成，细胞之间有了形态或结构上的分化和功能上的分工，并且密切联系，共同完成个体的各种生命活动。

任务 1　植物细胞的构造与功能

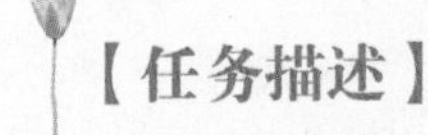

【任务描述】

细胞是构成生物体形态与结构以及生理功能的基本单位。植物体的形态特征，各种生命活动如生长繁殖、遗传与细胞的结构和功能密切相关。本任务主要学习植物细胞的结构和功能，为了解植物生命活动规律及植物识别奠定必要的基础。

【任务要求】

掌握植物细胞的基本结构和功能，能利用洋葱表皮制作切片观察植物细胞的结构并绘制细胞结构简图。

任务 1.1 植物细胞的形状和大小

一、植物细胞的形状

植物细胞的形状多种多样，如球形、多面体形、长方体形、星状体形等，这是植物在长期的进化过程中，其形状与细胞所处环境、所行使的功能相适应的结果。

单细胞的藻类植物，如小球藻、衣藻，因其游离生活在水中，各部分所受的压力基本相等，因此多为球形；多细胞的低等植物体，因细胞之间相互挤压，大部分呈多面体形；而种子植物的细胞，因分工精细，其形状常与细胞执行的功能相适应，如导管细胞、筛管细胞呈长筒状与其运输功能相适应，纤维细胞呈长梭形与其支持功能相适应，某些薄壁细胞疏松排列呈多面体形与其储藏功能相适应等（图 1-1-1）。

细胞形状的多样性，除了与其环境、功能有关外，人为因素也会改变细胞的形状，如用苯丙咪唑处理胚轴皮层细胞后，其细胞就由椭圆变成了长形。

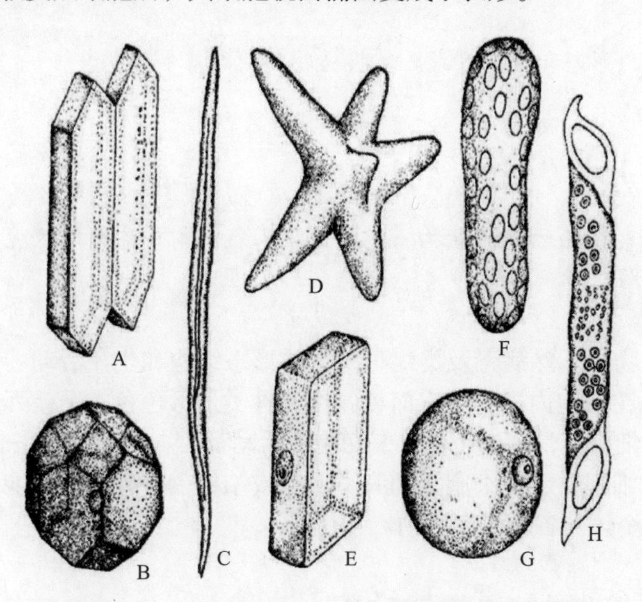

图 1-1-1 植物细胞的形状（引自何国生《森林植物》）

A. 梭形 B. 多面体形 C. 线形 D. 星形 E. 长方体形 F. 长柱形 G. 球形 H. 长筒形

二、植物细胞的大小

植物细胞的大小差异很大，如支原体直径仅 0.1 μm，而西瓜、番茄的成熟果肉细胞直径可达 1 mm，苎麻的纤维细胞长度高达 550 mm，肉眼即可分辨出来。一般植物细胞的直径为 20～50 μm，需借助光学显微镜才能看到。

细胞的体积较小，其表面积就相对较大，这有利于细胞与周围环境进行物质交换和信息交流。一般来说，同一植物体不同部位的细胞，其体积越小，代谢就越活跃，如根尖、茎尖的分生组织细胞。而起储藏作用的某些薄壁组织细胞，因其体积较大，代谢强度就相对弱些。

植物细胞的大小是受细胞核制约的，因为细胞核所能控制的细胞质的量是有一定限度的，所以植物细胞的体积也是有一定限度的。不同类型的植物个体大小可能差异很大，但它们的细胞大小却基本一样。

任务 1.2 植物细胞的结构

植物细胞由细胞壁、原生质体和细胞后含物三部分组成。原生质体是细胞内一切有生命物质的总称，它包括细胞膜、细胞质、细胞核等结构。细胞壁是植物细胞特有的结构，包在原生质体外面，成为细胞的骨架。随着细胞的生长发育，细胞内出现储藏物质或代谢产物称为细胞后含物。

用光学显微镜可以观察到植物细胞的细胞壁、细胞质、细胞核、液泡等结构（图 1-1-2）。细胞质中的质体易于观察，用一定的方法制备样品，还能在光学显微镜下观察到线粒体等细胞器。

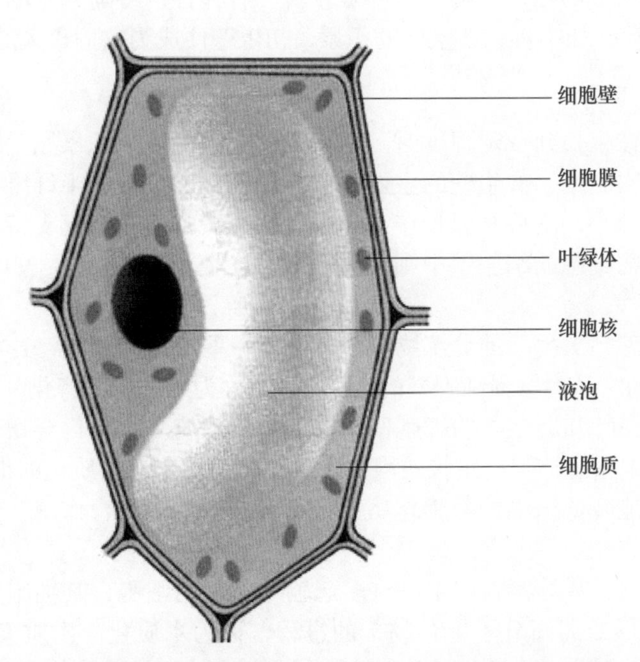

图 1-1-2 植物细胞结构模式图（引自向明，黄安《园林植物识别》）

一、细胞壁

细胞壁是具有一定弹性和硬度、包围在原生质体外的复杂结构，由原生质体分泌的物质形成，是植物细胞特有的结构。细胞壁的主要功能是支持和保护原生质体，防止细胞因吸水膨胀而破裂。在多细胞植物中，细胞壁能保持植物体正常的形态，同时细胞壁还参与植物体的吸收、分泌、蒸腾及细胞间运输等过程。和质膜相比，细胞壁对物质的出入没有

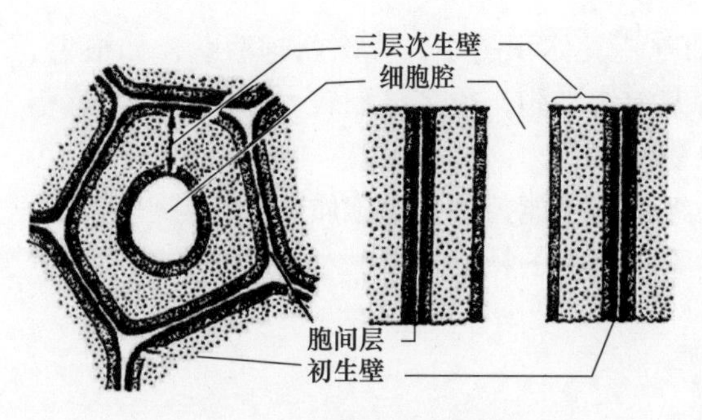

图 1-1-3 细胞壁的结构图
（引自何国生《森林植物》）

选择性。

根据形成的先后和化学成分的不同，可将整个细胞壁分为 3 层：胞间层、初生壁和次生壁（图 1-1-3）。

（一）胞间层

胞间层又称中层，位于细胞壁的最外侧，是两个细胞之间共有的一层，主要成分是果胶质。果胶质是一种无定形的胶质，具有很强的亲水性和黏性，能将相邻的细胞黏合在一起，并可缓冲细胞间的挤压。果胶质易被酸、碱或酶分解，使相邻细胞彼此分离，如番茄、西瓜的果实成熟时，依靠果胶酶将部分胞间层分解，使果肉变软。

（二）初生壁

初生壁是在细胞的生长过程中，原生质体分泌少量的纤维素、半纤维素和果胶质，加在细胞层的外面而形成的结构。初生壁一般较薄、有弹性，可随细胞的生长而延伸。许多细胞在形成初生壁后，如不再有新壁层的积累，初生壁便成为它们永久的细胞壁。

（三）次生壁

某些植物细胞在生长到一定程度时，会在初生壁内侧继续积累原生质体的分泌物而产生新的壁层，称为次生壁。次生壁的主要成分是纤维素及少量的半纤维素，硬度较大。次生壁越厚，细胞腔越小，支持和保护作用越强。次生壁常存在于起支持、输导、保护作用的细胞中，其他植物细胞的细胞壁中则无次生壁，终生只有初生壁，如叶肉细胞、分生组织细胞等。

在原生质体分泌到次生壁的分泌物中，常含有一些特殊的物质，这些物质的存在会改变细胞壁的理化特性，从而增强细胞壁的某些功能，称为细胞壁的特化。常见有以下 4 种：

（1）角质化　在叶和幼茎等的细胞壁中渗入一些角质（脂类化合物）的过程称为角质化。角质一般在细胞壁的外侧呈膜状或堆积成层称为角质层。角质化的细胞壁透水性降低，但可透光，因此既能降低植物的蒸腾作用，又不影响植物的光合作用，还能有效防止微生物的侵染。

（2）木质化　根、茎等器官内部有许多起输导作用的细胞，其细胞壁渗入木质素（几种醇类化合物脱氢形成的高分子聚合物）的过程，称为木质化。木质素是亲水性的物质，并具有很强的硬度，因此，木质化后的细胞壁硬度加大，机械支持能力增强，但仍能透水、透气。

（3）栓质化　根、茎等器官的表面老化后，其表皮细胞的细胞壁中渗入木栓质（脂类化合物）而发生的一种变化称为栓质化。栓质化的细胞壁不透水、不透气，常导致原生质解体，仅剩下细胞壁，从而增强了对内部细胞的保护作用。老根、老茎的外表都有栓质化的细胞覆盖。

（4）矿质化　禾本科植物的茎、叶表皮细胞常渗入碳酸钙、二氧化硅等矿物质引起的变化称为矿质化。细胞壁的矿物质，能增强植物的机械程度，提高植物抗倒伏和抗病虫害的能力。

另外，细胞壁的厚度往往是不均匀的，会形成许多较薄的区域，这些区域称为纹孔。相邻细胞壁的纹孔往往相对而生，形成纹孔对。两个细胞的原生质呈细丝状通过纹孔相连，这种细丝状的物质称为胞间连丝（图 1-1-4）。胞间连丝是细胞原生质体之间物质和信息直接联系的桥梁。由于纹孔和胞间连丝的存在，细胞与细胞之间就有机联系在了一起，从而使植物个体在结构上成为一个有机统一体。

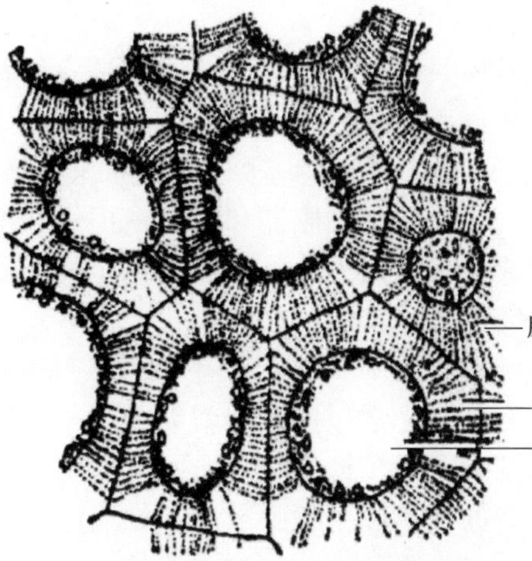

图 1-1-4　胞间连丝
（引自何国生《森林植物》）

二、原生质体的结构

原生质体由细胞膜、细胞质和细胞核三部分组成。

（一）细胞膜

细胞膜又称质膜，是位于原生质体外围、紧贴细胞壁的膜结构。组成质膜的主要物质是蛋白质和脂类，以及少量的多糖、微量的核酸、金属离子和水。在电子显微镜下，用四氧化锇固定的细胞膜具有明显的“暗 - 明 - 暗”三条平行的带，其内、外两层暗带由蛋白质分子组成，中间一层明带由双层脂类分子组成，三者的厚度分别约为 2.5 nm、3.5 nm 和 2.5 nm，这样的膜称为单位膜或生物膜（图 1-1-5）。

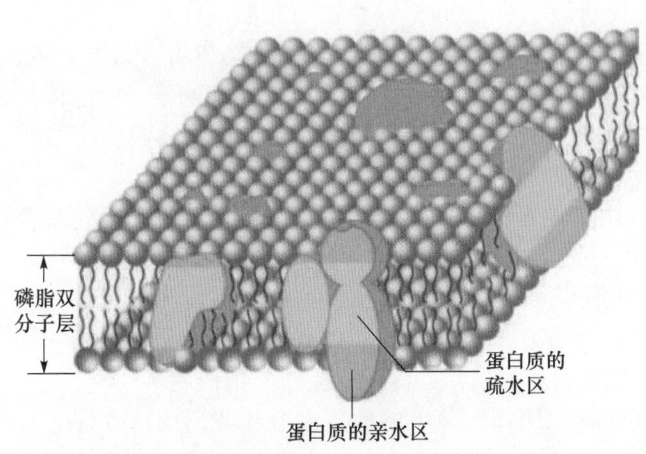

图 1-1-5　细胞膜结构（引自何国生《森林植物》）

细胞膜有重要的生理功能，它既使细胞维持稳定代谢的胞内环境，又能调节和选择物质进出细胞。细胞膜通过胞饮作用、吞噬作用或胞吐作用，吸收、消化和外排细胞膜外、内的物质。在细胞识别、信号传递、纤维素合成和微纤丝的组装等方面，质膜也发挥重要作用。

（二）细胞质

质膜以内、细胞核以外的原生质称为细胞质。活细胞中的细胞质在光学显微镜下呈均匀透明的胶体，并处于不断的流动状态。这种流动可促进营养物质的运输、气体的交换、细胞的生长和创伤的愈合等。细胞质主要包括胞基质和各种细胞器。

1. 胞基质

胞基质又称为基质、透明质，是一种具有一定弹性和黏性的透明胶体溶液，细胞核及各种细胞器都包埋在胞基质中。胞基质的化学成分很复杂，含有水、溶于水中的气体、无机盐离子、葡萄糖、氨基酸、核苷酸等小分子，还含有蛋白质、核糖核酸（RNA）等生物大分子。胞基质为细胞器和细胞核提供一个细胞内的液态环境，同时许多生化反应，如蔗糖的合成，就是在叶肉细胞的胞基质中进行的。

2. 细胞器

在细胞质的基质中，具有特定结构和功能的亚细胞单位，称为细胞器。它悬浮在胞基质中，有些在光学显微镜下就能看到，如质体、线粒体、液泡，但多数需借助电子显微镜才能观察到，如核糖体、内质网、高尔基体等。有的细胞器是由双层膜围成，如质体、线粒体；有的由单层生物膜围成，如液泡、内质网、高尔基体等；还有的是非膜结构，如核糖体。

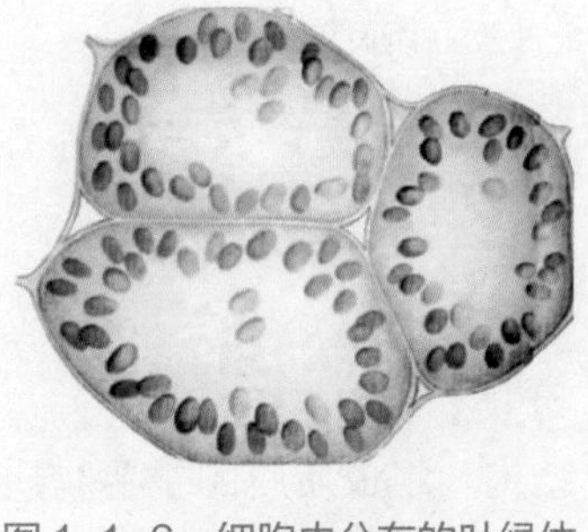

图 1-1-6 细胞内分布的叶绿体

（1）质体 是绿色植物特有的细胞器，与合成、累积同化产物有关，在光学显微镜下即可看到。根据其所含的色素的不同，可分为叶绿体、有色体和白色体 3 种。

叶绿体（图 1-1-6）：存在于植物体绿色部分的细胞中，含有绿色叶绿素（叶绿素 a 和叶绿素 b）和黄色、橙黄色的类胡萝卜素（胡萝卜素和叶黄素），与植物的叶色直接相关。

光学显微镜下叶绿体一般呈扁平的球形或椭圆形。在电子显微镜下，可以看到叶绿体表面由双层膜包被，双层膜内是基质和分布在基质中的类囊体。类囊体是由单层膜围成的扁平小囊，通常 10～100 个垛叠在一起形成柱状的基粒，基粒与基粒之间也有类囊体相连。它们悬浮在液态的基质中，组成一个复杂的类囊体系统，叶绿体的色素就分布在类囊体膜上。叶绿体的基质中含有 DNA、核糖体及酶等。叶绿体是高等植物进行光合作用的场所。在植物细胞内还有叶绿体基因组，因此叶绿体具有半自主性遗传。

有色体：含有胡萝卜素和叶黄素，由于两者的比例不同，可分别呈现黄色、橙色或橙黄色，它主要存在于植物的花瓣、成熟的果实、衰老的叶片、地下的储藏根（如胡萝卜）等部位。有色体能积累淀粉和脂类，还能使花和果实呈现不同的颜色。

白色体：不含色素，呈无色颗粒状，多存在于幼嫩细胞、储藏细胞、种子的胚和一些植物的表皮中。白色体的功能是合成和储藏营养物质，如淀粉、脂肪、蛋白质。

在一定条件下，3 种质体可以相互转化。例如，萝卜的地下部分见光后由白变绿，番茄、辣椒、苹果等果实成熟时由绿变红，美洲的一种柑橘在冬季呈橙色、夏季变为绿色。

（2）线粒体 除细菌、蓝藻及厌氧真菌外，线粒体（图 1-1-7）普遍存在于植物细胞中。在光学显微镜下经特殊染色，可看到它呈粒状、线形或杆形。在电子显微镜下观察，可看到线粒体是由双层膜围成的囊状结构，外膜平展完整，内膜的某些部位向腔内折叠，形成许多隔板状或管状的突起——嵴，嵴的周围充满了液态的基质。在线粒体内，有许多与有氧呼吸有关的酶，还含有少量的 DNA。和叶绿体一样，线粒体也属于半自主性遗传的细胞器。

线粒体是细胞有氧呼吸的主要场所，细胞生命活动所需的能量，大约 95% 来自线粒体。

（3）内质网（图 1-1-8） 是一种由单层膜围成的扁平囊、管、泡等交叉在一起的网状结构。内质网广泛分布在细胞质基质中，它增大了细胞内的膜面积，因膜上附着许多酶，就为细胞内各种化学反应的进行提供了有利的条件。同时内质网外连质膜，内连核膜，就为物质的运输提供了一个连续的通道。内质网还与蛋白质、脂类、糖类的合成有关。内质网有两种类型：①糙面内质网（rER），其膜的外表面附着有核糖体。②光面内质网（sER），其膜上无核糖体。内质网具有制造、包装和运输代谢产物的作用。rER 能合成蛋白质及一些脂类，并将其运到 sER，再由 sER 形成小泡，运到高尔基体，然后分泌到细胞外。sER 还可合成脂类、糖原等。ER 特化或分离出的小泡可形成液泡、高尔基体、圆球体及微体等细胞器。有人认为质体、线粒体和细胞核等的外层膜也与 ER 有关。此外，内质网还有“分室”作用，将许多细胞器相对分隔开，便于各自的代谢顺利进行。

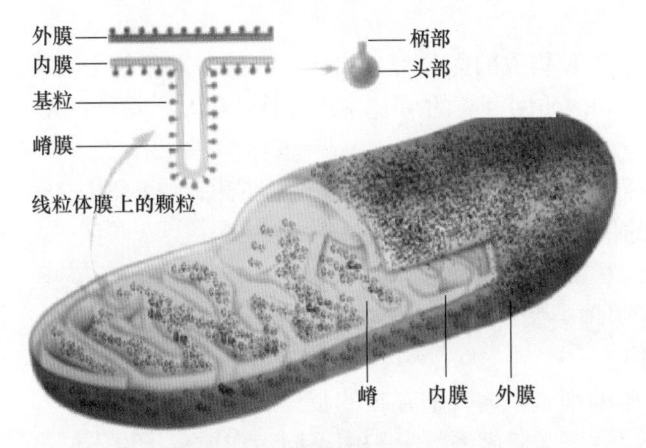

图 1-1-7 线粒体结构

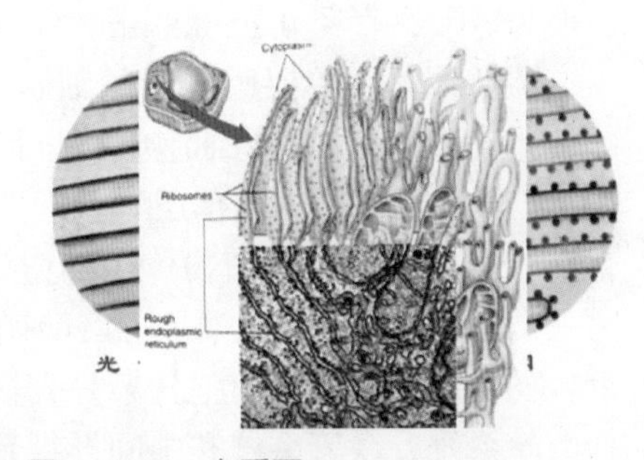

图 1-1-8 内质网

（4）高尔基体 高尔基体是由许多单层膜围成的扁平囊叠集在一起形成的膜结构，其主要作用是参与细胞壁的形成，并与蛋白质的加工、转运及细胞分泌物的形成有关。

（5）液泡（图 1-1-9） 是由单层膜围成，膜内的液体称为细胞液，内含多种物质：水、无机盐、糖类、有机酸、水溶性蛋白、生物碱、单宁、花青素等。

花青素在酸性、中性和碱性的环境中分别呈现红色、紫色和蓝色，从而使植物的叶、花和果实呈现多种颜色。

具有一个大的中央液泡是成熟植物细胞的标志，也是动、植物细胞的显著区别之一。幼小的植物细胞具有小而分散的液泡，随着细胞的生长，小液泡逐渐合并成一个大的中央液泡，中央液泡可占成熟细胞体积的 90% 以上。此时细胞质的其余部分，连同细胞核一起，被挤成薄薄的一层紧贴在细胞壁上，从而扩大了细胞质与环境的接触面，有利于新陈代谢的进行。

液泡具有许多重要的生理功能：液泡膜具有选择透性，可通过控制物质的出入而使细胞维持一定的压力，与细胞的吸水有直接关系；液泡中含有许多种水解酶，能分解液泡中的储藏物质以重新参加各种新陈代谢活动，也能通过膜的内陷来“吞噬”“消化”细胞中的衰老部分；液泡还具有储藏作用，如甜菜根的细胞液中含有大量蔗糖，罂粟果实的细胞液

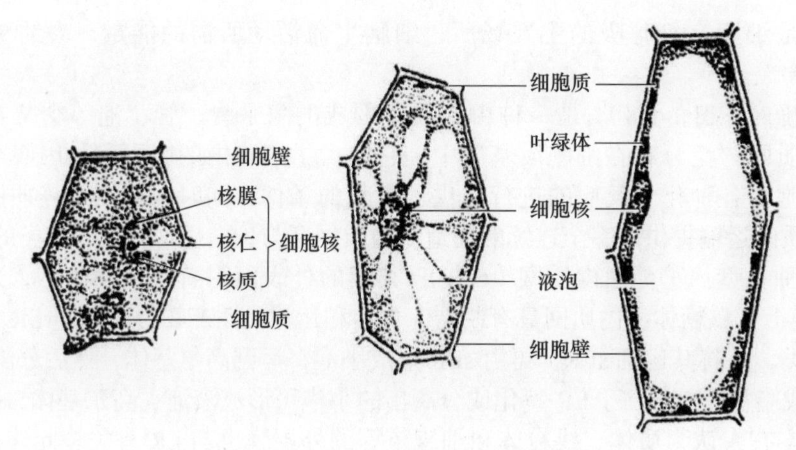

图 1-1-9 液泡的形成（引自方彦《园林植物》）

中含有较多的吗啡等。

（6）溶酶体和圆球体 溶酶体是由单层膜构成的能分解蛋白质、核酸、多糖等生物大分子的细胞器。溶酶体主要来自高尔基体和内质网分离的小泡。它的形状和大小差异较大，一般为球形，直径 0.2～0.8 μm。

圆球体是由单层膜围成的细胞器。圆球体除含水解酶外，还有脂肪酶，能积累脂肪。圆球体普遍存在于植物细胞中，与脂肪的代谢有关。

（7）微体 微体是单层膜包围的呈球状或哑铃形的细胞器，其直径 0.2～1.5 μm，普遍存在于植物细胞中。植物体内的微体有两种类型：一类是含过氧化氢酶的过氧化物酶体，另一类是含乙醇酸氧化酶的乙醛酸循环体。

（8）细胞骨架 细胞骨架是真核细胞的细胞质内普遍存在的蛋白质纤维网架系统，包括微丝系统、微管系统和中间纤维系统。这三类骨架系统分别由不同蛋白质分子以不同方式装配成不同直径的纤维，然后靠许多连接蛋白相互连接形成既有柔韧性又有刚性的三维网架，把分散在细胞质中的细胞器及各种膜结构组织起来，固定在一定的位置，使细胞内新陈代谢有条不紊地进行。

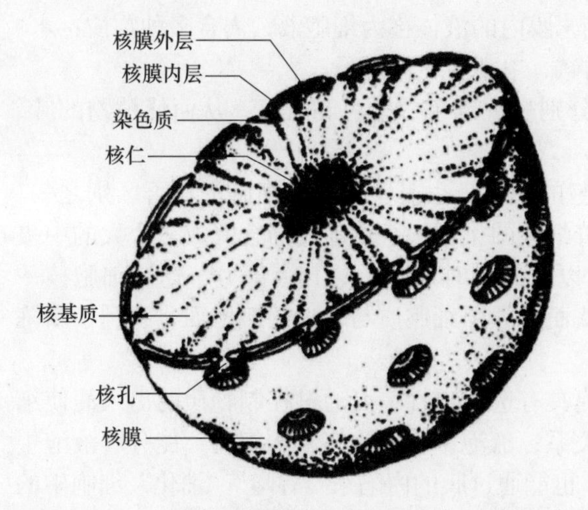

图 1-1-10 细胞核的结构（引自何国生《森林植物》）

（三）细胞核

细胞核通常呈球形或椭圆形，包埋在细胞质内。低等植物的细胞核较小，其直径一般为 1～4 μm，高等植物的细胞核直径为 5～20 μm。一般植物细胞只含一个细胞核，但在某些真菌和藻类细胞中常含两个或数个核，部分种子植物胚乳细胞发育的早期有多个细胞核。在光学显微镜下可看到细胞核由核膜、核仁和核质 3 部分构成（图 1-1-10），但细胞核的结构会随细胞分裂的不同时期而发生相应的变化。

（1）核膜 核膜为双层膜，它包被在

细胞核的外面，把细胞质与核内物质分开，稳定了细胞核的形状和化学成分。核膜有一定的透性，可让小分子物质，如氨基酸、葡萄糖等透过。核膜上有核孔，是细胞质和细胞核之间物质交换的通道，大分子物质如RNA，可通过核孔进出细胞质。

（2）核仁 核仁为细胞核中折光性很强的球体。核仁的主要功能是合成核糖体RNA。生活细胞中常含有1个或几个核仁。

（3）核质 细胞核内核仁以外、核膜以内的物质称为核质，它包括染色质和核基质两部分。染色质是核质中易被碱性染料染成深色的物质，它主要由DNA和蛋白质构成，也含少量的RNA。在光学显微镜下，常呈细丝状或交织成网状，也可随细胞分裂而缩短、变粗，成为棒状的染色体。核基质为核内无明显结构的液体，染色后不着色，它为核内各结构提供一个液态的环境。

由于细胞内的遗传物质（DNA）主要存在于细胞核内，因此细胞核的主要功能是储存和复制遗传物质，并通过控制蛋白质的合成来控制细胞的代谢和遗传。凡是无核的细胞，既不能生长也不能分裂，因此，细胞核是细胞遗传和代谢的控制中心。

三、细胞后含物

细胞后含物是指植物细胞原生质体新陈代谢活动产生的物质，它包括储藏的营养物质、代谢废物和植物的次生物质。

（一）储藏的营养物质

（1）淀粉 淀粉是植物细胞中最普遍的储藏物质，常呈颗粒状，称为淀粉粒。植物光合作用的产物，以蔗糖等形式运输到储藏组织后，合成淀粉而储藏起来。不同种类的植物，淀粉粒的形态、大小不同，可将其作为植物种类鉴别的依据之一。

（2）蛋白质 植物体内的储藏蛋白是结晶或无定形的固态物质。与原生质中呈胶体状态、有生命活性的蛋白质不同，储藏蛋白不表现出明显的生理活性，呈比较稳定的状态。无定形的储藏蛋白常被一层膜包裹成圆球形的颗粒，称为糊粉粒。有时糊粉粒集中分布在某些特殊的细胞层，如禾本科植物胚乳的最外层细胞中含有较多的糊粉粒，这些细胞层特称为糊粉层。

（3）脂肪和油类 脂肪和油类是后含物中储能效果最高的物质。常温下呈固态的称为脂肪，呈液态的称为油类，在油料作物种子的胚、胚乳和子叶中含量较高。

（二）代谢的废弃物

在植物细胞的液泡中，无机盐常因过多而形成各种晶体，其中以草酸钙晶体最为常见它们一般被认为是代谢的废物，形成晶体后避免了对细胞的伤害。如草酸是代谢的产物，对细胞有害，形成草酸钙晶体后能解除草酸的毒害作用。

（三）次生物质

除上述两类后含物外，细胞内还可合成一些新的化合物，尽管这些物质在细胞的代谢中没有明显或直接的作用，但在特殊情况下可协助细胞完成某种功能，这些化合物被称为次生代谢物质。如酚类化合物（酚、单宁等）具有抑制病菌侵染、吸收紫外线的作用。生物碱（奎宁、尼古丁、吗啡、阿托品等）具有抗生长素、阻止叶绿素合成和驱虫等作用。

细胞的各部分虽然都具有特定的结构和功能，但细胞的各个部分又有着密切的联系，实际上一个细胞就是一个有机的统一体，细胞只有保持结构的完整性，各部分的功能才能实现，由它们组成的个体才能正常完成各种生命活动。

任务 2　植物细胞的繁殖

【任务描述】

植物体的生长、发育和繁殖，与植物体内细胞的繁殖、增大和分化密切相关。细胞的繁殖作用是以分裂的方式体现的。本任务主要介绍细胞分裂方式：有丝分裂、减数分裂和无丝分裂三种。

【任务要求】

掌握植物细胞有丝分裂和减数分裂各个时期的主要特点。了解植物的无丝分裂。能制作切片观察植物的有丝分裂及减数分裂并绘制各个分裂时期的简图。

任务 2.1　植物细胞的分裂

一、无丝分裂

无丝分裂又称为直接分裂，其过程比较简单，遗传物质经过复制后，一般是核仁首先伸长，中间发生缢裂后分开，随后细胞核一分为二，细胞也随之分裂成两个子细胞。无丝分裂过程中不出现纺锤丝，也没有染色质和染色体的形态转化。

无丝分裂的特点是分裂过程简单、分裂速度快、消耗能量少，但由于不出现纺锤丝，遗传物质不能均等地分配到两个子细胞中，因此，其遗传性不太稳定。

无丝分裂不但在低等植物中比较常见，高等植物中未发育成熟状态的细胞，如甘薯的块根、马铃薯的块茎、胚乳细胞的发育愈伤组织的形成等均有无丝分裂发生。

二、有丝分裂

有丝分裂又称为间接分裂，是植物细胞中最常见、最普遍的一种分裂方式。因在其分裂过程中出现纺锤丝，所以称其为有丝分裂。植物营养器官的生长，如根茎的伸长和增粗都是靠这种分裂方式实现的。

有丝分裂的整个过程是连续进行的，为研究方便，人为将其分为间期、前期、中期、后期和末期（图 1-2-1）。间期的变化同细胞周期中的间期，其他几个时期的主要变化如下：

（1）前期　前期的主要变化是染色质细丝通过螺旋缩短变粗，呈染色体的形态。此时的每一条染色体因和间期染色质细丝相对应，故也含有两个相同的组成部分，我们将其称为染色单体。一条染色体上的两个染色单体，除了在着丝点区域外，它们之间在结构上不相联系。着丝点是染色体上一个染色较浅的缢痕，在光学显微镜下可明显看到。

在前期末，核膜、核仁溶解消失，并开始从两极出现纺锤丝。

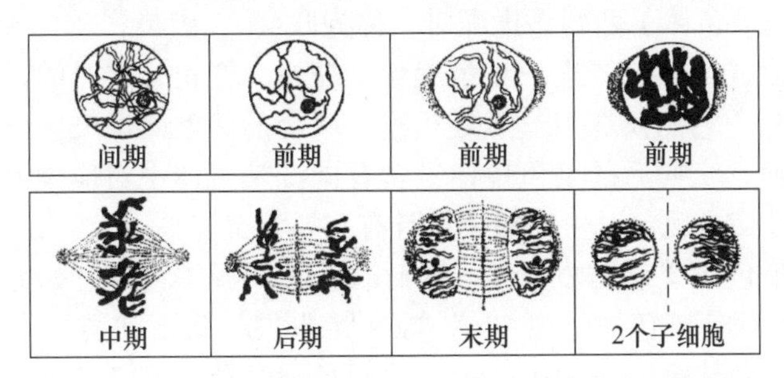

图 1-2-1 有丝分裂的过程（引自何国生《森林植物》）

（2）中期 中期细胞内所有的纺锤丝形成纺锤体，一些纺锤丝牵引着每条染色体的着丝点，移向细胞中央与纺锤体垂直的平面——赤道面，同时染色体进一步缩短变粗，最后染色体的着丝点整齐地排列在赤道面上。此期是观察形态、数目和结构的最佳时期。

（3）后期 后期每条染色体的着丝点一分为二，两条染色单体分开而成为染色体，并在纺锤丝的牵引下分别移向细胞两极。此时细胞内的染色体平均分成完全相同的两组，并且染色体的数目只有原来的一半。

（4）末期 末期和前期的变化相反：染色体到达两极后，解螺旋变成细丝状的染色质；纺锤体消失；核仁、核膜重新形成，与染色质共同组成新的细胞核。

子核的形成标志着细胞核分裂的结束，然后可通过产生新的细胞壁，完成细胞质分裂而形成两个子细胞，再进入下一个细胞周期。子细胞也可脱离细胞周期进行生长和分化，直接衰老死亡。

通过有丝分裂的过程可以看出：有丝分裂产生的子细胞，其染色体数目与结构，同母细胞是完全一致的。由于染色体是遗传物质的载体，因此通过有丝分裂，子细胞就获得了与母细胞相同的遗传物质，从而保证了子细胞与母细胞之间遗传的稳定性。

三、减数分裂

减数分裂又称成熟分裂，是植物有性生殖过程中一种特殊的有丝分裂。被子植物中雌、雄配子的形成，都要经过减数分裂。减数分裂也有间期，称为减数分裂前的间期，其主要变化和有丝分裂的间期相同。经过间期的复制及其他变化后，细胞即开始进行两次连续的分裂（图 1-2-2）。

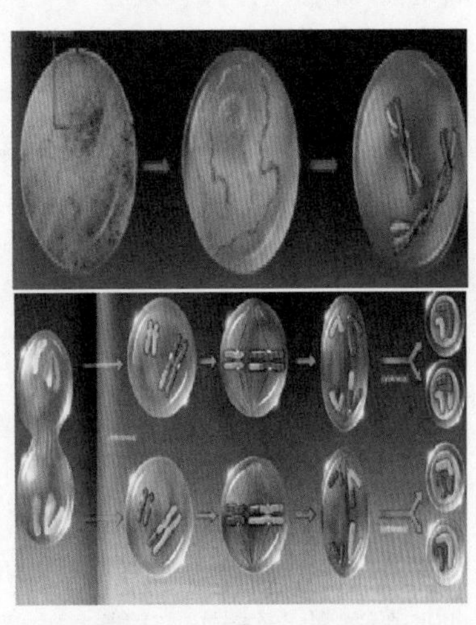

图 1-2-2 减数分裂过程

（一）减数分裂第一次分裂（分裂 I）

1. 前期 I

和有丝分裂的前期相比，减数分裂前期 I 的变化比较复杂，且经历的时间较长，根据其变化特点，又可分为以下 5 个时期：

(1)细线期 细胞核内出现细长、线状的染色体，细胞核与核仁增大。

(2)偶线期 偶线期(又称合线期)同源染色体(一条来自父方、一条来自母方，形态、大小相似的两条染色体)两两靠拢配对，称为联会。

(3)粗线期 粗线期染色体进一步螺旋化、缩短、变粗，这时的每一条染色体都含有两个相同的组成部分，它们仅在着丝点处相连。联会的两条同源染色体的染色单体间可发生横断及片段的交换，交换后的染色单体，含有同源染色体中对应染色体的染色单体上的部分遗传物质，这种交换现象对生物的变异具有重要意义。

(4)双线期 染色体继续缩短变粗，同时联会的同源染色体开始分离，但在染色单体交叉处仍然相连，从而使染色体呈现“X”“V”“O”“S”等形状。

(5)终变期 染色体进一步缩短变粗，此期是观察和计算染色体数目的最佳时期。以后核仁、核膜消失，开始出现纺锤丝。

2. 中期Ⅰ

在纺锤丝的牵引下，配对的同源染色体的着丝点等距分布于赤道板的两侧，同时由纺锤丝形成纺锤体。

3. 后期Ⅰ

纺锤丝牵引着染色体的着丝点，使成对的同源染色体各自发生分离，分别向两极移动。此时每一极染色体的数目只有原来的一半。

4. 末期Ⅰ

染色体到达细胞两极后，恢复染色质形态，并形成新的核膜、核仁，组成两个新的细胞核，并通过细胞质分裂将母细胞分裂成两个子细胞。此时每个子细胞中的染色体数目是母细胞的一半。新的子细胞形成后即进入减数分裂第二次分裂，也有不进行细胞质分裂而直接进入第二次细胞核分裂的。

(二)减数分裂第二次分裂(分裂Ⅱ)

其变化和有丝分裂基本相同，也分为前期、中期、后期、末期，分别称为前期Ⅱ、中期Ⅱ、后期Ⅱ、末期Ⅱ。在减数分裂第二次分裂前，细胞不再进行DNA分子的复制，染色体也不加倍，其分裂过程与有丝分裂各时期相似，这里不再叙述。

经过减数分裂，一个母细胞最终形成4个子细胞，每个子细胞中的染色体数只有母细胞的一半。通过这种分裂分式产生的有性生殖细胞(雌、雄配子)相结合成合子后，恢复了原有染色体倍数，使物种的染色体数保持稳定，保证了物种遗传上的相对稳定性。同时由于染色单体片段的互换和重组，又丰富了物种的变异性，这对增强生物适应环境的能力、物种进化十分重要。

任务 2.2 植物细胞的生长与分化

植物的生长是细胞体积的增长，包括细胞纵向的延长和横向的扩展。一个细胞经生长以后，体积可以增加到原来的几倍、几十倍，某些细胞如纤维，在纵向上可能增加几百倍。由于细胞的这种生长，就使植物体表现明显的伸长或扩大。

多细胞植物体中，细胞的功能具有分工，与之相适应，在细胞形态上就出现各种变化，细胞的这种在结构，功能上的变化就称为细胞的分化。

【技能训练】

制作临时切片观察植物细胞基本结构

一、训练准备

选择植物叶片或洋葱表皮；准备显微镜、载玻片、盖玻片、镊子、滴管、培养皿、刀片、剪刀、解剖针、吸水纸、蒸馏水、染液等。

二、操作规程

根据学校实际情况，选择相应样本，制作临时装片，观察细胞的基本结构，并进行生物绘图训练（表 1-1）。

表 1–1　植物细胞基本结构的观察

操作目的	操作规程	工作环节	操作要求和观察结果
做临时切片	（1）用纱布擦净载玻片和盖玻片。	盖盖玻片	盖玻片很薄，擦拭时应特别小心。
	（2）用滴管吸取清水，在洁净的载玻片中央滴一小滴。		以加盖玻片后没有水溢出为宜。
	（3）用镊子将植物的叶或洋葱表皮撕下一小片，置于载玻片的水滴中。		注意表皮外面应朝上，平整。
	（4）用镊子轻轻夹取盖玻片一边，与水滴边缘接触再慢慢放下盖玻片。		表皮平整，盖玻片下没有气泡。
给细胞染色，易于观察	在盖玻片一侧滴一滴碘液，用吸水纸从盖玻片另一侧吸引。		重复 2～3 次使碘液通过浸润标本的全部而染色。
观察植物细胞并绘制细胞结构图	将装好的临时装片，置显微镜下，先用低倍镜观察叶表皮细胞的形态。	低倍镜观察	观察叶表皮细胞的形态和排列情况，细胞呈长方形，排列整齐、紧密。
	在低倍镜下，选择一个比较清楚的区域，把它移至视野中央，再转换高倍镜仔细观察一个典型植物细胞的构造：细胞壁、细胞质、细胞核等。 生物绘图。使用显微镜观察标本时，要求双眼睁开，左眼看镜，右眼描图。	高倍镜观察	图 1-1-2 植物细胞结构图

三、实验报告

绘制洋葱叶表皮细胞结构简图，标明各部分结构。

自主学习资源推荐

转基因技术：http://baike. baidu. com/view/30096. htm?fr=aladdin

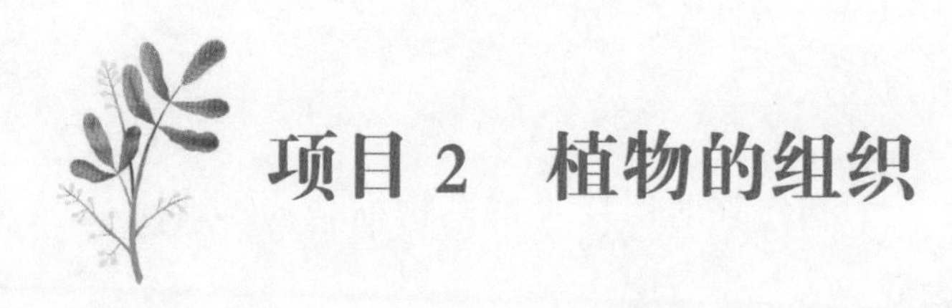

项目 2　植物的组织

【项目描述】

本项目主要介绍植物组织类型及基本功能，认识植物营养器官根、茎、叶和繁殖器官花、果和种子中主要的组织形态、功能和类型。

本项目学习任务：掌握植物组织的类型，学习利用马铃薯制作临时淀粉粒压片观察储藏组织，利用大红花的幼叶撕片制作切片观察表皮组织及气孔器，利用洋紫苏的幼茎制作厚角组织切片，利用梨果肉压片观察细胞的厚壁组织。

【知识目标】

掌握植物组织类型及功能。

【技能目标】

使用显微镜观察永久组织切片。能自己制作临时切片观察植物组织的类型。包括马铃薯的储藏组织淀粉粒、大红花表皮组织及气孔器、洋紫苏的厚角组织、梨果肉细胞的厚壁组织。

植物体是由细胞构成的，细胞在植物体内并不是杂乱无章地堆集在一起，而是有规律地分布，形成许多不同类型和形态的细胞群，我们把形态结构、生理功能相同，并具有同一来源的细胞群称为组织。根据组织的发育程度、生理功能和形态结构的不同，可将植物的组织分为分生组织和成熟组织两大类，此外植物中还有由多种组织构成的复合组织——维管组织。由不同的组织按一定的规律构成了器官。植物体内的各组织，它们紧密联系，从结构和功能上相互协调，共同保证了器官功能的正常进行以及植物整体的各项生理活动的完成。

任务 1　植物组织的类型

【任务描述】

植物组织根据其发育程度不同分为分生组织和成熟组织两大类。种子植物在胚胎发育时期，细胞都有强的分裂能力，在后来的生长发育过程中细胞陆续分化而失去分裂能力，成为有特定功能的细胞，即成熟组织。

本任务主要介绍植物组织的类型，学习利用马铃薯制作临时淀粉粒压片观察储藏组织，利用大红花的幼叶撕片制作切片观察表皮组织及气孔器，利用洋紫苏的幼茎制作厚角组织切片，利用梨果肉压片观察细胞的厚壁组织。

【任务要求】

使用显微镜观察永久组织切片。能自己制作临时切片观察植物各种类型的组织。

任务 1.1　分生组织

一、分生组织的概念

分生组织是指种子植物中具有持续性或周期性分裂能力的细胞群，植物的其他组织都是由分生组织产生的。

二、分生组织的类型

1. 根据来源分

（1）原生分生组织　位于根茎前端，直接由胚细胞保留下来的具有持久而强烈的分裂能力。

（2）初生分生组织　细胞已经有了最初的分化，是一种边分裂边分化的组织。

（3）次生分生组织　已分化的成熟组织的细胞重新恢复分裂能力。

2. 依据在植物体内存在的位置分

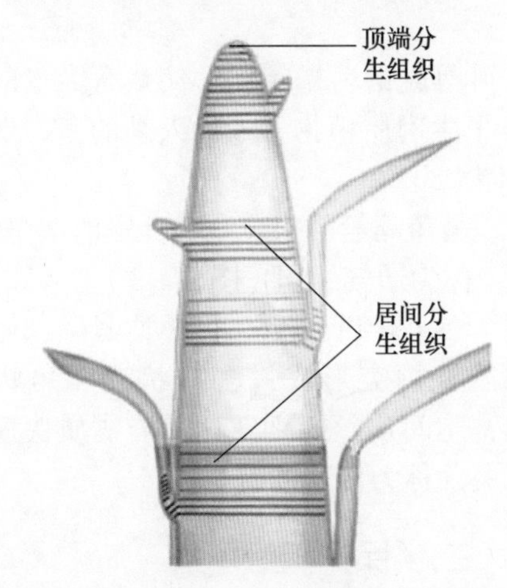

图 2-1-1　顶端分生组织与居间分生组织

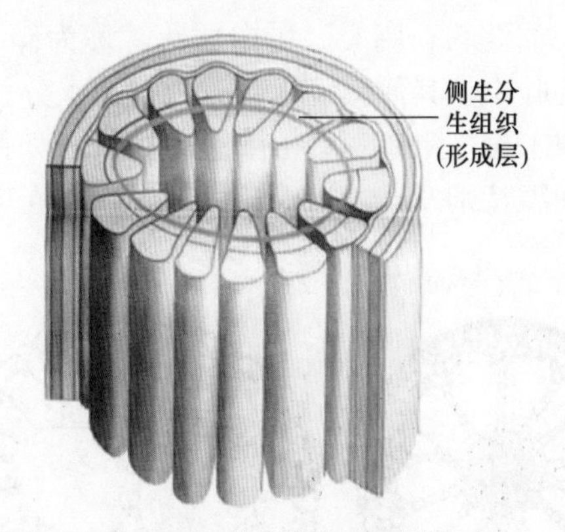

图 2-1-2　侧生分生组织（形成层）

（1）顶端分生组织（图 2-1-1）　位于根、茎及其分枝的尖端，如根尖、茎尖。该部位细胞的活动可使根和茎不断伸长，并在茎上形成侧枝和叶。茎的顶端分生组织还将产生生殖器官。

（2）侧生分生组织（图 2-1-2） 主要存在于裸子植物及木本双子叶植物中，它位于根和茎外周的侧面、靠近器官的边缘部分。侧生分生组织包括微管形成层和木栓形成层。微管形成层的活动使根和茎不断加粗，木栓形成层的活动可使增粗的根、茎表面或受伤器官的表面形成新的保护组织。

（3）居间分生组织（图 2-1-1） 分布在成熟组织之间，是顶端分生组织在某些器官的局部区域保留下来的、在一定时间内仍保持有分裂能力的分生组织，如许多单子叶植物依靠茎节间基部的居间分生活动，使节间伸长。居间分生组织的细胞分裂持续活动时间较短，分裂一段时间后即转变为成熟组织。

任务 1.2 成熟组织

分生组织产生的大部分细胞，经过生长分化，逐渐丧失分裂能力，形成各种具有特定形态结构和生理功能的组织称为成熟组织。某些分化程度较低的成熟组织仍具有细胞分裂的潜力，在适当的条件下，可恢复分裂能力转变成分生组织。根据生理功能的不同，可将成熟组织分为以下 5 种。

一、薄壁组织

薄壁组织又称为基本组织，分布广、数量多，有些部位的薄壁组织细胞分化程度较低，易恢复分裂能力而成为分生组织，这对扦插、嫁接、离体植物组织培养及愈伤组织形成具有重要作用。

根据薄壁组织的主要功能，可将其分为以下 5 种类型：

（1）吸收组织 根部产生根毛的表皮具有吸收水分和无机盐的能力，称为吸收组织。

（2）同化组织 叶肉的薄壁组织富含叶绿体，能进行光合作用，合成有机物、成为同化组织。

（3）储藏组织 块根、块茎、种子的胚乳和子叶等处的薄壁组织，储藏有大量的营养物质，如淀粉、脂类、蛋白质等，称为储藏组织。旱生肉质植物，如仙人掌的茎、景天和芦荟的叶中，其薄壁组织含有大量的水分，特称为储水组织。

（4）通气组织 水生或湿生植物，如莲、水稻、金鱼藻等的根、茎、叶中的薄壁组织，细胞间隙特别发达，形成较大的气腔或连贯的气道，称为通气组织（图 2-1-3）。

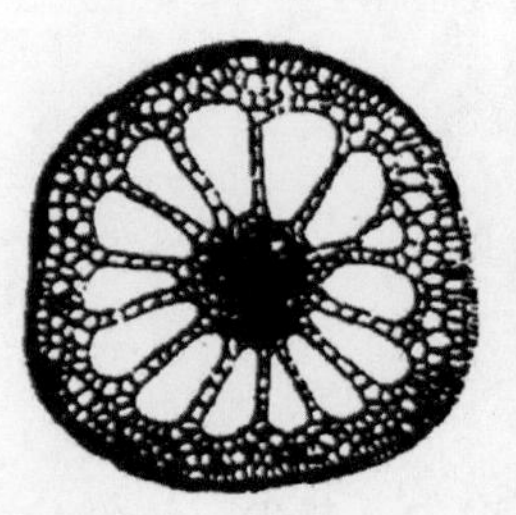
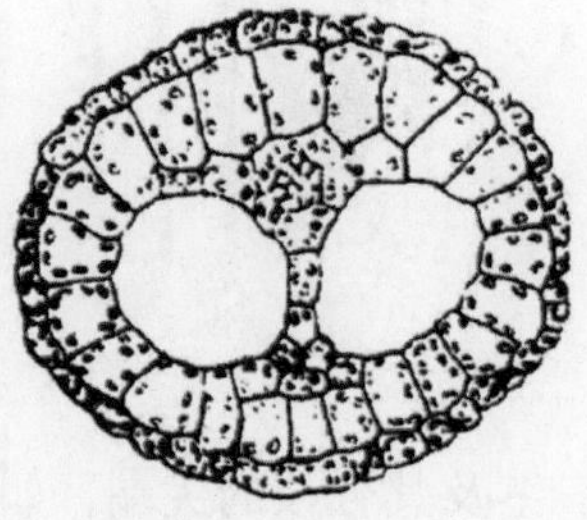

图 2-1-3 通气组织

（5）传递细胞 有一类薄壁细胞，其细胞壁内突形成许多指状或鹿角状的突起，胞间连丝特别发达，与物质快速传递有关，称为传递细胞。

二、保护组织

保护组织是覆盖在植物体表面起保护作用的组织，它减少植物体内水分的蒸腾、抵抗病菌的侵入及控制植物体与外界的气体交换。保护组织包括表皮和周皮。

（1）表皮（图 2-1-4 和图 2-1-5） 位于幼嫩的根、茎、叶及花和果实的表面，由一层或几层排列紧密的生活细胞构成，一般不含叶绿体。表皮细胞的细胞壁外侧常角质化、蜡质化，有些植物的表皮上还具有表皮毛或腺毛，以增强表皮的保护作用或具有分泌功能。根的部分区域其表皮细胞的外壁常向外延伸，形成许多管状的突起，称为根毛。根毛的作用主要是吸收水和无机盐，因此该区域的表皮属于吸收组织。

在植物体的地上部分（主要是叶），其表皮上具有气孔器。气孔的开放或关闭，可调节水分蒸腾和气体交换。

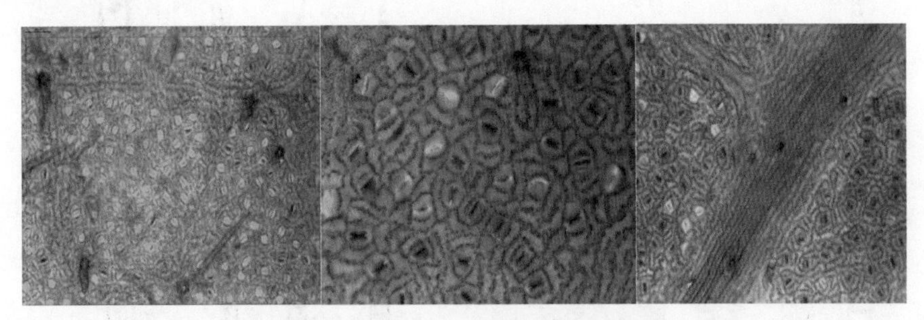

图 2-1-4 叶下表皮气孔的分布

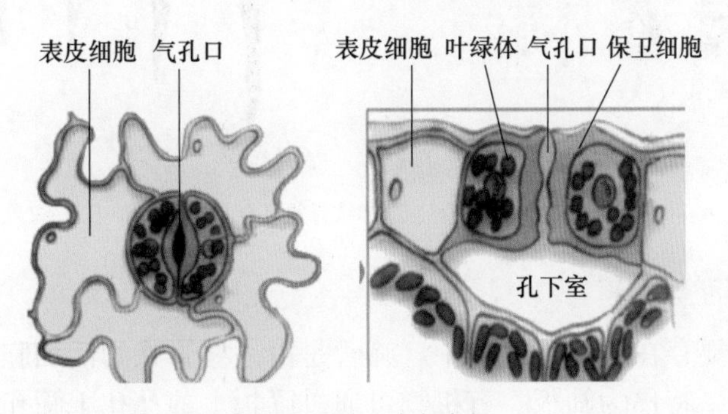

图 2-1-5 叶表皮

（2）周皮 随着植物根、茎的增粗，原有的表皮被撑破，产生新的保护组织——周皮。周皮包括木栓层、木栓形成层和栓内层 3 部分。其中木栓层细胞排列紧密且高度栓质化，原生质解体、细胞死亡。木栓层不透水、不透气、硬度高，能起到很好的保护作用。

三、输导组织

输导组织（图 2-1-6）是植物体内长距离运输的组织，其细胞呈管状并上下连接，形成一个连续的运输通道。它包括运输水分及无机盐的导管和管胞，以及运输有机物的筛管和伴胞。

（一）导管和管胞

（1）导管 导管是被子植物的主要输水组织，由许多长管形的、细胞壁木质化的死细胞纵向连接形成的中空管道。植物体内的多个导管以一定的方式连接起来，就可以将水分和无机盐等从根部运输到植物体的顶端。当中空的导管被周围细胞产生的物质填充后，就逐渐失去了运输能力。

根据组成导管的细胞侧壁增厚的方式不同，可将其分为环纹导管、螺纹导管、梯纹导管、网纹导管和孔纹导管 5 种类型。

（2）管胞　绝大多数蕨类植物和裸子植物中没有导管，只有管胞。管胞是两端呈楔形、壁厚腔小、横向壁不具穿孔的长棱柱形死细胞。管胞间以楔形的端部紧贴在一起而上下连接，水溶液主要通过相邻细胞侧壁的纹孔对而传输。和导管相比，管胞的运输能力较差。管胞侧壁的增厚方式及类型同导管。

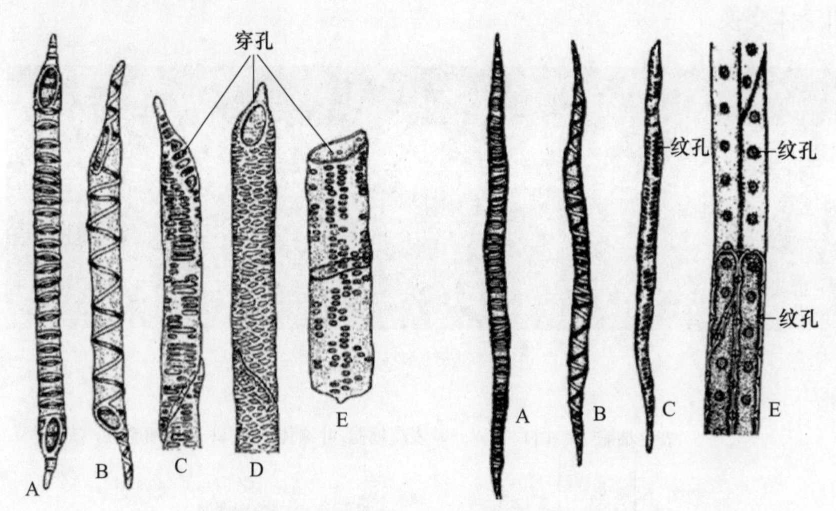

图 2-1-6　输导组织

A. 环纹导管　B. 螺纹导管　C. 梯纹导管　D. 网纹导管　E. 孔纹导管

（二）筛管和伴胞

筛管和伴胞主要存在于种子植物中。筛管是由一些管状的活细胞纵向连接而成。筛管的横向壁上有穿孔，特称为筛板。有机物可通过筛板上的穿孔（筛孔）进行运输。筛板周围有一个或多个被称为伴胞的细胞，与筛管是由同一个母细胞分裂而来，两者共同协作，完成输导作用。

随着筛管分子的老化，一些黏性物质（碳水化合物）沉积在筛板上，堵塞筛孔，其运输能力也逐渐丧失。

四、机械组织

机械组织在植物体内主要起支持和加固作用，包括厚角组织和厚壁组织两种类型。

（一）厚角组织（图 2-1-7）

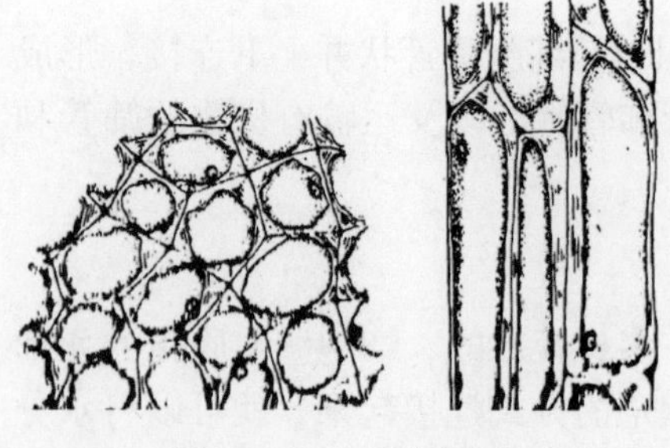

图 2-1-7　厚角组织

细胞多为长棱柱形，含叶绿体，为生活细胞，通常在细胞的角隅处加厚，但加厚的部分为初生壁性质，因此厚角组织既有一定的支持作用，又有一定的可塑性。它常存在于幼嫩植物的茎和叶柄中。

（二）厚壁组织

厚壁组织和厚角组织不同，厚壁组织的细胞具有均匀增厚的次生壁并木质化，成熟时为死细胞。它包括石细胞和纤维两种类型。

（1）*石细胞* 有的厚壁组织细胞形状不规则，细胞壁木质化程度高，腔极小，常单个或成簇包埋在薄壁组织中，称为石细胞。石细胞主要存在于植物果实和种子中。如梨果肉中坚硬的颗粒就是成团的石细胞。核桃、桃果实中坚硬的核，也是由多层连续的石细胞组成的。

（2）*纤维* 有的厚壁组织细胞呈梭形，常相互重叠、成束排列，称为纤维，它包括木质化程度较高的木纤维和木质化程度较低的韧皮纤维。纤维广泛分布于成熟植物体的各部分，其成束的排列方式增强了植物体的硬度、弹性及抗压能力，是成熟植物体中主要的支持组织。

五、分泌组织

植物体表或体内能分泌或积累某些特殊物质的单细胞或多细胞的结构，称为分泌组织。有的分泌组织分布于植物体的外表面并将分泌物排出体外，称为外分泌组织，如腺毛、蜜腺，排水器等；有的分泌组织及其分泌物均存在于植物体内部，如储藏分泌物的分泌腔、分泌道，能分泌乳汁的乳汁管等。

分泌组织的分泌物种类繁多，如糖类、有机酸、生物碱、单宁、脂、酶、杀菌素、生长素、维生素等。这些物质对植物的生活作用重大，有的能吸引昆虫传粉，有的能杀死或抑制病菌。另外许多植物的分泌物具有重要的经济价值，如橡胶、生漆等。

任务 2　植物体内的维管系统

【任务描述】

维管系统又称为维管组织系统，包括植物体内所有的维管组织，是贯穿于整个植株，与体内物质的运输、支持和巩固植物体有关的组织系统，是植物适应陆生生活的产物。

【任务要求】

掌握植物的维管系统的类型及结构。

任务 2.1　复合组织

在植物体内，许多种成分单一的组织有机组合在一起，构成更加复杂的结构，功能也更加多元化，这样的组织成为复合组织。如前面提到的周皮，实际上含有保护组织（木栓层）和分生组织（木栓形成层），应该属于复合组织。另外植物体内还有木质部、韧皮部、维管束等许多复合组织。

木质部由导管、管胞、木质纤维和木质薄壁细胞构成，韧皮部由筛管、伴胞、韧皮纤维和韧皮薄壁细胞构成。在植物体内，木质部和韧皮部常结合在一起，形成纵向的束状结构，称为维管束。维管束连续贯穿于整个植物体中，如切开白菜、芹菜、向日葵、甘蔗的茎，看到里面丝状的"筋"，就是许多个维管束。维管束不但能输导水分、无机盐、有机物，并起一定的支持和储藏作用。

根据形成层的有无，木质部和韧皮部的排列方式可将维管束分为以下几种类型。

一、按形成层的有无分类

（1）有限维管束（图 2-2-1） 维管束中无形成层，不能产生新的木质部和韧皮部，因而植物的器官增粗有限。单子叶植物茎中的维管束属于此类。

（2）无限维管束（图 2-2-2） 维管束中有形成层，能维持产生新的木质部和韧皮部，因而植物的器官能不断增粗，这种维管束称为无限维管束如裸子植物和大多数双叶子植物茎中的维管束属于无限维管束。

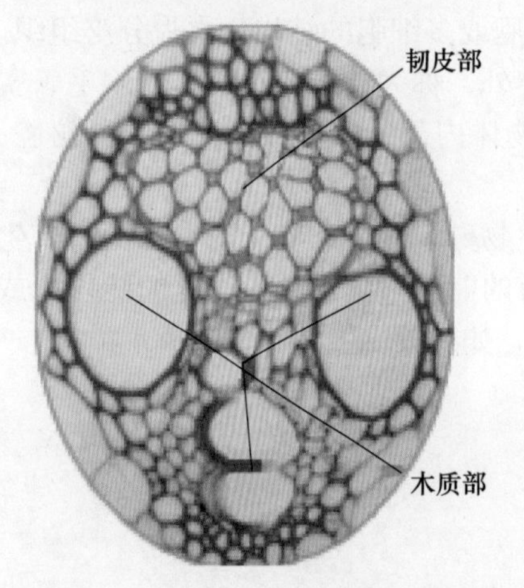

图 2-2-1 单子叶植物的有限维管束

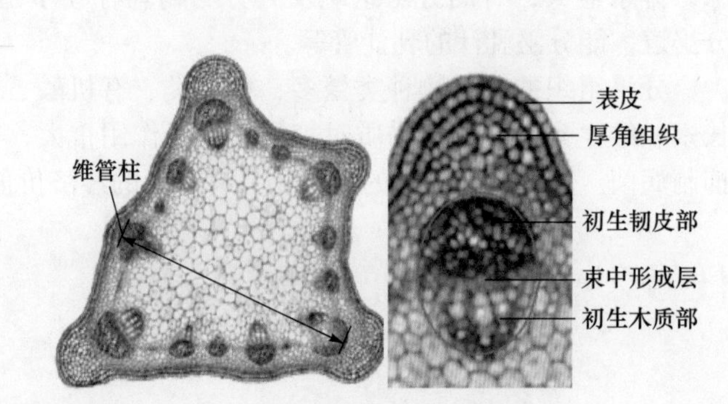

图 2-2-2 双子叶植物的无限维管束

二、根据木质部和韧皮部的排列方式分类

1. 外韧维管束

韧皮部在外，木质部在内，呈内外并生排列。一般种子植物茎中具有这种维管束。

2. 双韧维管束

韧皮部在木质部的两侧，中间夹着木质部，如瓜类、马铃薯、甘薯等茎的维管束属于此类。

3. 同心维管束

这种维管束是韧皮部环绕在木质部，或木质部环绕着韧皮部，呈同心排列，它包括周韧维管束和周木维管束。

（1）周韧维管束 中心为木质部，韧皮部环绕在木质部的外侧包围着木质部，这种类型在蕨类植物中较为常见。

（2）周木维管束 中心为韧皮部，木质部位于外侧包围着韧皮部。如单子叶植物中莎草、铃兰地下茎内的维管束，双子叶植物蓼科、胡椒科植物茎的维管束属于此类。

尽管植物的组织有各种单一或复杂的结构，能执行一种或多种功能，但它们总是共同存在于同一个植物个体中，并有机结合在一起，共同构成植物的根、茎、叶、花、果实和种子，既相对独立，又相互依存，通过分工协作、密切配合，共同完成植物体的各项生命活动。

【技能训练】

观察植物的组织

一、目的要求

能利用撕片法观察植物的气孔结构；利用涂片法观察马铃薯淀粉粒结构；利用压片法观察梨果肉的石细胞；利用切片法观察植物的厚角组织；观察永久切片掌握植物的各种组织类型。

二、实验材料

大红花幼叶；马铃薯；洋紫苏茎；梨果实。

三、实验内容

1. 观察保护组织

撕取大红花叶下表皮，切取一小块制成临时装片，用低倍镜找到气孔，后用高倍镜观察。认真观察可见，叶表皮是由许多长形细胞组成，气孔是由两个哑铃形的保卫细胞组成，保卫细胞如图 2-1-5 所示，附近有副卫细胞。根据观察绘图记录。

2. 观察淀粉粒

切取一小块马铃薯块茎，用涂片法制成临时装片，在低倍镜下找到淀粉粒，后转高倍镜观察，可见淀粉粒结构如图，具有同心圆的螺纹（图 2-1）。绘图记录。

3. 观察厚角组织

切取洋紫苏的幼茎制成临时装片，显微镜下观察，可见角隅加厚的厚角组织（图 2-1-7）。绘图记录。

4. 观察厚壁组织（梨果肉的石细胞）

用镊子挑取梨果肉，在玻片上压碎，制成临时装片，低倍镜下找到石细胞，转至高倍镜下观察，可见细胞壁加厚，细胞腔较小的石细胞（图 2-2）。绘图记录。

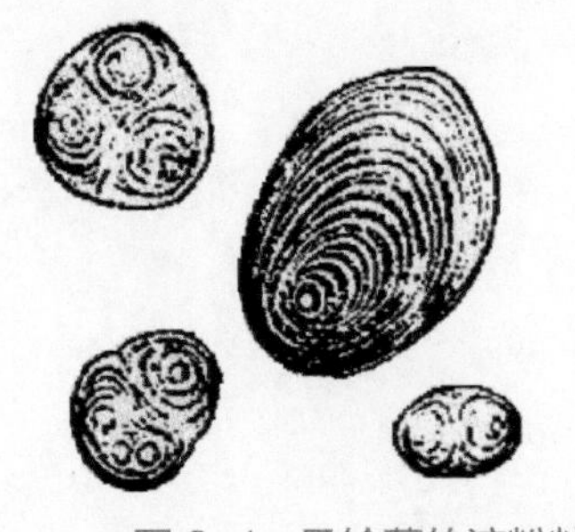

图 2-1 马铃薯的淀粉粒

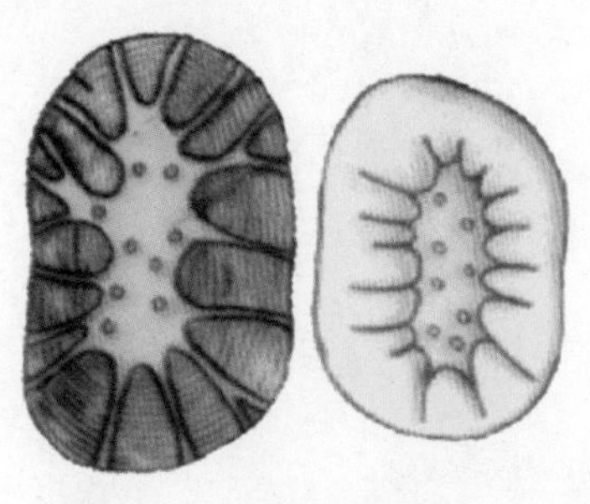

图 2-2 梨果肉的石细胞

四、实验报告

绘图并记录各种观察组织的特征。

自主学习资源推荐

转基因技术：http://baike. baidu. com/view/30096. htm?fr=aladdin

项目 3　种子植物的营养器官

【项目描述】

种子植物的营养器官包括根、茎和叶。本项目主要介绍种子植物根、茎、叶的基本形态、生理功能和内部解剖构造，以及它们各自的变态类型。

【知识目标】

掌握根、茎、叶等营养器官的基本形态和生理功能，掌握根、茎、叶的变态类型。了解种子植物营养器官的解剖构造。

【技能目标】

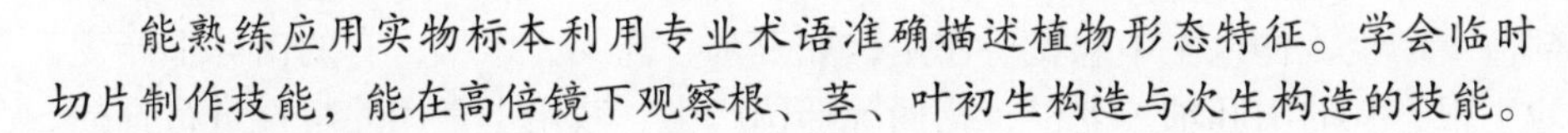

能熟练应用实物标本利用专业术语准确描述植物形态特征。学会临时切片制作技能，能在高倍镜下观察根、茎、叶初生构造与次生构造的技能。

自然界的植物种类繁多，形态各异，由结构简单的低等植物演化到较高等的植物就出现了器官（organ）。器官是指植物体中由不同组织组成的具有一定外部形态和内部结构，执行一定生理功能的部分。各器官间在形态结构及生理功能上有明显差异，但彼此又紧密联系、相互协调构成一个完整的植物体。在高等植物中，种子植物的植物体一般由根、茎、叶、花、果实和种子 6 种器官组成，其中根、茎、叶担负植物营养和水分的吸收、合成、转化、运输和储藏等营养功能，称为营养器官。花、果实、种子主要担负繁衍后代、延续种族的繁殖功能，称为繁殖器官。

任务 1　根

【任务描述】

根的功能、类型及变态，根系的类型。根的初生构造、根的次生构造。

【任务要求】

能熟练应用实物标本利用专业术语准确描述根与根系，观察植物根尖的构造，观察根的初生与次生构造。

根通常是植物体生长在地下的营养器官，具有向地、向湿和背光的特性。当然，位于地表外的气生根也属于根的一种。土壤中的水分和无机盐，主要通过根吸收进入植株的各个部分，根是植物生长的基础。

任务 1.1 正常根的形态和类型

根是植物在长期适应陆生生活过程中进化而来的器官，其外形一般呈圆柱形，在土壤中生长越向下越细，并向四周分枝，形成复杂的根系。根由于生长在地下，细胞中不含叶绿素，也无节与节间之分，一般不生芽、叶和花。

一、根的类型

1. 主根和侧根

根据植物根发生部位的不同，可将根分为主根、侧根（图 3-1-1）。主根是种子的胚根发育而成的，是植物体最早出现的根。主根上的分枝以及分枝再发生的各级分枝称为侧根。

2. 定根和不定根

根据植物根发生来源不同，可将根分为定根和不定根（图 3-1-1）。凡是直接或者间接由胚根发育而成的主根及其各级侧根称为定根，它们都有一定的发生部位，如松树、人参的根。凡不是直接或者间接由胚根发育而成的根称为不定根，它们没有一定的发生部位，有的由茎的基部节上产生，伸入土中起支持作用，如玉米、高粱、水稻；有的由叶上产生，如秋海棠、落地生根；有的由胚轴、老根、花柄等部位产生。栽培上常用此特性进行扦插、压条等无性繁殖。

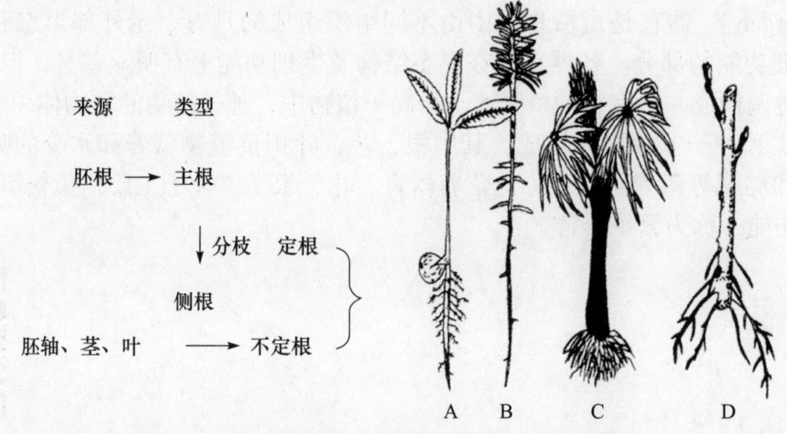

图 3-1-1 根与根系的类型（引自方彦《园林植物》）

A~B. 直根系 C. 须根系 D. 不定根

二、根系的类型

一株植物地下所有根的总体称为根系。定根和不定根均可以发育成根系（表 3-1-1）。

1. 直根系和须根系（图 3-1-2）

按根系的起源和形态不同可以分为直根系和须根系两种类型。凡由明显而发达的主根及各级侧根组成的根系称为直根系，如松树、荔枝等，是一般双子叶植物和裸子植物根系的类型。如果主根不发达或者早期停止生长，而由茎的基部节上生出许多大小、长短相似的不定根组成的根系称为须根系，如玉米、百合等多数单子叶植物的根系。

2. 深根系和浅根系

根据根系分布在土壤中的深度不同可以分为深根系和浅根系。

表 3-1-1 根系的类型

根据根的生长发育情况		根据根系在土壤中的分布情况	
直根系	主根发达，主根与各级侧根之间的粗细有明显差异。	深根系	根系常分布到较深的土层，垂直向下生长占优势。
须根系	主根生长缓慢或较早停止生长，主要由大量的不定根及其侧根组成。	浅根系	根系常分布在土层的表层，向四周略呈水平方向生长占优势。

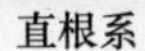

须根系

图 3-1-2 根系的类型

根与根系可如下分类：

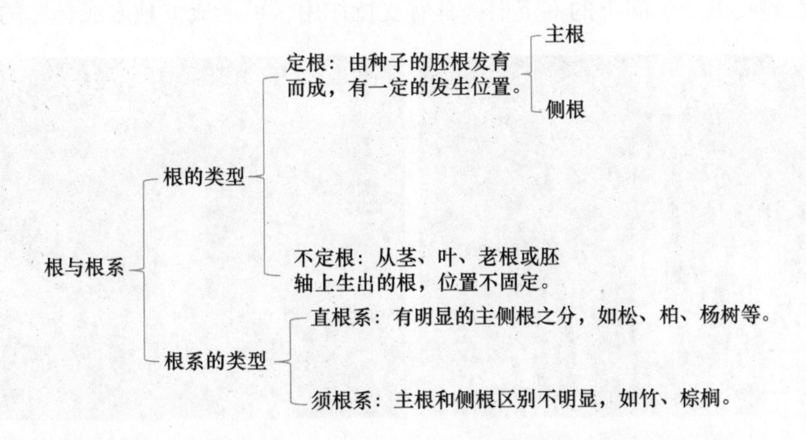

任务 1.2　变态根的类型

在自然界中，有些植物的根为了适应环境在形态、功能上发生了可遗传变化，结构上也出现了不同于正常结构的变化，这种变化现象称为变态根。根的变态常见的有 3 种类型。

一、储藏根

储藏大量营养物质，生长在地下，肥厚多汁，形状多样，常见于两年生或多年生的草本双子叶植物。根据来源，可分为肉质直根和块根两类。

（1）肉质直根　主要由主根发育而成。一株植物上仅有一个肉质直根，并包括下胚轴和节间极短的茎。如萝卜、胡萝卜（图 3-1-3）。

（2）块根　主要由不定根或侧根发育而成，因此，在一株上可形成多个块根。如甘薯、大丽花、何首乌、商陆等（图 3-1-4）。

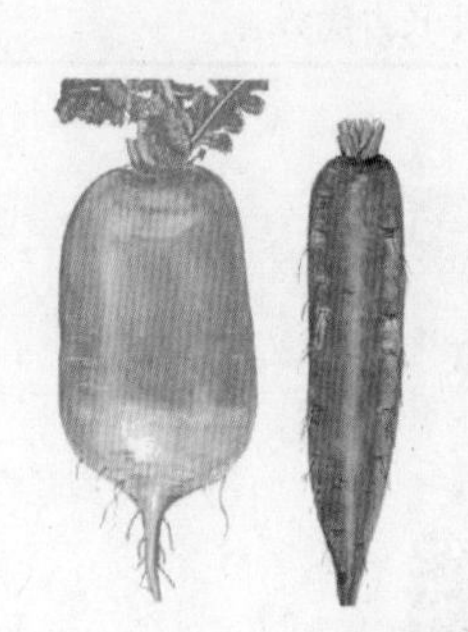

图 3-1-3　萝卜与胡萝卜的肉质直根

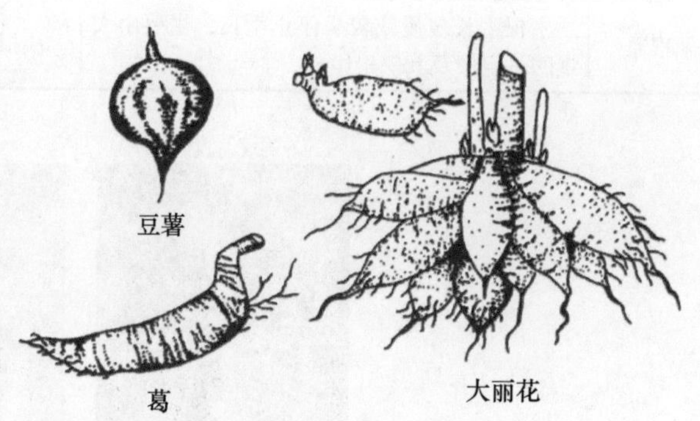

图 3-1-4　块根（引自方彦《园林植物》）

二、气生根

气生根是植物生长在地面部分的根，主要是从茎上长出的不定根，露出地面，生长在空气中。气生根因生理功能不同分为以下几种类型。

（1）支柱根　具有支持作用的不定根称为支柱根（图 3-1-5）。气生根不断延长，根先端伸入土中，成为增强植物整体支持力量的辅助根系。如榕树、龟背竹、玉米、高粱等。其中榕树常在侧枝上产生向下的不定根，具有支持作用，可形成“独木成林”的景观。

图 3-1-5A　榕树的气生根（支柱根）

图 3-1-5B　榕树的气生根

（2）呼吸根　一些生长在沼泽或热带海滩地带的植物，因土壤中缺乏根系呼吸所必需的气体，可产生一些垂直向上生长、伸出地面的侧根，这些根中常有发达的通气组织，称为呼吸根。如池杉、水松、落羽杉（图 3-1-6）等。

（3）攀缘根　有些藤本植物从茎的一侧产生许多很短的不定根，固着在其他树干、山石或墙壁等物体的表面攀缘上升。如常春藤、绿萝等。

（4）寄生根（吸器）　茎上吸器伸入寄主吸收水分和养料。如无根藤、菟丝子（图 3-1-7 和图 3-1-8）。

图 3-1-6　落羽杉的呼吸根

图 3-1-7　无根藤的寄生根

图 3-1-8　菟丝子的寄生根

任务 1.3　根的伸长生长与初生构造

一、根的伸长生长及根尖的分区

根尖是指从根的最先端到着生根毛这一段幼嫩部分，长 4～6 mm，是根中生命活动最活跃的部分。不论主根、侧根或不定根都具有根尖。根的伸长、对水分和养料的吸收、成熟组织的分化以及对重力与光线的反应都发生于这一区域。根尖由根冠、分生区、伸长区和成熟区组成（图 3-1-9）。

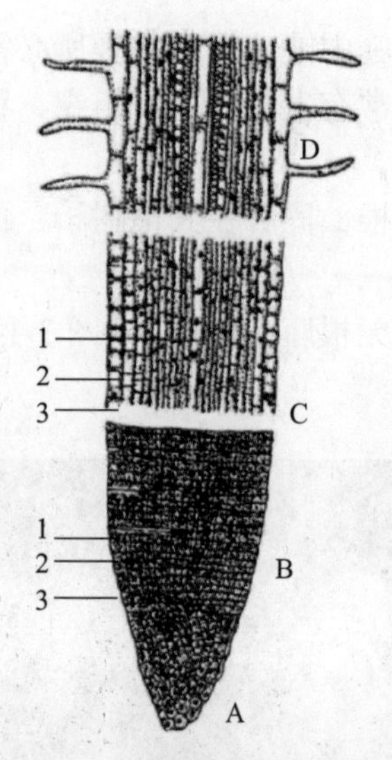

图 3-1-9 根尖的分区
（引自何国生《森林植物》）
A. 根冠 B. 分生区 C. 伸长区 D. 根毛区
1. 表皮原 2. 皮层原 3. 中柱原

1. 根冠

根冠是根尖最先端的帽状结构，属于保护组织，罩在分生区的外面，有保护根尖幼嫩的分生组织，使之免受土壤磨损的功能。根冠由多层松散排列的薄壁细胞组成，细胞排列较不规则，外层细胞常黏液化，当根端向土壤深处生长时，可以起润滑的作用，使根尖较易在土壤中穿越。其外层细胞常遭磨损或解体死亡，而后脱落。但由于其内部的分生区细胞可以不断地进行分裂，产生新细胞，因此根冠细胞可以陆续得到补充和更替，始终保持一定的厚度和形状。此外根冠细胞内常含有淀粉体，可能有重力的感应作用，与根的向地性生长有关。根的生长是分生区细胞的分裂使细胞数目增多和伸长区细胞的生长使细胞体积不断增大的结果。

2. 分生区

分生区是具有强烈分裂能力的、典型的顶端分生组织。位于根冠之内，总长为 1～2 mm，其最先端部分是没有任何分化的原分生组织，稍后为初生分生组织。可以不断地进行细胞分裂，增加根尖的细胞数目，因而能使根不断地进行初生生长。其细胞形状为多面体，个体小，排列紧密，细胞壁薄，细胞核较大，拥有密度大的细胞质（没有液泡），外观不透明。分生区细胞通过分裂产生新细胞，不断补充伸长区细胞的数量。

3. 伸长区

伸长区位于分生区稍后的部分。多数细胞已逐渐停止分裂，有较小的液泡（吸收水分而形成），使细胞体积扩大，并显著地沿根的长轴方向伸长。伸长区下部细胞较小，越靠近成熟区的细胞越大。细胞一般长 2～5 mm。是根部向前推进的主要区域，其外观透明，洁白而光滑。根尖中生长最快的部分是伸长区。

4. 成熟区

成熟区也称根毛区。此区的各种细胞已停止伸长生长，有较大的液泡（由小液泡融合而成），并已分化成熟，形成各种组织。内部某些细胞的细胞质和细胞核逐渐消失，这些细胞上下连接，中间失去横壁，形成导管。导管具有运输作用。表皮密生的茸毛即根毛，是根吸收水分和无机盐的主要部位。根毛是成熟区表皮细胞向外突出的一部分，随着根尖伸长区的细胞不断地向后延伸，新的根毛陆续出现，以代替枯死的根毛，形成新的根毛区，进入新的土壤范围，不断扩大根的吸收面积。

二、根的初生构造

（一）双子叶植物根的初生结构

根的初生构造由外到里依次分为表皮、皮层和维管柱 3 部分（图 3-1-10）。

1. 表皮

表皮是根最外一层细胞，由原表皮发育而来。每个表皮细胞的形态略呈长方形，其长轴与根的纵轴平行，在横切面上近似于长方形，其细胞壁薄，由纤维素和果胶组成，有利于水分和溶质渗透和吸收。外壁通常无或仅有一薄层角质层，无气孔分布。一部分表皮细胞的外壁向外延伸形成细管状的根毛，扩大了根的吸收面积，就根的表皮而言，吸收作用显然比保护作用更为重要。水生植物和个别陆生植物根的表皮不具有根毛，某些热带兰科附生植物的气生根表皮亦无根毛，而由表皮细胞平周分裂形成多层紧密排列的细胞构成的根被，具有吸水、减少蒸腾和机械保护的功能。

2. 皮层

皮层（图 3-1-11）位于表皮和维管柱之间，由基本分生组织分化而来，由多层薄壁细胞组成，在幼根中占有相当大的比例。皮层薄壁细胞的体积比较大，排列疏松，有明显的细胞间隙，细胞中常储藏着许多后含物，皮层除了有储藏营养物质的功能外，还有横向运输水分和矿物质至维管柱的作用，一些水生植物和湿生植物的皮层中可发育出气腔和通气道等。另外，根的皮层还是合成作用的主要场所，可以合成一些特殊的物质。

有些植物的皮层最外一层或数层细胞形状较小，无细胞间隙，称为外皮层。当根毛枯死，表皮破坏后，外皮层的细胞壁增厚并栓化，起临时保护作用。

皮层最内的一层细胞排列整齐紧密，无细胞间隙，称为内皮层。在内皮层细胞的径向壁（两侧的细胞壁）和横向壁（上下的细胞壁）有一条木化和栓化的带状增厚，称为凯氏带。

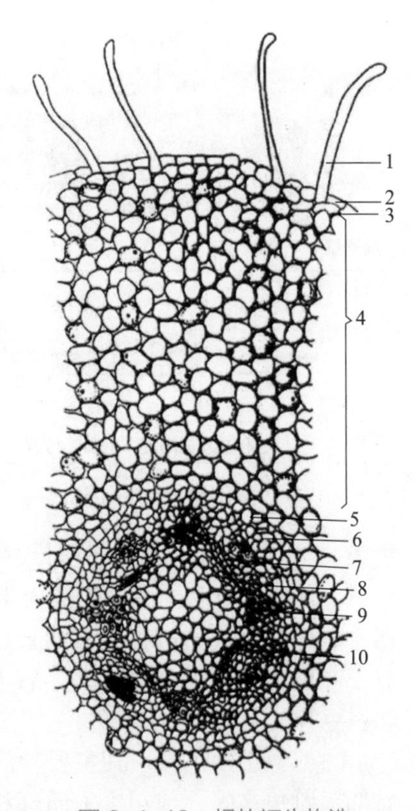

图 3-1-10　根的初生构造
（引自何国生《森林植物》）

1. 根毛　2. 表皮　3. 外皮层　4. 皮层　5. 内皮层　6. 中柱鞘　7. 初生韧皮部　8. 形成层　9. 初生木质部　10. 髓

3. 维管柱

维管柱（图 3-1-12）也称中柱，是指皮层内的部分，包括所有起源于原形成层的维管组织和非维管组织（主要是薄壁组织），即中柱鞘、初生木质部、初生韧皮部和薄壁细胞等 4 部分。

（1）中柱鞘　中柱鞘是维管柱的最外层组织。其外侧与内皮层相接，通常由一层薄壁细胞组成，有些植物的中柱鞘也可由数层细胞组成。中柱鞘细胞具有潜在的分裂能力，侧根、不定芽、乳汁管、树脂道等都起源于此。当根开始次生生长时，维管形成层的一部分及木栓形成层也都发生于中柱鞘。

（2）初生木质部　初生木质部位于根的中央，其主要功能是输导水分。横切面呈辐射状，其紧接中柱鞘内侧的辐射角端较早分化成熟，由口径较小的环纹导管或螺纹导管组成，称为原生木质部。初生木质部越靠近轴心的部分，成熟较晚，由管腔较大的梯纹、网纹或孔纹导管组成，称为后生木质部。初生木质部这种由外开始逐渐向内发育成熟的方式称为外始式，是根发育解剖上的一个重要特点，在生理上有其适应意义。最先形成的导管接近中柱鞘和内皮层，缩短了水分横向输导的距离，而后期形成的导管，管径大，提高了输导

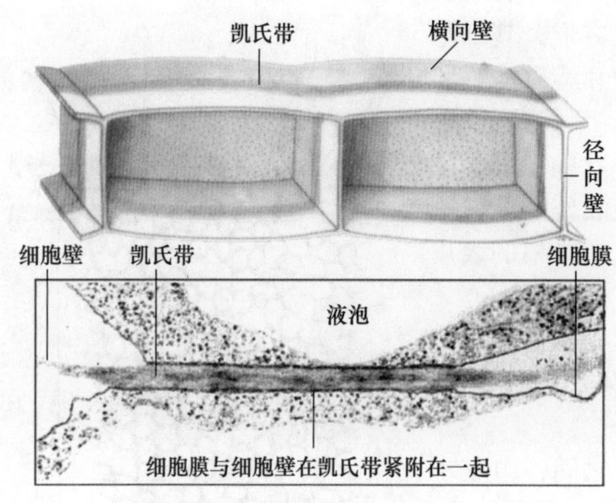

图 3-1-11 根的皮层

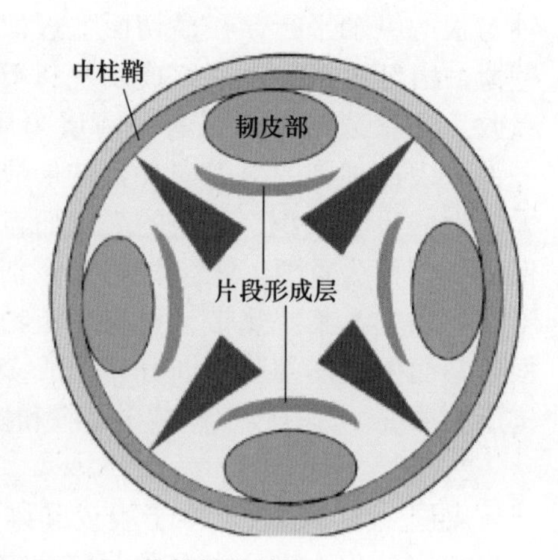

图 3-1-12 维管柱的结构

效果，更能适应植株长大时对水分供应量增加的需要。另外，原生木质部分化早，根仍在生长，环纹导管和螺纹导管壁次生增厚部分少，可以随根的生长而拉伸以适应生长的需要。在木质部分化成熟过程中，如果后生木质部分化至维管柱的中央，便没有髓的存在。有些双子叶植物的主根直径较大，后生木质部没有分化到维管柱的中央，就形成了髓，如花生和蚕豆等的主根。

（3）初生韧皮部　其主要功能是输导有机物质。初生韧皮部形成若干束分布于初生木质部辐射角之间，与初生木质部相间排列，这是幼根维管柱中最为突出的特征。初生韧皮部的束数在同一根中与初生木质部的束数相等。初生韧皮部的发育方式也是外始式，即原生韧皮部在外方，后生韧皮部在内方。前者常缺伴胞，后者主要由筛管和伴胞组成。

（4）薄壁细胞　初生韧皮部与初生木质部之间常分布有一到几层薄壁组织细胞，在双子叶植物中，是原形成层保留的细胞，将来发育成形成层的一部分。

少数双子叶植物根维管柱的中央没有初生木质部的分化，因而形成髓，也是由薄壁细胞组成的。

（二）单子叶植物根的初生构造

单子叶植物根的结构也可分为表皮、皮层和维管柱 3 部分，但各部分结构和双子叶植物根的初生结构不尽相同，特别需要指出的是单子叶植物根不能进行次生生长，因此，也不产生次生结构。见图 3-1-13。

1. 表皮

根最外一层细胞，在根毛枯死后，往往解体而脱落。

2. 皮层

禾本科植物根的皮层中，靠近表皮的一层至数层细胞为外皮层。在根发育的后期，往往转变为厚壁的机械组织，起支持和保护作用。在机械组织的内侧为细胞数量较多的皮层薄壁组织。水稻幼根皮层薄壁细胞呈明显的同心辐射状排列，细胞间隙大。在水稻老根中，部分皮层薄壁细胞互相分离，后解体形成大的气腔。气腔间为离解的皮层薄壁细胞及残留的细胞壁所构成的薄片隔开。水稻根、茎、叶中的气腔互相连通，有利于通气。叶片中的氧气可通过气腔进入根部，供给根呼吸，所以水稻能够生长在湿生环境中。然而，三叶期

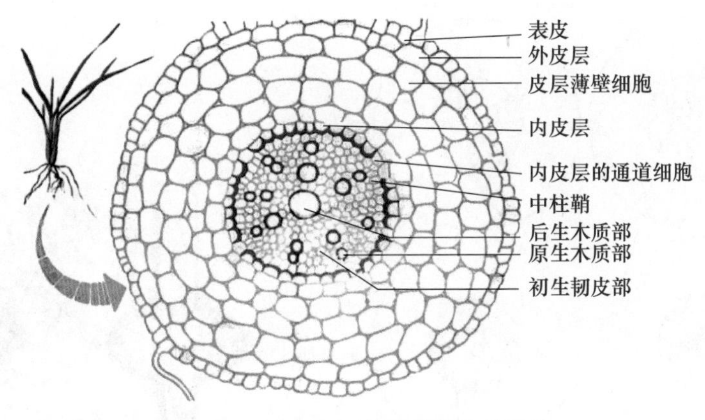

图 3-1-13　单子叶植物根的初生构造

以前的幼苗，通气组织尚未形成，根所需要的氧气靠土壤来供应，故这段时期的秧田不宜长期保持水层。

3. 维管柱

最外一层薄壁细胞组成中柱鞘。初生木质部一般在六原型以上，为多原型，如水稻不定根的原生木质部 6～10 束，小麦 7～8 束或 10 束以上，玉米 12 束。维管柱中央有发达的髓，由薄壁细胞组成。原生木质部紧靠中柱鞘，常由几个小型导管组成，内侧相连的后生木质部常具大型导管。但小麦的细小胚根，其维管柱中央有时只为 1 个或 2 个后生木质部导管所占满。每束初生韧皮部主要由少数筛管和伴胞组成，它与初生木质部相间排列，二者之间的薄壁细胞不能恢复分裂能力，不产生形成层。以后，其细胞壁木化而变为厚壁组织。在水稻老根中，除韧皮部外，所有组织都木化增厚，整个维管柱既保持输导功能，又起着坚强的支持作用。

三、侧根的发生

侧根的发生（图 3-1-14 和图 3-1-15），在根毛区就已经开始，但突破表皮露出母根外，却在根毛区以后的部分。这样，就使侧根的产生不会破坏根毛而影响吸收功能，这是长期以来自然选择和植物适应环境的结果。

侧根起源于中柱鞘，因而和母根的维管组织紧密靠在一起，这样，侧根的维管组织以后也就会和母根的维管组织连接起来。侧根在母根上发生的位置，在同一种植物上较为稳定，这是由于侧根的发生和母根初生木质部的类型有一定关系，如初生木质部为二原型的根上，侧根发生在对着初生韧皮部与初生木质部之间；在三原型、四原型等的根上，侧根是正对着初生木质部发生的；在多原型的根上，侧根是对着初生韧皮部发生的。由于侧根位置一定，因而在母根表面上，侧根常较规则地纵列成行。

任务 1.4　根的增粗生长与次生构造

一、根的次生生长

大多数裸子植物和木本双子叶植物，由于维管形成层每年的周期性活动，在其根内形

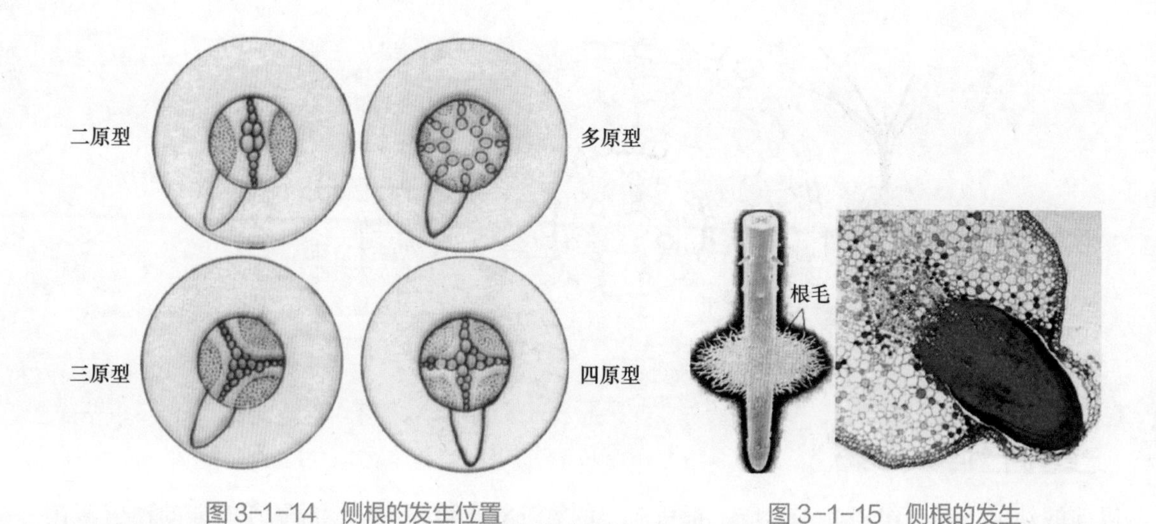

图 3-1-14 侧根的发生位置　　图 3-1-15 侧根的发生

成大量的次生结构。从外至内由周皮和次生维管组织组成，而其初生结构一般都被挤毁。单子叶植物一般缺少次生结构，但其中有些种类，如龙舌兰属植物等，它们可以由维管束外围的薄壁组织中发生形成层状结构，产生次生维管组织。有些植物具有异常的次生生长，产生异常的次生结构。它们的形成层发生或活动不同于正常形成层，也有的形成层的位置正常，但所产生的次生木质部与次生韧皮部的分布特殊，其形成层除正常地向外产生次生韧皮部外，在向内产生次生木质部的同时，也产生次生韧皮部，如马钱属。还有的在正常维管束外围的薄壁组织中，连续产生多个同心圆式排列的形成层环，形成次生维管组织，如藜科植物。

1. 维管形成层的产生及其活动（图 3-1-16）

初生木质部与初生韧皮部之间保留的一层具分裂能力的细胞发育为束中形成层，它构成了形成层的主要部分。此外，在与束中形成层相接的髓射线中的一层细胞，恢复分裂能力，发育为形成层的另一部分，因其位居维管束之间，故称为束间形成层。束中形成层和束间形成层相互衔接后，形成完整的形成层环。维管形成层分裂活动时，纺锤状原始细胞进行平周分裂形成的新细胞向外逐渐分化为次生韧皮部，向内形成次生木质部，构成轴向的次生维管组织系统。纺锤状原始细胞也可进行垂周分裂，增加自身细胞的数目以及衍生出新的射线原始细胞，从而使形成层环的周径扩大。射线原始细胞平周分裂的结果，形成径向排列的次生薄壁组织系统，即次生维管射线。其中，位于次生木质部中的部分称为木射线；位于次生韧皮部的部分称为韧皮射线，它们构成茎根内横向运输系统。形成层活动过程中，往往形成数个次生木质部分子之后，才形成一个次生韧皮部分子，随着次生木质部的较快增加，形成层的位置也逐渐向外推移。

2. 次生木质部

形成层分裂活动所形成的次生木质部的量远大于次生韧皮部的量。特别是木本植物，绝大部分都是次生木质部，它担负着输导水分、无机盐和支持功能。次生木质部的细胞组成与后生木质部的后期发育部分一样，也包含导管、管胞、木纤维和木薄壁细胞。

3. 次生韧皮部

位于形成层外方，由筛管、伴胞、韧皮薄壁细胞和韧皮纤维组成，有的具有石细胞，

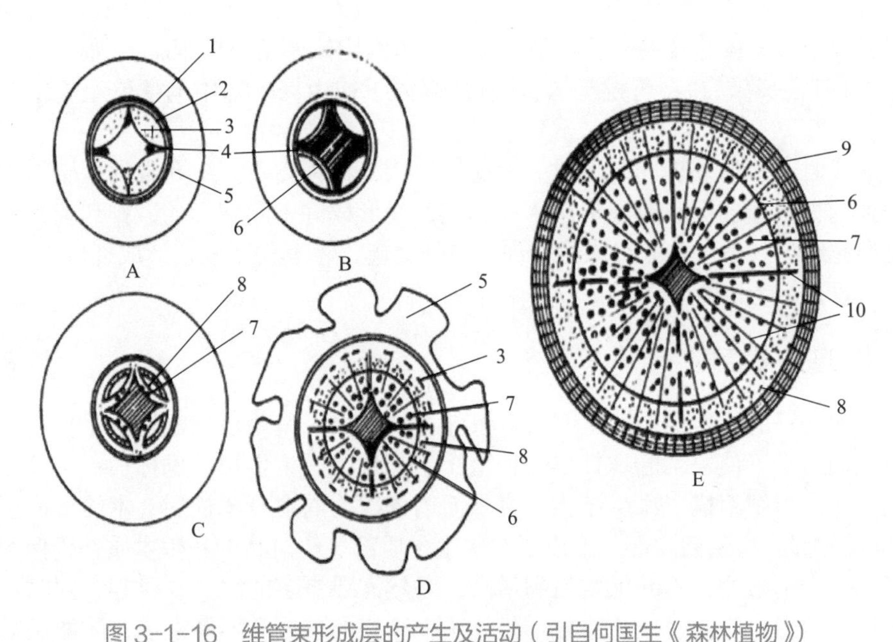

图 3-1-16 维管束形成层的产生及活动（引自何国生《森林植物》）

A～E. 根的次生长过程

1. 内皮层 2. 中柱鞘 3. 初生韧皮部 4. 初生木质部 5. 皮层 6. 形成层 7. 次生木质部 8. 次生韧皮部 9. 周皮 10. 射线

杜仲等植物的次生韧皮部中还有乳汁管分布。形成层形成的次生韧皮部的数量远较次生木质部的少。次生韧皮部维持输导作用的时间较短，通常筛管只有 1～2 年的输导能力。部分衰老的筛管由于筛板上形成胼胝体堵塞筛孔，失去输导作用，同时随着次生生长的继续进行，远离形成层的先期产生的次生韧皮部，受到里面增大的木质部的压力也越来越大，筛管和一些薄壁细胞甚至被挤毁。当木栓形成层在次生韧皮部形成后，木栓形成层以外的韧皮部就完全死亡，成为干死的组织而参与根皮的形成。

4. 木栓形成层的发生

部分草本双子叶植物具有较弱的次生生长，其表皮细胞能进行细胞分裂，增加表皮周长，借以适应根的微缓增粗。木本植物根的次生生长活跃，增粗显著，表皮不能适应根的不断增粗生长，以致最终死亡、脱落，而由木栓形成层产生的周皮代替了表皮的功能。

5. 木栓形成层的活动

木栓形成层（图 3-1-17）的来源较为复杂，各种植物有所不同。多数植物的木

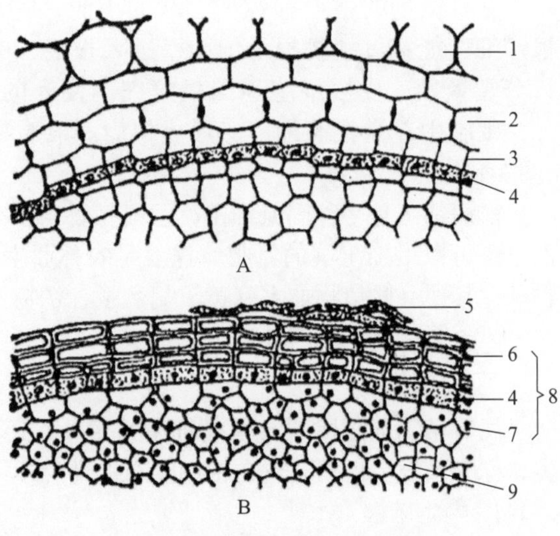

图 3-1-17 根的木栓形成层（引自何国生《森林植物》）

A. 葡萄根中的木栓形成层由中柱鞘发生 B. 橡胶树根中木栓形成层活动的结果，形成周皮

1. 皮层 2. 内皮层 3. 中柱鞘 4. 木栓形成层 5. 皮层残留部分 6. 木栓层 7. 栓皮层 8. 周皮 9. 韧皮部

栓形成层起源于与表皮邻接的一层细胞（薄壁组织细胞或厚角组织细胞），但也有起源于表皮细胞（如柳树、苹果和夹竹桃等），还有的起源于初生韧皮部中的薄壁组织细胞（如葡萄、茶等）。

周皮形成时，根的外表同时形成一种通气结构，称为皮孔。皮孔常发生于原先气孔的位置，此处内方的木栓形成层不形成木栓细胞，而形成许多圆球形的、排列疏松的薄壁细胞，组成补充组织。由于补充组织的增加，向外突起，将表皮胀破，形成裂口，即为皮孔。皮孔的形成改善了老根的通气状况。

二、根的次生结构

双子叶植物根的次生结构：大多数双子叶植物和裸子植物根完成初生生长后，由于次生分生组织的活动，使根不断增粗，这种增粗生长称为次生生长，也称加粗生长。次生生长所形成的次生组织组成了次生结构。自外而内依次为周皮（木栓层、木栓形成层、栓内层）、初生韧皮部、次生韧皮部、形成层和次生木质部。辐射状的初生木质部仍保留在根的中央。多年生木本植物，不断地增粗和增高，必然需要更多的水分和营养，同时，也需要更大的机械支持力，因此必须相应地增粗。次生结构的形成和不断发展，才能满足多年生木本植物在生长和发育上的这些要求，这也正是植物长期生活过程中产生的适应性。

任务 1.5　根瘤与菌根

一、根瘤

豆科植物的根上有各种形状的小瘤，它是土壤中的根瘤细菌侵入到根内而产生的。根瘤细菌能穿过植物根毛细胞壁进入根毛，然后从根毛侵入皮层。在皮层薄壁细胞内进行分裂繁殖，皮层细胞也因根瘤细菌侵入的刺激而进行分裂，于是细胞数目和体积增加，细胞中充满根瘤细菌，形成根瘤。根瘤是根与细菌（根瘤菌、放线菌等）的共生体（图 3-1-18）。

根瘤细菌是一种固氮细菌，豆科植物与根瘤菌的共生不但豆科植物本身得到氮的供应，而且还可以增加土壤的氮肥，这就是农林业生产上栽种豆科植物作绿肥的原因。除豆科植物外，其他一些植物如木麻黄、胡颓子、杨梅、苏铁、罗汉松等的根上也有根瘤形成。

二、菌根

高等植物的根除了与根瘤细菌共生外，还可以与土壤中的真菌共生。生长着真菌的根尖，称为菌根。根据菌丝在根中存在的部位不同，菌根可分为 3 种类型。

1. 内生菌根

内生菌根指真菌中的菌丝侵入高等植物根部皮层组织的细胞内，进行共生性或寄生性的生活者。内生菌根主要在于促进根内的物质运输，加强吸收机能。内生菌根外形上成增厚肥大的瘤状突起。具有这种菌根的植物有银杏、侧柏、圆柏、核桃、桑、五角枫等。

2. 外生菌根

外生菌根是真菌菌丝伸入根皮层细胞间形成菌丝网（称为哈氏网），同时在根表蔓延形成菌丝套，替代根毛的作用，吸收养料和水分。许多木本植物如马尾松、油松、冷杉、云杉、栓皮栎、桉树、毛白杨等常有外生菌根（图 3-1-18）。

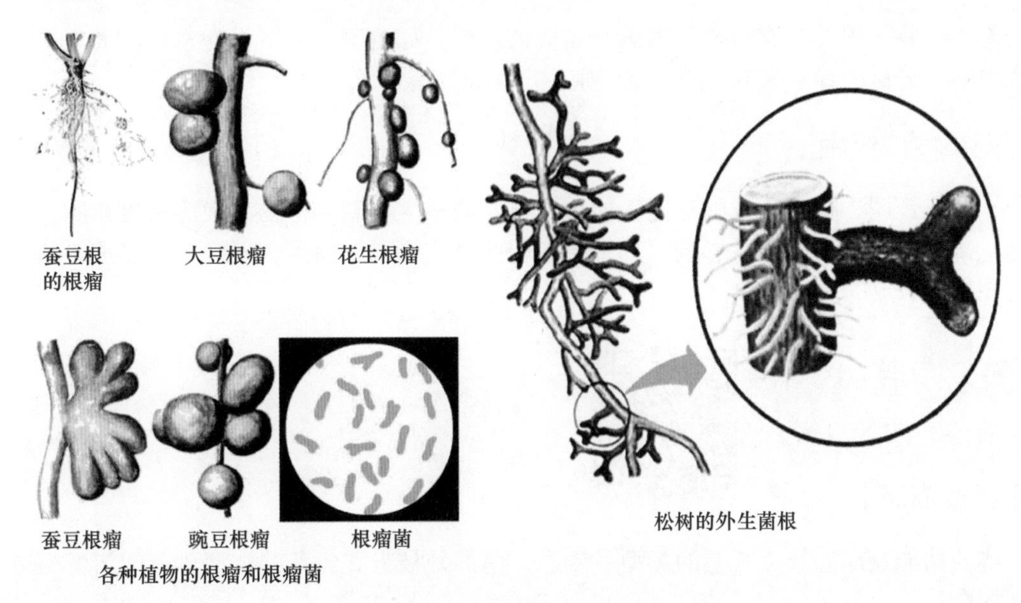

图 3-1-18　根瘤与菌根

3. 内外生菌根

有一些植物的根尖，真菌的菌丝不仅包围着根尖，而且也侵入皮层细胞的细胞腔内和胞间隙中，称为内外生菌根。内外生菌根存在比较普遍，如桦木属植物。

真菌与高等植物的共生，不但能加强根的吸收能力，而且能分泌多种水解酶类，促进根周围有机物质的分解。同时，真菌还可分泌维生素 B_1，刺激根系的发育。现在已知在根上能形成菌根的植物有两千多种，包括被子植物、裸子植物和蕨类植物，其中在多年生的木本植物中最多，尤以松柏类植物更显著。

任务 1.6　根的生理功能

根是植物的重要营养器官，主要具有吸收、输导、固着、合成、储藏和繁殖等生理功能。

一、吸收和输导水分与无机盐

一生中所需要的水分基本上由根从土壤中吸收，并向上输导至茎叶，与此同时，溶解于水中的矿质元素，如 N，P，K，Ca，Mg 等及其他物质也通过根吸收并输导。叶制造的有机养料，经过茎输送到根，再经根的维管组织输送到根的各部位，以维持根的生命活动需要。

二、固定和支持植株

根的多次分枝使之形成庞大的根系，固着于土壤中，支持地上部分，使植株能够稳固地直立在地面上。

三、储藏与繁殖

有些植物的根，具有特殊的形态及相应的功能，如番薯、萝卜根变态成肥大肉质，储藏大量的养分；还有一些植物的根能产生不定芽，具有繁殖功能。

四、合成作用

据研究证明，根有合成的功能，能合成氨基酸、生物碱、植物激素等有机物质，对植物地上部分的生长发育产生影响。如烟草的根能合成烟碱，南瓜和玉米中很多重要的氨基酸是在根部合成的。

任务2 茎

【任务描述】

茎的功能及形态特点，茎的类型及变态，茎的分枝方式，芽的类型；茎的初生构造与次生构造。

【任务要求】

能熟练应用实物标本利用专业术语准确描述茎的特点与芽的类型，能观察茎的初生构造与次生构造。

茎是种子植物重要的营养器官，也是植物体地上部分的躯干，有些植物的茎生长在地下；有的植物如黄鹌菜、车前、粉石莲具茎，但茎节非常短缩，被称为莲座状植物。茎由胚芽发育而来，其顶端不断向上生长，下面重复产生分枝，从而形成了植物体的整个地上部分。

任务 2.1 正常茎的形态和类型

一、茎的类型

1. 按质地分类

按茎的质地分类，可分为木质茎、草质茎和肉质茎。

（1）木质茎　茎质地坚硬、木质化程度高的称为木质茎。具有木质茎的植物称木本植物，此类植物一般为多年生，包括三大类型。

乔木：主干明显、植株高大、基部少分枝，如银杏、木棉等。

灌木：植株主干不明显，基部分枝出多个丛生枝干，如夹竹桃、福建茶等。

木质藤本：茎长不能直立，但能缠绕或攀附他物向上生长，如白花油麻藤、扁担藤等。

（2）草质茎　质地较柔软、木质部不发达的茎称为草质茎。具有草质茎的植物称草本植物。其中在一年内完成生命周期的称一年生草本，如马齿苋。植物第一年出苗，第二年完成生命周期的称二年生草本，如萝卜。若生命周期在二年以上的称多年生草本，其中地上部分每年死亡，地下部分仍保持活力的称宿根草本，如人参；植物体细长、缠绕或攀缘他物向上生长或平卧地面生长的草本植物称草质藤本，如鸡屎藤、牵牛花。

（3）肉质茎　质地柔软多汁、肉质肥厚的茎称肉质茎，如芦荟、仙人掌。

2. 按生长习性分类

按茎的生长习性，可分为直立茎、缠绕茎、攀缘茎、匍匐茎。

（1）直立茎　茎直立地面生长，为常见的茎，如杉、芒果。

（2）缠绕茎　茎细长不能直立，而依附缠绕他物作螺旋状向上生长。其中有的呈顺时针方向缠绕，如金银花；有的呈逆时针方向缠绕，如牵牛花；也有的无一定规律，如何首乌。

（3）攀缘茎　茎细长不能直立，而是靠卷须、不定根、吸盘或其他特有的攀缘结构攀附他物向上生长，如豌豆（卷须）、白蝴蝶（不定根）、爬山虎（吸盘）。

（4）匍匐茎　茎平卧地面，沿水平方向蔓延生长，节上生出不定根，如甘薯；若节上不生出不定根则为平卧茎，如马齿苋。

二、茎的外形

大多数植物的茎（图 3-2-1）为圆柱形，有些植物的茎外形有所变化，如莎草科植物的茎为三棱形，薄荷、益母草等唇形科植物的茎为四棱形，仙人掌等植物的茎则为扁平形。茎的中心一般为实心，但也有些植物的茎是空心的，如芹菜、南瓜等；禾本科植物如竹子、水稻等的茎中空且有明显的节，称为秆。

1. 节与节间

植物的茎通常具有主茎和许多有规律分布的分枝。茎上着生叶的部位称为节，相邻两个节之间的部分称为节间。在茎的顶端和节处叶腋都生有芽。具节和节间是茎在外形上区别于根的主要特征。

2. 枝条

着生叶和芽的茎称为枝条。有些植物具有两种枝条，节间的距离较长的枝条称长枝；节间短的枝条称短枝。茎的顶端着生的芽称为顶芽；叶柄与枝之间的夹角称为叶腋，叶腋中着生的芽称为侧芽。有些木本植物茎（枝条）上还有叶痕、托叶痕、芽鳞痕、皮孔等。叶痕是叶片脱落而留下的痕迹，叶痕内的突起是叶柄与茎间的维管束断离后留下的痕迹称为叶迹；托叶痕是托叶脱落后留下的痕迹；芽鳞痕是包被顶芽的芽鳞片脱落后留下的痕迹，顶芽每年在春季开展一次，因此，可以根据芽鳞痕来辨别茎的生长量和生长年龄；皮孔是茎枝表面隆起呈裂隙状的小孔，是茎与外界气体交换的通道。以上痕迹各种植物都有一定的特征，可以作为辨别植物种类的依据。

三、芽的类型

依据芽在枝上的位置、形成器官的性质、芽鳞有无、以及芽的生理活动状态等特点来划分，芽可分为以下几种类型（图 3-2-2）。

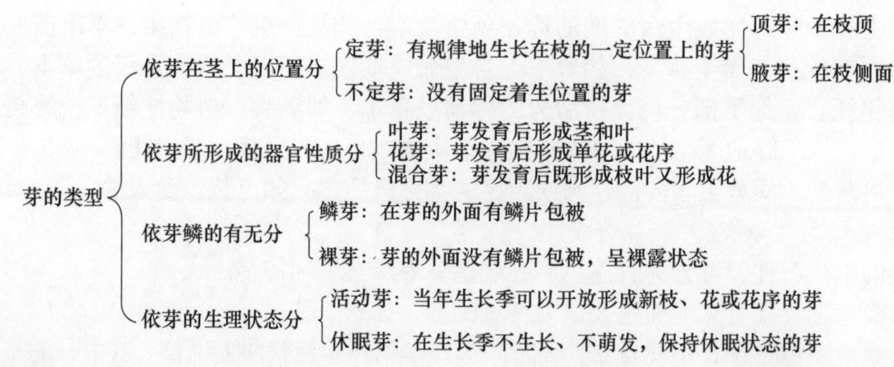

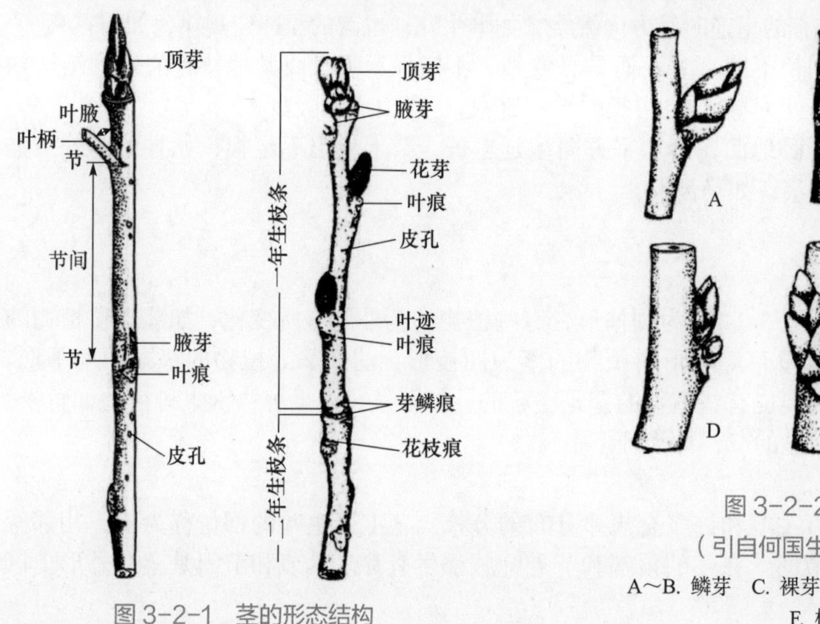

图 3-2-1 茎的形态结构

图 3-2-2 芽的类型
（引自何国生《森林植物》）
A～B. 鳞芽 C. 裸芽 D. 叠生芽 E. 并生芽
F. 柄下芽

四、茎的分枝方式

植物茎的分枝方式主要有下列几种类型（图 3-2-3）。

（1）单轴分枝 从幼苗形成开始，主茎的顶芽不断向上生长，形成直立而明显的主干，主茎上侧枝再形成各级分枝，但它们的生长均不超过主茎，主茎的顶芽活动始终占优势，

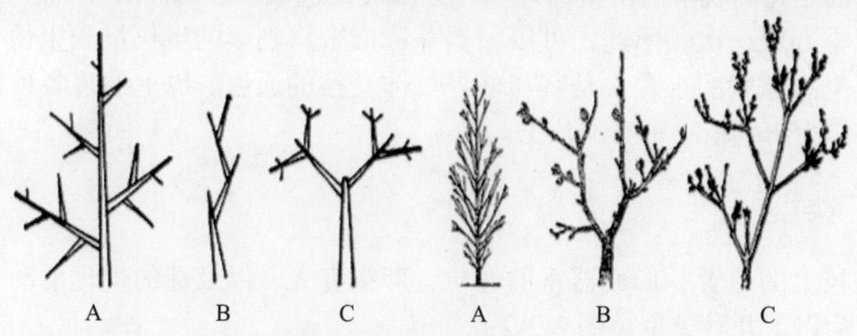

图 3-2-3 茎的分枝类型（引自方彦《园林植物》）
A. 单轴分枝 B. 合轴分枝 C. 假二叉分枝

这种分枝方式称为单轴分枝，又称总状分枝。大多数裸子植物和部分被子植物具有这种分枝方式，如松、杉、白杨等。

（2）合轴分枝　顶芽发育到一定时候，生长缓慢、死亡或形成花芽，由其下方的一个腋芽代替顶芽继续生长形成侧枝，以后侧枝的顶芽又停止生长，再由它下方的腋芽发育，如此反复不断，这样，主干实际上是由短的主茎和各级侧枝相继接替联合而成，因此，称为合轴分枝。大多数被子植物具有这种分枝方式，如桑、榆等。

（3）假二叉分枝　在具有对生叶序的植物中，顶芽停止生长或分化为花芽后，由它下面对生的两个腋芽发育成两个外形大致相同的侧枝，呈二叉状，每个分枝又经同样方式再分枝，如此形成许多二叉状分枝。称之为假二叉分枝。它实际上是合轴分枝的一种特殊形式，如丁香、茉莉和泡桐等都具有这种分枝方式。

任务 2.2　变态茎的类型

一些茎为了适应环境，在形态和结构上产生了明显的可遗传的变化，称为茎的变态。茎的变态可以分为地上茎变态和地下茎变态 2 种类型。

一、地上茎的变态

（1）吸盘　攀缘茎用于攀登他物的吸盘式的吸附器官，如爬山虎的吸盘（图 3-2-4）。

（2）茎卷须　许多攀缘植物如葡萄、鸡蛋果的茎细长，不能直立，其侧枝变成卷须，称为茎卷须或枝卷须。见图 3-2-5。

图 3-2-4　爬山虎的吸盘

图 3-2-5　鸡蛋果的茎卷须

（3）叶状茎　有些植物如仙人掌的茎转变成叶状，扁平，呈绿色，能进行光合作用，称为叶状茎或叶状枝。假叶树、天门冬、竹节蓼的侧枝变为叶状枝。见图 3-2-6 和图 3-2-7。

（4）肉质茎　茎肉质多汁，形态多样，绿色，可进行光合作用，如三角霸王鞭（图 3-2-8）。

（5）茎刺　由茎转变而成的刺称为茎刺或枝刺，如皂荚、柚子（图 3-2-9）。

二、地下茎的变态

（1）根状茎　常横卧地下，形状似根，有明显的节和节间，节上有退化的鳞片叶，具顶芽和腋芽。竹、莲、芦苇等都有根状茎（图 3-2-10）。

图 3-2-6 仙人掌的叶状茎

图 3-2-7 竹节蓼的叶状枝

图 3-2-8 三角霸王鞭的肉质茎

图 3-2-9 柚子的枝刺

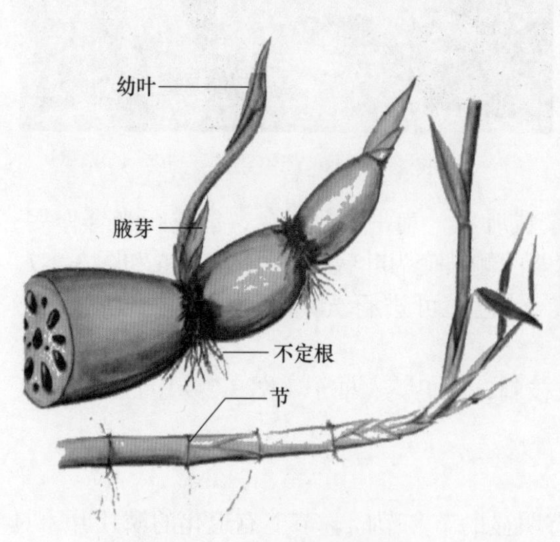

图 3-2-10 莲藕的根状茎

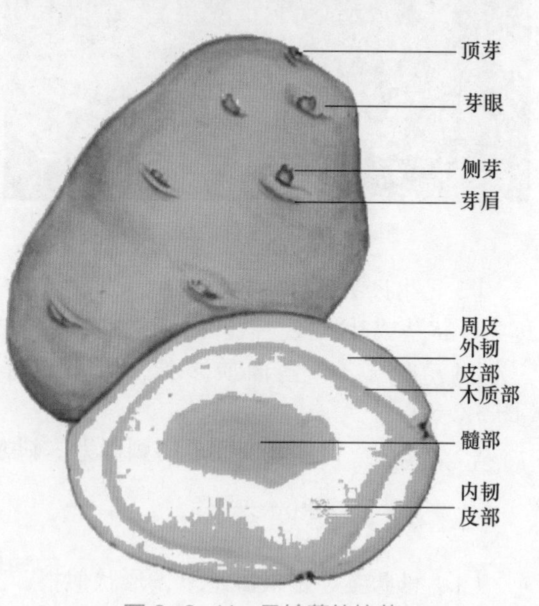

图 3-2-11 马铃薯的块茎

（2）块茎　与块根相似，但有很短的节间，节上具芽眼，如马铃薯等（图 3-2-11）。
（3）球茎　肉质肥大呈球形或扁球形，顶芽发达，如慈菇。
（4）鳞茎　茎极度缩短称鳞茎盘，被肉质肥厚的鳞叶包围，如百合。

任务 2.3　茎尖的构造与发育

一、茎尖的构造

茎或枝的顶端为茎尖，是顶端分生组织所在部位。茎尖存在能形成叶和芽的原始突起，称为叶原基和芽原基。叶原基腋部产生腋芽原基，以后分别发育为叶和腋芽，腋芽发育成枝条。因此，茎、叶和腋芽的发生是同时进行的。茎或枝的顶端可分为 3 部分，即分生区、伸长区和成熟区（图 3-2-12）。
（1）分生区　由原生分生组织和衍生的初生分生组织构成。
（2）伸长区　细胞迅速伸长的区域。
（3）成熟区　各组织已基本分化成熟，形成茎的初生结构。

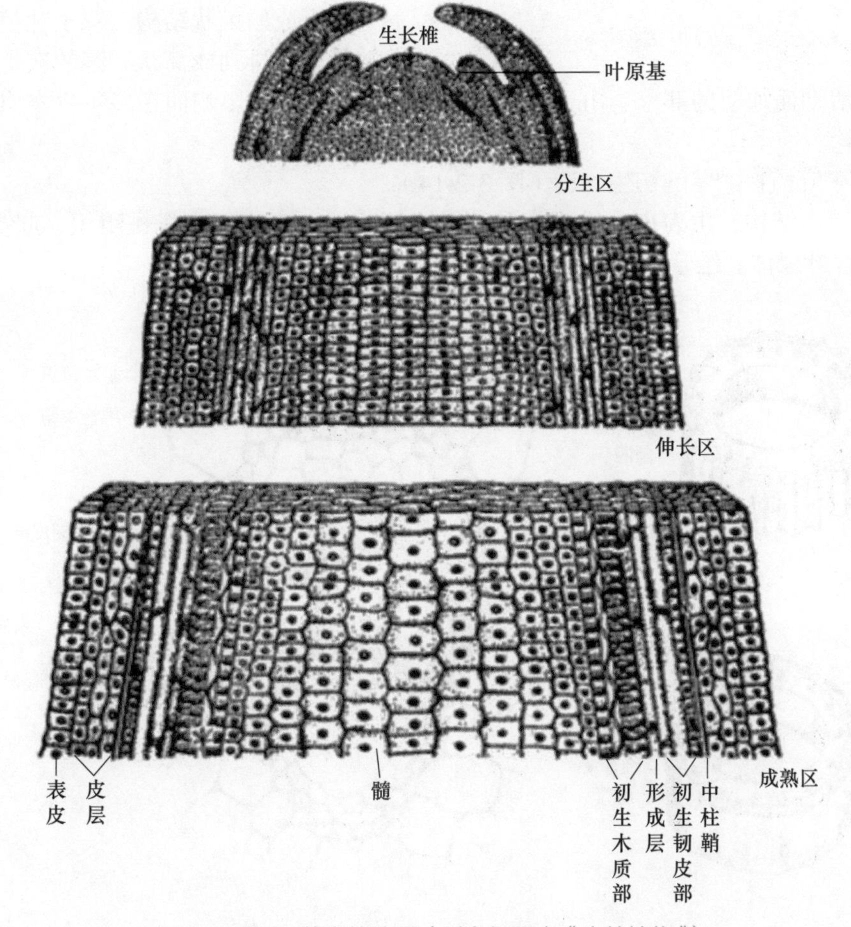

图 3-2-12　茎尖的分区（引自何国生《森林植物》）

二、茎尖的初生生长

（1）顶端生长 在生长季节，顶端分生组织不断进行分裂、伸长和分化，使茎的节数增加，节间伸长。

（2）居间生长 顶端生长时，在节间留下了居间分生组织，这时的节间很短，随着居间分生组织细胞的分裂、伸长与分化成熟，节间才明显伸长。

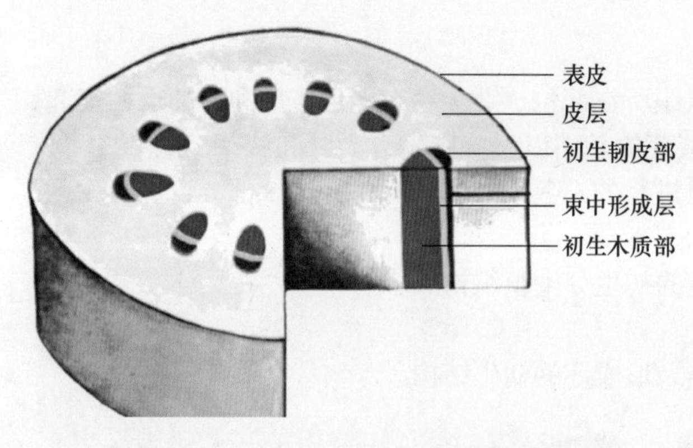

图 3-2-13 双子叶植物茎的初生构造

任务 2.4 茎的解剖构造

一、茎的初生构造

1. 双子叶植物茎的初生构造（图 3-2-13）

分为表皮、皮层和维管柱。维管柱由维管束、髓和髓射线三部分组成。维管束是初生韧皮部、形成层和初生木质部组成的束状结构。双子叶植物茎的维管束常排列成筒状。茎的次生结构是由形成层的活动而加粗的部分。由于形成层的活动受四季气候影响而在多年生木质部横切面上出现年轮。

2. 单子叶植物的茎的初生构造（图 3-2-14）

只有初生结构，由表皮、维管束和薄壁组织组成。表皮下有机械组织，起支持作用，其细胞常含叶绿体。维管束是分散的，有的植物茎中空成髓腔。

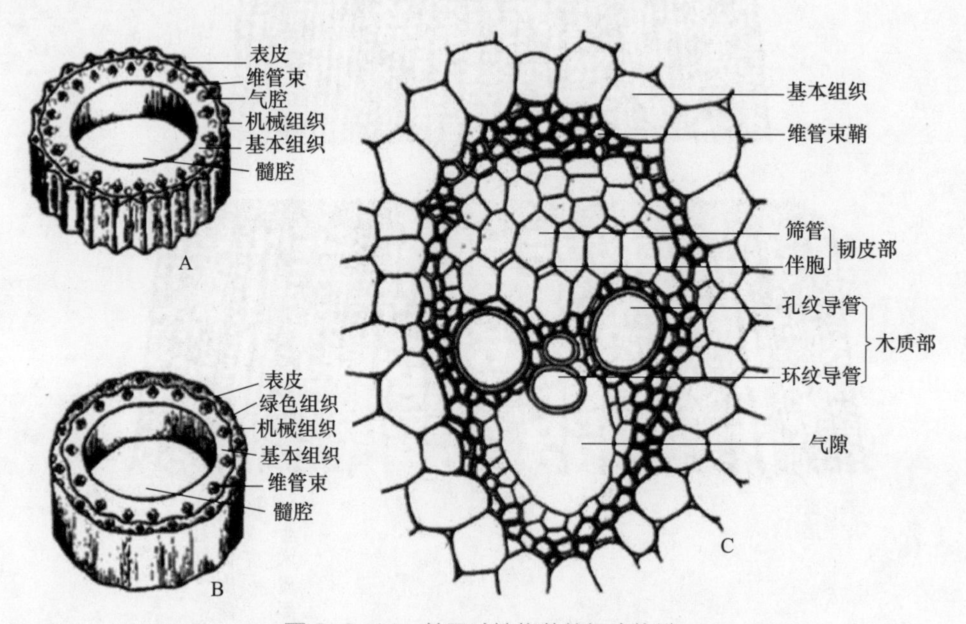

图 3-2-14 单子叶植物茎的初生构造

A. 水稻茎段横切面 B. 小麦茎段横切面 C. 水稻茎中一个维管束的放大

二、茎的次生构造

大多数双子叶植物在初生生长的基础上出现次生分生组织——形成层和木栓形成层，它们分裂活动的结果形成次生结构，使茎增粗，这一过程称为次生生长。

（一）形成层的发生和活动

1. 形成层的发生

初生木质部与初生韧皮部之间保留的一层具分裂能力的细胞发育为束中形成层，它构成了形成层的主要部分。此外，在与束中形成层相接的髓射线中的一层细胞，恢复分裂能力，发育为形成层的另一部分，因其位居维管束之间，故称为束间形成层。束中形成层和束间形成层相互衔接后，形成完整的形成层环。

2. 形成层的活动（图 3-2-15）

维管形成层分裂活动时，纺锤状原始细胞进行平周分裂形成的新细胞向外逐渐分化为次生韧皮部，向内形成次生木质部，构成轴向的次生维管组织系统。其中，位于次生木质部中的部分称为木射线，位于次生韧皮部的部分称为韧皮射线，它们构成茎内横向运输系统。形成层活动过程中，往往形成数个次生木质部分子之后，才形成一个次生韧皮部分子，随着次生木质部的较快增加，形成层的位置也逐渐向外推移。

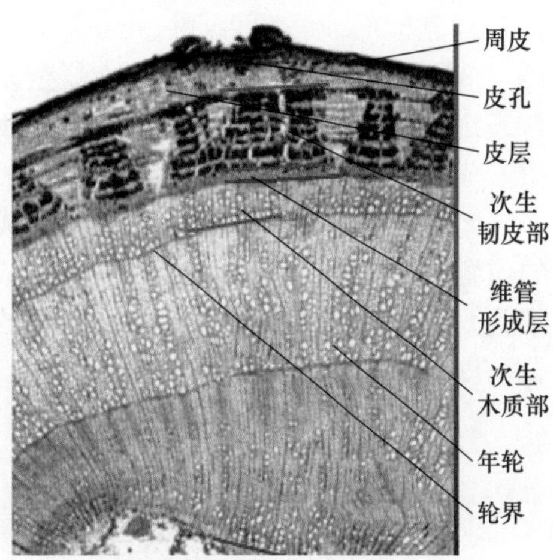

图 3-2-15 形成层的活动

3. 形成层的季节活动和年轮

（1）维管形成层的活动　易受外界环境条件的影响，在有明显冷暖季节交替的温带，或有干湿季节交替的热带，形成层的活动随季节更替，表现出明显的节奏性变化。形成层的活动有强有弱，形成的细胞有大有小，壁有厚有薄，颜色有深有浅，从而在次生木质部的形态结构上表现出明显差异。在温带春季，气候条件逐渐变暖，形成层活动也随之增强，结果形成的次生木质部细胞多，其中导管和管胞的直径大而壁薄，木材颜色较浅，木材质地较疏松，称之为早材。在夏末秋初，气候条件逐渐不适宜于树木生长，形成层活动随之减弱，形成的细胞数目减少，其中导管和管胞径小而壁厚，木材颜色深，木材质地较紧密，称之为晚材。

（2）年轮　年轮也叫生长轮或生长层，在一个生长季内，早材和晚材共同组成一轮显著的同心环层，代表着一年中形成的次生木质部。在有显著气候变化的地区，植物的次生木质部在正常情况下，每年形成一轮，因此，习惯上称为年轮（annual ring）。但有不少植物在一年内的正常生长中，不只形成一个年轮，柑橘属植物的茎，一年中可产生三个年轮，也就是三个年轮才能代表一年的生长，因此，又叫假年轮，即一个生长季内形成多个年轮（图 3-2-16）。

此外，气候的异常，虫害的发生，出现多次寒暖或叶落的交替，造成树木内形成层活动盛衰的起伏，使树木的生长时而受阻，时而复苏，都可能形成假年轮。没有干湿季节变化的热带地区，树木的茎内一般不形成年轮。因此，年轮的数目通常可作为推断树木年龄

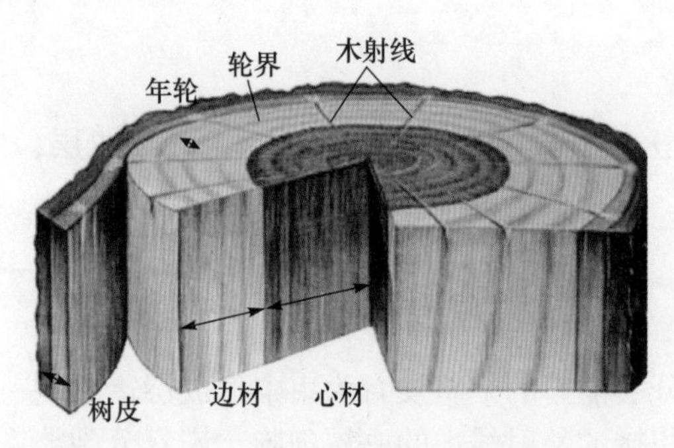

图 3-2-16 木材结构

的参考。

（二）木栓形成层的发生与活动

1. 木栓形成层的发生

部分草本双子叶植物茎具有较弱的次生生长，其表皮细胞能进行细胞分裂，增加表皮周长，借以适应茎干的微缓增粗。木本植物茎干的次生生长活跃，增粗显著，表皮不能适应茎内的不断增粗生长，以致最终死亡、脱落，而由木栓形成层产生的周皮代替了表皮的功能。

2. 木栓形成层的活动

茎中木栓形成层的来源较为复杂，各种植物有所不同。多数植物的木栓形成层起源于与表皮邻接的一层细胞（薄壁组织细胞或厚角组织细胞），但也有起源于表皮细胞（如柳树、苹果和夹竹桃等），还有的起源于初生韧皮部中的薄壁组织细胞（如葡萄、茶等）。

周皮形成时，枝条的外表同时形成一种通气结构，称为皮孔。皮孔常发生于原先气孔的位置，此处内方的木栓形成层不形成木栓细胞，而形成许多圆球形的、排列疏松的薄壁细胞，组成补充组织。由于补充组织的增加，向外突起，将表皮胀破，形成裂口，即为皮孔。皮孔的形成改善了老茎的通气状况（图 3-2-17）。

图 3-2-17 周皮和皮孔

有些植物的木栓形成层的寿命较长，最初形成的木栓形成层可以保持多年甚至终生不失其效能（如栓皮栎）。但多数植物木栓形成层的寿命较短，在短时期内木栓形成层本身也转变成木栓组织了，在此情况下，在它内方发生出新的木栓形成层，再形成新周皮。随着茎的增粗，木栓形成层发生的部位逐渐向内推移，甚至可达次生韧皮部。新周皮形成后，其外方所有的活组织由于得不到养料和水分的供应以及被挤压而死亡，这些失活的组织，包括多次形成的周皮以及周皮以外的死亡组织组成了树皮（脱落皮层或树皮），但也有将形成层以外的所有组织统称为树皮的，这是树皮的广义概念。另外树皮色泽、形状以及皮孔和芽的形态特征常依植物不同而有差别，可作为鉴别冬季落叶树种的依据。

任务 2.5 茎的生理功能

1. 支持作用

这是茎的主要功能。主茎和分枝形成植物体的支架，支持着叶、芽、花和果实的合理分布，利于它们通风透光、传粉、传播种子。

2. 输导作用

这是茎的另一主要功能，茎中分布着大量的输导组织，是植物体内物质上下运输的通道，根吸收的水分、无机盐等通过茎向上运输到叶、花、果实中，叶制造的光合产物亦通过茎向下、向上运输到根及其他地上器官中。

3. 储藏作用

茎具储藏功能，尤其是一些变态茎，如百合、马铃薯、莲等植物，其变态茎中养分丰富，成为此类植物的经济器官。

4. 繁殖作用

茎可作为扦插、压条等营养繁殖的材料。这是因为茎的断面或茎节上可产生不定根，从而形成新的个体。此外，有些变态茎如竹、芦苇的根状茎亦成为繁殖的主要器官。

任务 3　叶

【任务描述】

本任务主要介绍叶的功能及形态特点，叶序，叶脉，不完全叶的类型及叶的变态，复叶的类型，叶的解剖构造。

【任务要求】

能熟练应用实物标本利用专业术语准确描述植物叶的特点与复叶的类型，掌握叶的解剖构造。

叶生长在茎的节部，是种子植物重要的营养器官，是植物生长过程中能量供应和干物质积累的主要源泉。由于长期自然选择和功能适应的结果，其形态变化非常多样，也是鉴别植物种类的重要依据之一。

任务 3.1　叶的组成与发生

一、叶的组成

植物的叶，一般由叶片、叶柄和托叶 3 部分组成（图 3-3-1）。具叶片、叶柄和托叶 3 部分的叶，称为完全叶，例如梨、桃、朱槿等植物的叶。如果缺少其中一或两个部分的，称为不完全叶，其中以无托叶的现象最为普遍，例如茶、丁香等植物的叶。

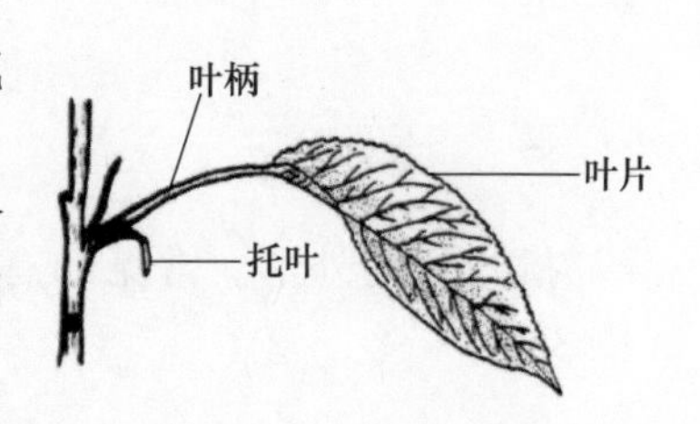

图 3-3-1　叶的组成
（引自方彦《园林植物》）

（1）叶片　叶片是叶的主要部分，一般为绿色的扁平体，叶片内分布着叶脉。

（2）叶柄 叶柄是叶片与茎的连接部分，一般呈半圆柱形，主要起支持作用，叶柄内具有与茎相连的维管束，是叶片与茎之间的物质运输通道。

（3）托叶 托叶位于叶柄与茎的连接处，多成对而生，常细小，有早落现象，对腋芽有保护作用。

禾本科植物的叶由叶片和叶鞘两部分组成。叶片呈带状，叶鞘在叶片的下方包围着茎。有些植物还有叶舌，在叶舌两侧有一对耳状突起称为叶耳（图 3-3-2）。

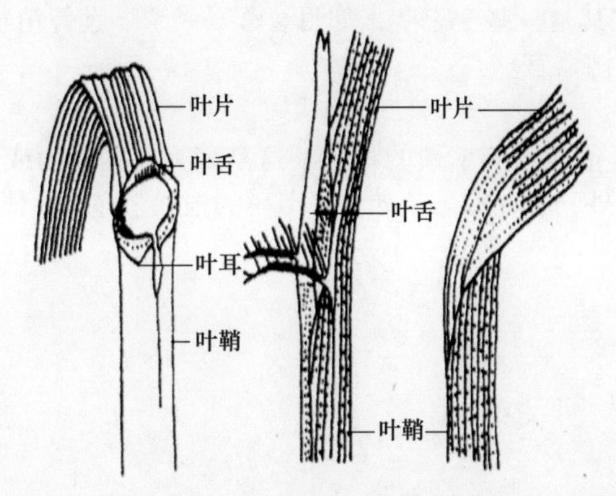

图 3-3-2 禾本科植物叶的组成（引自方彦《园林植物》）

二、叶的发生与生长

叶的发生开始得很早，当芽形成时，在茎尖生长锥周围的一定部位上，由表层细胞和表层下的一层或几层细胞分裂形成叶原基。叶原基形成后，起初行顶端生长，迅速伸长，到一定阶段，顶端生长停止，转为基部的居间生长。叶原基的先端部分，形成叶片与叶柄，基部形成叶基和托叶。具托叶的种类，托叶分化很早，生长迅速，叶片的分化次之，叶柄的分化最晚。在芽开放以前，叶的各部分已经形成，以各种方式卷叠在芽内，随着芽的开放，幼叶逐渐生长成为成熟的叶。

一般来说，叶的生长期是有限的，在短期内生长到一定大小，生长即行停止。有些植物，在叶的基部保持居间分生组织，可以有较长时期的生长。一般植物叶的顶端生长很早就已停止，后期生长是叶基中的居间生长。

任务 3.2 叶的各部分形态

一、叶形

指叶片的外形。常见的有针形、线形、披针形、椭圆形、卵形、菱形、心形、肾形（图 3-3-3）。

二、叶尖

叶顶部形状有渐尖、急尖、钝形、截形、短尖、骤尖、微缺、倒心形（图 3-3-4）。

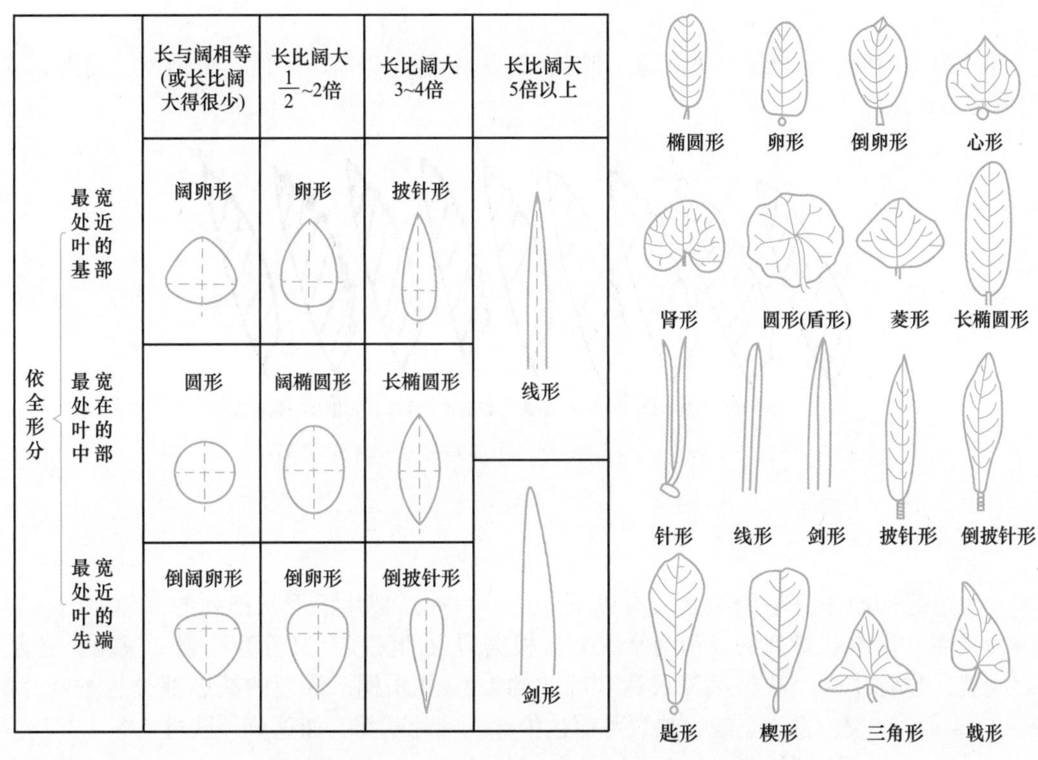

图 3-3-3 叶的形状(引自方彦《园林植物》)

图 3-3-4 叶尖的形状(引自方彦《园林植物》)

三、叶基

叶片基部的形状有钝形、心形、截形、楔形、耳形、箭形、戟形、匙形、偏斜形等(图 3-3-5)。

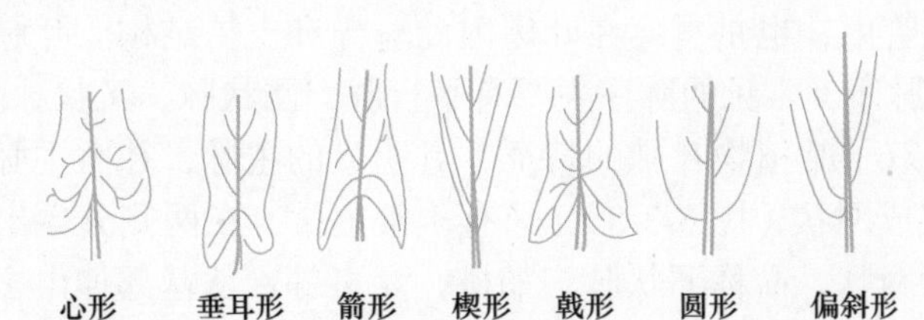

图 3-3-5 叶基的形状(引自方彦《园林植物》)

四、叶缘

叶片边缘的形状有全缘、波状缘、皱状缘、齿状缘（锯齿、牙齿、重锯齿、圆齿）、缺裂（图 3-3-6）。

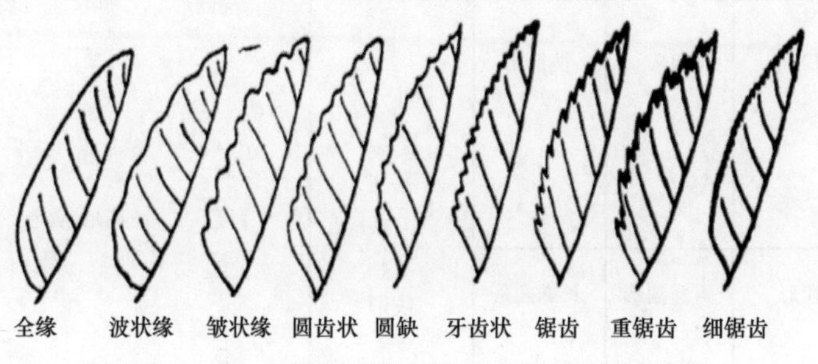

图 3-3-6 叶缘的形状（引自方彦《园林植物》）

五、叶裂

叶片边缘凹凸不齐呈撕裂状。有以下 2 种：一种是裂片呈羽状排列的，称为羽状裂。另一种是裂片呈掌状排列的，称为掌状裂。根据裂入的深浅，又分为浅裂、深裂、全裂 3 种。浅裂，也称半裂，缺裂最深只达到叶片的 1/2，如梧桐；深裂的缺裂部分超过叶片的 1/2，如荠菜；全裂，也称全缺，缺裂可深达中脉或叶片基部，如茑萝、铁树（图 3-3-7）。

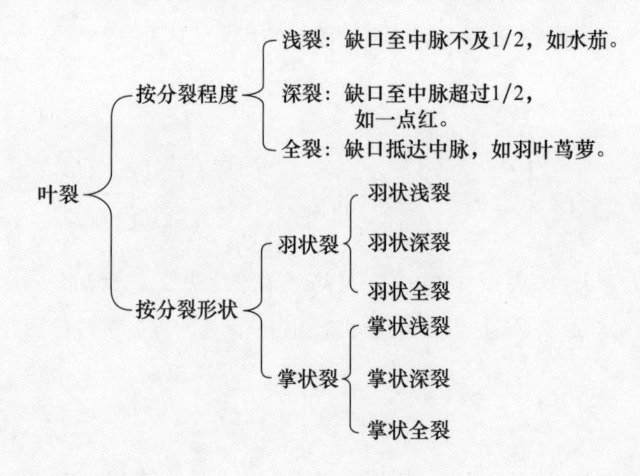

六、叶脉

叶脉是叶中的维管束，也是贯穿在叶肉内的输导和支持结构。叶脉在叶片上呈现出各种有规律的分布称为脉序。常见的脉序主要有平行脉、网状脉、叉状脉。

（1）网状脉　是双子叶植物叶脉的特征，具明显的主脉，并由主脉分支形成侧脉，侧脉再经多级分支连接成网状（图 3-3-8）。只有 1 条主脉，在两侧分生出侧脉且侧脉间有小叶脉相连的称为羽状网脉，简称羽状脉，如桃，女贞等。从基部伸出多条主脉的，称为掌状网脉，简称掌状脉，如五角枫。有 3 条主脉从叶片基部发出的称为三出脉。有 2 条较粗的主脉离开叶基从中脉发出的称为离基三出脉。

（2）平行脉　平行脉（图 3-3-9）是单子叶植物叶脉的特征，其主脉与侧脉平行或近于平行，平行脉分为直出平行脉（竹）、射出平行脉（棕竹）、侧出平行脉（美人蕉）、弧形脉（车前）。

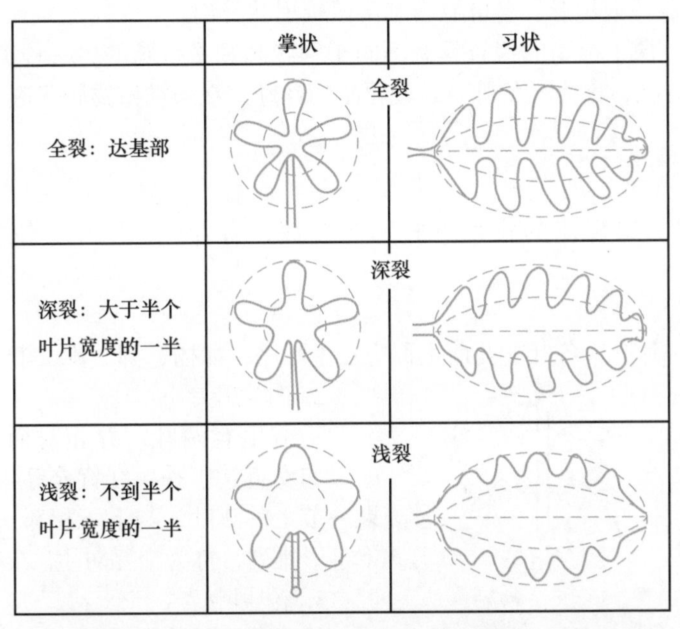

图 3-3-7　叶裂模式图（引自方彦《园林植物》）

图 3-3-8　网状脉的类型

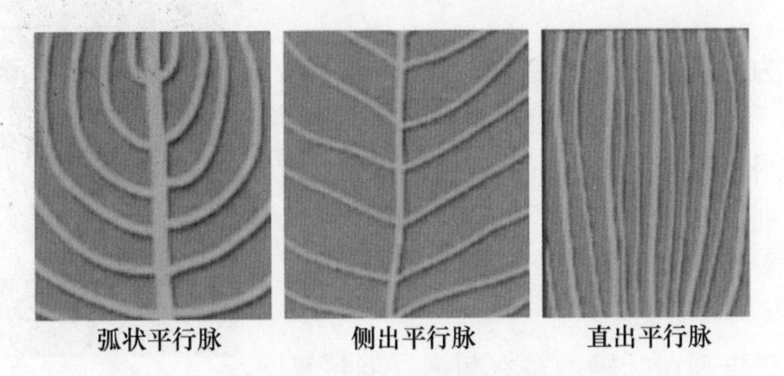

图 3-3-9　平行脉的类型

① 直出脉或直出平行脉：各脉由叶基平行直达叶尖。

② 弧状平行脉：各脉自叶基出发，作弧状平行，叶尖汇合。

③ 侧出平行脉：中脉明显，侧脉垂直于主脉，彼此平行。

④ 辐射平行脉或射出脉：各叶脉自基部以辐射状分出。

（3）叉状脉　裸子植物的银杏具有不同于网状脉和平行脉的另一种类型的叶脉，其特点是各脉作二叉分枝，称为叉状脉。是较原始的叶脉，在蕨类植物较普遍。

任务 3.3　叶序

叶在茎上按一定规律的排列方式称为叶序，有互生、对生、轮生、基生和簇生（图 3-3-10）。

1. 互生叶序

每节只生有一片叶，各叶交互而生称为互生叶序，如杨、柳、桃、李等。

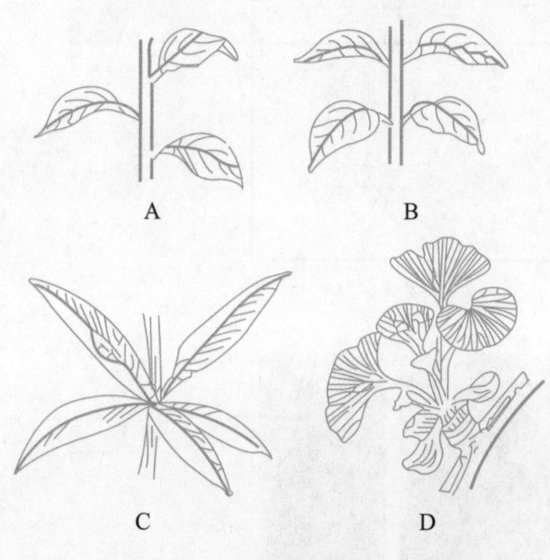

图 3-3-10　叶序（引自方彦《园林植物》）

A. 互生　B. 对生　C. 轮生　D. 簇生

2. 对生叶序

每节生有两叶，并相对而生，称为对生叶序，如女贞、丁香、红背桂等。对生叶序中，如果一节上的 2 叶，与上下相邻一节的 2 叶交叉成十字形排列，称为交互对生。

3. 轮生叶序

每节着生三枚以上的小叶，作轮状排列，如夹竹桃、黄蝉、盆架子等。

4. 簇生叶序

有些植物的叶在节间短缩的枝上簇生，称为簇生叶序，如银杏、金钱松。

5. 基生叶序

有些草本植物的叶片从地面茎的基部发出，称为基生叶序，如车前、水鬼蕉等。

任务 3.4　单叶与复叶

一个叶柄上只生一个叶片的称为单叶，如桃、李等。而一个叶柄上生有两个或两个以上的叶片的称复叶，如月季。

复叶的叶柄称为总叶柄，总叶柄以上着生叶片部分称叶轴，叶轴上所生的叶，称为小叶，小叶的叶柄，称为小叶柄（图 3-3-11）。

图 3-3-11　复叶的结构

复叶依小叶排列的不同状态而分为羽状复叶、掌状复叶和三出复叶（图 3-3-12）。

1. 羽状复叶

小叶类似羽毛状排列在叶轴的左右两侧。羽状复

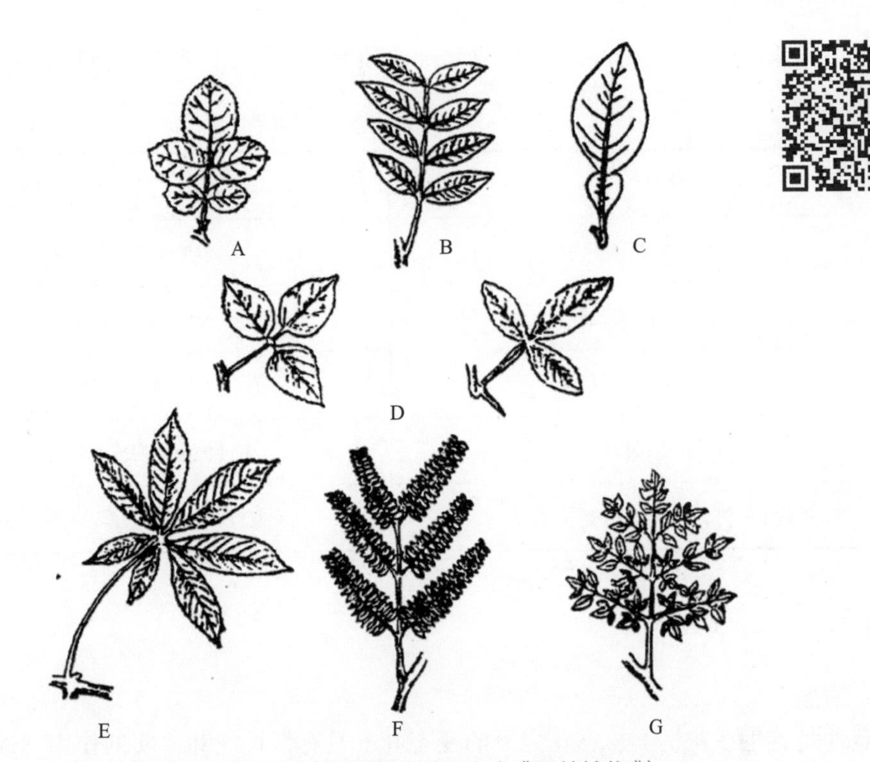

图 3-3-12 复叶的类型（引自方彦《园林植物》）

A. 一回奇数羽状复叶 B. 一回偶数羽状复叶 C. 单身复叶 D. 三出复叶
E. 掌状复叶 F. 二回羽状复叶 G. 三回羽状复叶

叶依小叶数目的不同，分为奇数羽状复叶和偶数羽状复叶。奇数羽状复叶的小叶数目为单数，偶数羽状复叶的小叶数目为双数。羽状复叶又因叶轴分枝与否及分枝情况，而再分为一回、二回、三回和多回羽状复叶。一回羽状复叶叶轴不分枝，小叶直接生在叶轴左右两侧；二回羽状复叶叶轴分枝一次，再生小叶；三回羽状复叶叶轴分枝二次，再生小叶；多回羽状复叶叶轴多次分枝，再生小叶。

2. 掌状复叶

小叶都生在叶轴的顶端，排列如掌状。如鹅掌柴、发财树等。掌状复叶也可因叶轴分枝情况，而再分为一回、二回等。

3. 三出复叶

每个叶轴上生三个小叶，如果三个小叶柄是等长的，称为三出掌状复叶；如果顶端小叶柄较长，就称为三出羽状复叶。

复叶除以上 3 种类型外，还有一个叶轴只具一个叶片的，小叶的基部具有明显的关节，两侧的小叶退化称为单身复叶，如柚子（图 3-3-13）。

图 3-3-13 柚子的单身复叶

如何区别单叶和复叶？如果小叶的叶腋没有腋芽并且叶轴的顶部无顶芽，则可判断为复叶。如果小叶的叶腋有腋芽，叶轴顶部有顶芽，则判断为单叶。具体见表 3-3-1。

表 3-3-1 单叶与复叶的区别

单 叶	复 叶
单叶叶腋处有芽	复叶小叶叶腋处无芽
单叶叶柄基部有托叶	复叶小叶柄处无托叶
单叶着生的枝上有顶芽	复叶总叶柄轴顶端无芽
单叶在茎上排成叶序	复叶的小叶均排列在一个平面
单叶落叶时，叶片与叶柄同时脱落	复叶常小叶先脱落，叶轴后脱落

任务 3.5 叶的变态

1. 苞片

苞片是着生在花柄上、在花之下的变态叶，具有保护花和果实的作用，通常小于正常叶，苞片数多而聚生在花序外围的称为总苞，如铁海棠的红色总苞（图 3-3-14）、簕杜鹃红色的苞片（图 3-3-15）以及菊科植物花序外面的总苞，还有天南星科植物的花序外面，常围有一片大型的总苞片，称佛焰苞。

2. 鳞叶

叶变态成鳞片状，称为鳞叶。木本植物（如杨树、胡桃等）鳞芽外面的鳞叶，也叫芽鳞，有保护幼芽的作用。

图 3-3-14 铁海棠的红色苞片

图 3-3-15 簕杜鹃的苞片

3. 叶卷须

叶的一部分变成卷须状，称为叶卷须。叶卷须适于攀缘生长，如菝葜的托叶卷须（图 3-3-16 和图 3-3-17）。

图 3-3-16 光叶菝葜的托叶卷须

图 3-3-17 菝葜的卷须

4. 叶刺

有些植物的叶或叶的某一部分变为刺状，对植物有保护作用，称为叶刺。如仙人掌的叶刺（图 3-3-18），刺槐、酸枣叶柄基部的一对托叶刺等。

图 3-3-18 仙人掌的叶刺

图 3-3-19 猪笼草的捕虫叶

5. 捕虫叶

食虫植物的部分叶可特化成瓶状、囊状及其他一些形状，其上有分泌黏液和消化液的腺毛，能捕捉昆虫并将昆虫消化吸收，如猪笼草等（图 3-3-19）。

任务 3.6 叶的解剖构造

一、双子叶植物叶片的结构

双子叶植物的叶片由表皮、叶肉和叶脉 3 部分组成（图 3-3-20）。

1. 表皮

属于保护组织，有上下表皮之分，表皮通常由一层细胞组成，但也有多层细胞的，称为复表皮。叶片的表皮由表皮细胞、气孔器以及排水器、表皮附属物组成。其中表皮细胞一般形状不规则，无色透明，不含叶绿体。气孔器分布在表皮细胞之间，通常下表皮较上

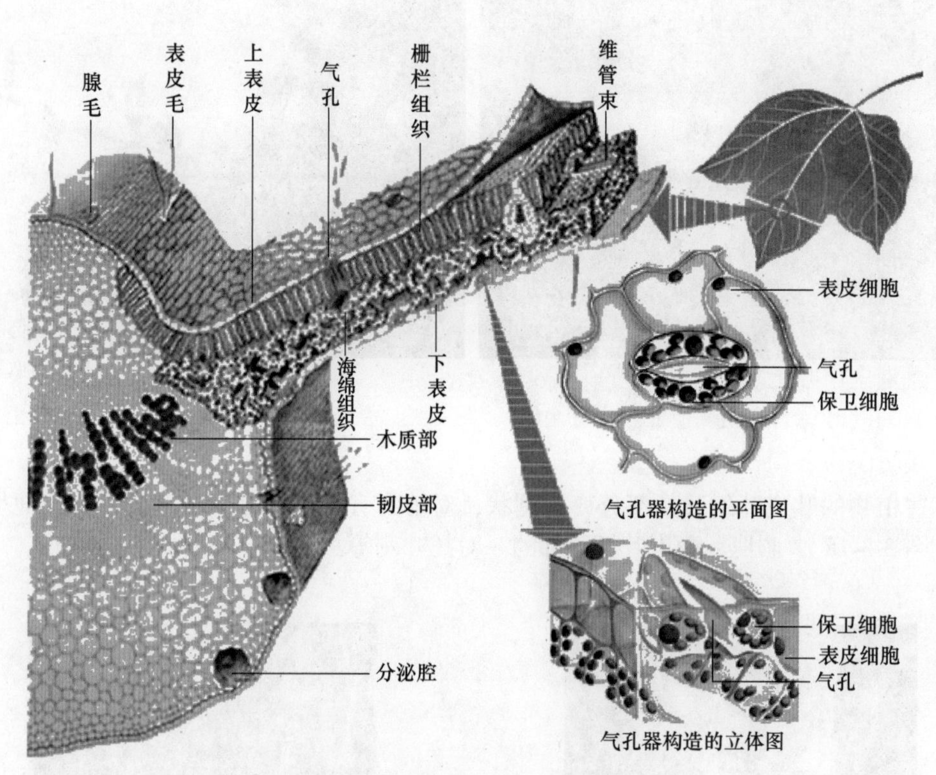

图 3-3-20A 双子叶植物叶的结构（棉花）

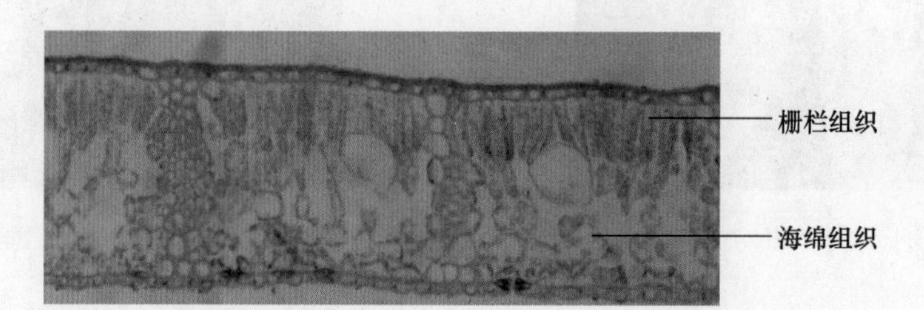

图 3-3-20B 双子叶植物叶的结构（阴香）

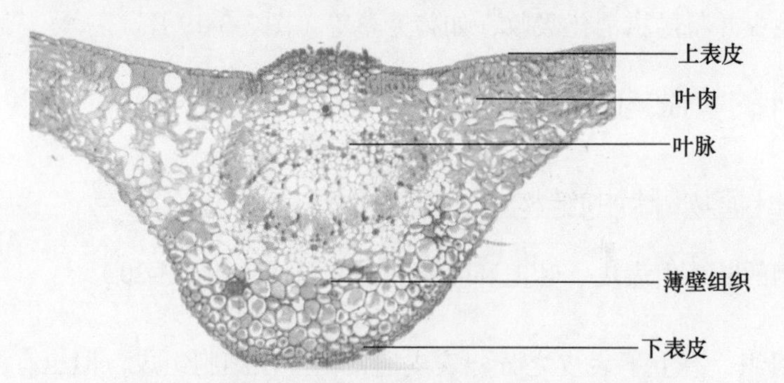

图 3-3-20C 双子叶植物叶的结构（豺皮樟）

表皮多，是叶片与外界进行气体交换和蒸腾作用的通道，气孔器是由两个肾形的保卫细胞围合而成的。两个保卫细胞之间的孔隙称为气孔。保卫细胞的细胞壁厚薄不均，有丰富的细胞质，明显的细胞核，较大的叶绿体和淀粉粒。这些都与气孔的开闭有关。

2. 叶肉

叶肉是叶片内最发达也是最重要的组织，是绿色植物进行光合作用的主要场所。大多数双子叶植物的叶片，多向水平方向伸展，所以，上下两面受光不同，上面（腹面或近轴面）为向光的一面，深绿色，下面（背面或远轴面）呈浅绿色。叶肉细胞分化为栅栏组织和海绵组织两部分，具有这种结构的叶称为背腹叶，也称两面叶。但有些植物的叶片其叶肉没有栅栏组织和海绵组织的分化，或上下表面都有栅栏组织，这种叶称为等面叶。

叶肉是位于叶上、下表皮之间的绿色组织，是叶内最发达和最重要的组织。叶肉细胞内含有大量的叶绿体，是植物进行光合作用的主要部分。多数植物的叶肉细胞分化为栅栏组织和海绵组织。栅栏组织靠近表皮，是由一些排列较紧密的长圆柱状细胞组成，主要进行光合作用。而海绵组织靠近下表皮，是由一些排列较疏松的不规则形细胞组成，胞间隙发达，主要进行气体交换，也能进行光合作用。

3. 叶脉

叶脉分布在叶肉组织中，起输导和支持作用。叶脉的内部结构随叶脉的大小而不同。主脉或大的侧脉中含有一条（或几条）维管束，其中木质部位于上方（近叶的腹面），韧皮部位于下方（近叶背面），二者之间有形成层，分裂能力较弱，活动时间较短。维管束的周围除数量众多的薄壁细胞外，还常有厚角组织（如甘薯）或厚壁组织（如棉花、柑橘）分布，从而加强了机械支持作用。叶脉越分越细，结构趋于简单：首先是形成层消失，其次是机械组织消失，木质部和韧皮部结构简化，以至于到最小的细脉木质部只有简单的几个管胞，韧皮部只有短狭筛管和伴胞。

二、禾本科植物叶片结构特点

禾本科植物叶片也具有表皮、叶肉和叶脉 3 个基本部分，但各部分都有别于双子叶植物叶片（图 3-3-21）。

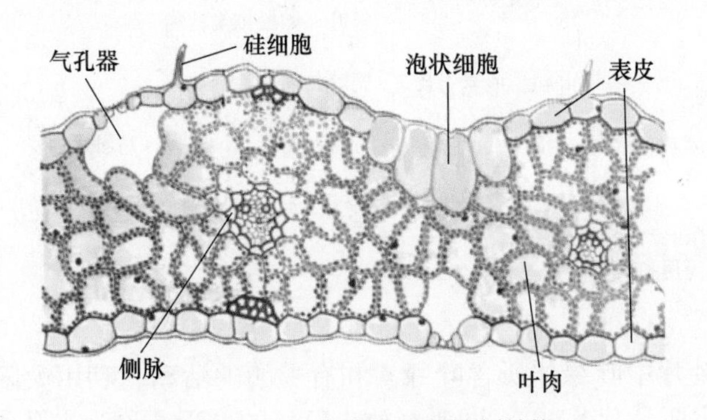

图 3-3-21　小麦叶片的解剖结构

1. 表皮

主要由表皮细胞、气孔器和泡状细胞等构成。

（1）表皮细胞　形状较规则，排列成行，常有长形细胞和短细胞2类。禾本科植物叶片较坚硬，这与表皮中存在的硅细胞有关。在表皮上，往往是一个长形细胞和一个短细胞交互排列，有时也有多个短细胞聚集在一起。

（2）气孔器　禾本科植物叶片的上下表皮上都有气孔器，呈纵行排列，它除由2个哑铃形的保卫细胞和气孔组成外，在其外侧还有一对近菱形的副卫细胞。

（3）泡状细胞　是在上表皮上通常分布于两个维管束之间的一些特殊大型薄壁细胞。在横切面上，由数个泡状细胞排列略呈扇形，当中的较大，两侧的细胞较小。泡状细胞有较大的液泡，其失水与叶片的卷曲有关。

2. 叶肉

禾本科植物叶片的叶肉没有栅栏组织与海绵组织的分化，属于等面叶。小麦水稻的叶肉细胞排列为整齐的纵行，细胞间隙小，细胞壁向内皱褶，形成具有“峰、谷、腰、环”的结构，这有利于接受更多的二氧化碳和光照进行光合作用。

3. 叶脉

禾本科植物的叶脉为平行脉，由维管束及其外围的维管束鞘组成。维管束与茎内的维管束相似，为有限外韧维管束。在维管束外围有一层或两层排列整齐的细胞包围，组成维管束。

任务3.7　叶的功能

叶的主要生理功能是进行光合作用、蒸腾作用和气体交换。光合作用能制造植物生长所需要的有机物质；蒸腾作用可以促进植物水分及无机盐的吸收与运输，同时调节体温，免遭烈日灼伤；光合作用与呼吸作用中的气体交换，也在叶中进行。此外，有些植物的叶，在一定条件下能用以繁殖新植株，或用以储藏养料。

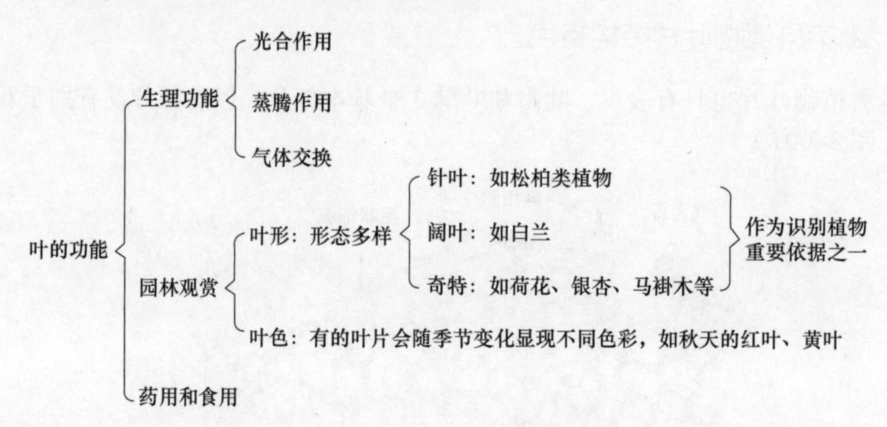

1. 光合作用

绿色植物通过叶片中叶绿体所含叶绿素和有关酶的活动，利用太阳光能，把二氧化碳和水合成有机物（主要是葡萄糖），同时释放出氧气的过程，称为光合作用。光合作用所产生的葡萄糖是植物生长所必需的有机物质，也是植物进一步合成淀粉、脂肪、蛋白质、纤维素及其他有机物质的重要材料。

2. 蒸腾作用

水分以气体状态从植物体表散发到大气中的过程，称为蒸腾作用。蒸腾作用主要在叶上进行，叶表的气孔是蒸腾作用的主要通道。蒸腾作用可以促进植物水分及无机盐的吸收与运输，同时调节体温，免遭烈日灼伤。

3. 呼吸作用

呼吸作用与光合作用相反，它是指植物细胞吸收氧气，使体内的有机物质氧化分解，排出二氧化碳，并释放能量供植物生理活动需要的过程。呼吸作用主要在叶中进行，其气体交换主要通过叶表面的气孔来完成。

4. 吸收作用

叶也有吸收功能，如根外施肥或喷洒农药，即向叶面喷洒一定浓度的肥料或杀虫剂时，叶片表面就能吸收进入植物体内。

5. 储藏作用

有些植物的叶有储藏作用，尤其是有的变态叶，如洋葱、百合等的肉质鳞叶内含有大量的储藏物质。

6. 繁殖作用

有少数植物的叶还具有繁殖的功能，如落地生根，在叶片边缘上生有许多不定芽或小植株，脱落后掉在土壤上即可长成一新个体；另外很多多肉植物的叶子，插入土中也可长成一新植株。

7. 吐水作用

叶的吐水作用又称为溢泌作用，它是植物在夜间或清晨空气湿度高，而蒸腾作用微弱时，水分以液体状态从叶片边缘或叶先端的水孔排出的现象。吐水作用为植物水分代谢中水分排出的形式之一，它与蒸腾作用的不同之处是所排出的水是液体而非气体，排出的通道是特殊的水孔而非气孔。

【技能训练】

植物营养器官形态观察

一、目的要求

1. 通过实训，掌握常见植物营养器官的形态特征。
2. 能正确区分各种复叶的类型，了解各种营养器官的变态类型。
3. 观看永久切片，掌握根、茎、叶的初生构造与次生构造。

二、实训准备

根据本地实际，选取常见植物的根系、变态根、枝条、变态茎、叶片、复叶、变态叶等作为观察标本，并将其逐一编号。准备永久切片。

三、实训地点

植物实训室或校园。

四、实训方法

1. 教师在实训室准备标本，讲解，学生填表。

2. 教师带领学生在校园利用扩音器，按事先准备好的线路对照标本进行观察讲解，学生根据课堂知识和现场的讲解填写相应的表格。

3. 在显微镜下观察永久切片，观察根、茎、叶的初生构造与次生构造，绘图。

五、操作规程

1. 在实验室观察永久切片，利用高倍镜观察根、茎、叶的初生构造与次生构造，绘图。

2. 仔细观察实物标本，用专业术语准确描述其形态特征。并将相应标本编号填入以下表格（表 3-1 和表 3-2）。

六、实训报告

1. 绘图记录或拍摄根茎叶的初生构造与次生结构。老师对相关的植物标本，先进行简单的讲解后，学生对各号标本进行下列的表格填写。

2. 观察相应的植物标本，填写表 3-1。

表 3-1 植物营养器官形态观察

<table>
<tr><th>编号</th><th>植物名称</th><th>观察内容</th><th colspan="2">特征描述</th></tr>
<tr><td>1</td><td></td><td rowspan="2">根的类型</td><td colspan="2"></td></tr>
<tr><td>2</td><td></td><td colspan="2"></td></tr>
<tr><td>3</td><td></td><td rowspan="2">根系</td><td colspan="2"></td></tr>
<tr><td>4</td><td></td><td colspan="2"></td></tr>
<tr><td>5</td><td></td><td rowspan="11">变态根</td><td rowspan="2">储藏根</td><td></td></tr>
<tr><td>6</td><td></td><td></td></tr>
<tr><td>7</td><td></td><td rowspan="3">气生根</td><td></td></tr>
<tr><td>8</td><td></td><td></td></tr>
<tr><td>9</td><td></td><td></td></tr>
<tr><td>10</td><td></td><td>寄生根</td><td></td></tr>
<tr><td>11</td><td></td><td rowspan="5">地上茎变态</td><td></td></tr>
<tr><td>12</td><td></td><td></td></tr>
<tr><td>13</td><td></td><td></td></tr>
<tr><td>14</td><td></td><td></td></tr>
<tr><td>15</td><td></td><td></td></tr>
</table>

续表

编号	植物名称	观察内容	特征描述		
16		变态茎	地下茎变态		
17					
18		复叶	羽状复叶	按小叶数目	
19					
20				按叶轴分枝情况	
21					
22			掌状复叶		
23			三出复叶		
24					
25		叶序	互生		
26			对生		
27			轮生		
29			簇生		
30			基生		

3. 采集标本，填写表 3-2。

表 3-2　植物叶的形态观察

编号	植物名称	叶类型	叶形	叶缘	叶裂	叶基	叶脉	叶尖	叶序	是否完全叶
1										
2										
3										
4										
5										
⋮										

自主学习资源推荐

森林植物精品在线开放课程：gdsty.ulearning.cn

项目4　种子植物的繁殖器官

【项目描述】

被子植物的生长包括营养生长和生殖生长两个阶段，当植物完成由种子萌发到根、茎、叶形成的营养生长之后，就转入生殖生长，即在植物体的一定部位分化出花芽，然后开花、传粉，形成果实和种子。本项目主要介绍种子植物繁殖器官花、果实和种子的形态结构和功能等内容。

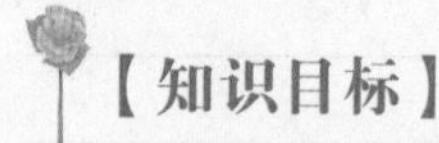

【知识目标】

掌握花的形态组成、花各部的类型、花序的类型；掌握果实的形成与类型、传粉与被子植物的双受精作用；掌握种子的形态结构和传播方式。

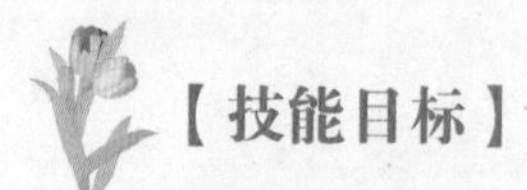

【技能目标】

能熟练应用实物标本利用专业术语准确描述植物繁殖器官花、果实及种子的形态特征。会识别常见植物花的构造、花序的类型、果实类型。

任务1　花

【任务描述】

植物由营养生长阶段转入生殖生长阶段时，部分芽发生质的变化，形成花芽，花芽以后形成花，各种植物花的结构不同，所以花的结构是识别植物的主要依据。本任务主要介绍花的发生、花的组成、花与植株的性别、花的各部分构造及类型，同时还介绍开花、传粉和受精过程。

【任务要求】

能熟练应用实物标本利用专业术语准确描述花的形态特征。会识别常见植物花的构造，花序的类型。

花为种子植物特有的繁殖器官，通过开花、传粉、受精过程形成种子，有繁衍后代、延续种族的作用，所以种子植物又称显花植物。种子植物包括裸子植物和被子植物，裸子植物的花构造简单原始，被子植物的花高度进化、结构复杂，通常形态美丽、色彩鲜艳、气味芳香，通常所述的花，即指被子植物的花。花的形态结构具有相对保守性和稳定性，对研究植物分类和鉴定植物有重要意义。

任务 1.1 花的组成与形态

花是被子植物的有性生殖器官，复杂的生殖过程都是在花中进行的，从形态发生和解剖结构来看，花是一个节间极度缩短的枝条，花的各个组成部分可以看成是着生在枝条顶端上的变态叶。植物营养生长到一定阶段，具备了各种内外条件，一部分芽分化为花芽，进而产生开花现象。

一、花的结构

花通常可分为花柄、花托、花萼（用 K 表示）、花冠（用 C 表示）、雄蕊群（用 A 表示）和雌蕊群（用 G 表示）等 6 部分（图 4-1-1）。花萼和花冠合称花被（用 P 表示）。花被保护着雄蕊和雌蕊，并有助于传粉，雄蕊和雌蕊是完成花的有性生殖过程的重要部位。

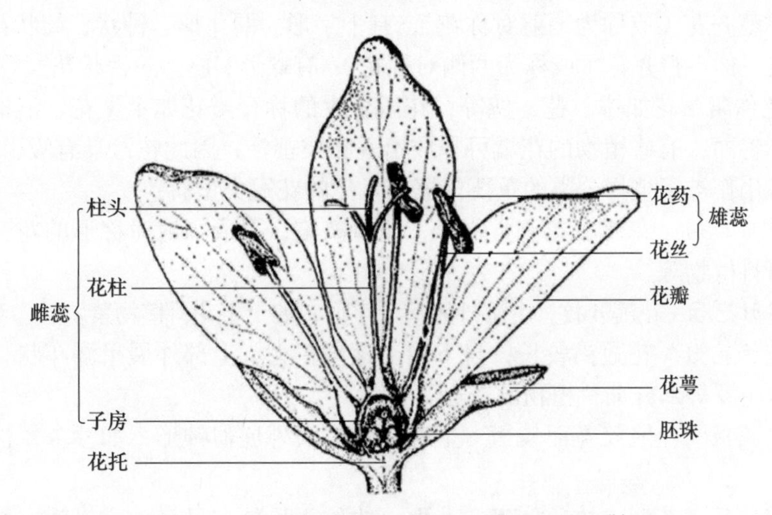

图 4-1-1 花的组成（引自方彦《园林植物》）

具有花萼、花冠、雄蕊群和雌蕊群四部分的花称完全花。

缺少其中某些部分的花，称为不完全花。其中缺少花萼和花冠的称无被花；缺少花萼或缺少花冠的称单被花；缺少雄蕊或缺少雌蕊的称单性花。在单性花中，仅有雄蕊的称雄花；仅有雌蕊的称雌花。雌花和雄花生在同一植株上的称雌雄同株，雌花和雄花分别生在两个不同的植株上称雌雄异株。同一种植物既有单性花又有两性花，称杂性同株。

（一）花梗

花梗又称花柄，是花与茎相连接的部分。花梗通常为绿色柱状，其粗细长短随植物种类而异，有的很长，如莲，有的则很短，如贴梗海棠，有的甚至无花梗，如车前。

（二）花托

花托是花梗顶端稍膨大的部分，花各部均以一定方式着生其上。花托一般呈平坦或稍凸起的圆顶状。但也有呈其他形状的，如木兰的花托呈圆柱状，草莓的花托膨大成圆锥状，桃花的花托呈杯状，金樱子的花托呈瓶状，莲的花托膨大成倒圆锥状（莲蓬）。

（三）花萼

花萼位于花的最外层，由萼片组成，通常绿色。一朵花中萼片的数目随植物科属的不同而异，但以3～5片者多见。萼片在开花后不脱落而随果实一起发育的称为宿存萼。有些花萼为红色如龙吐珠。花萼还有下列类型：

（1）离萼　萼片彼此分离。

（2）合萼　萼片彼此连合。包括萼筒和萼裂片两部分。

（3）副萼　花萼有两轮（如大红花），外轮花萼称为副萼。

（4）距　有些植物（如凤仙花、旱金莲）的萼筒下端向一侧伸长呈管状突起，称为距。

（四）花冠

花冠位于花萼内侧，由若干花瓣组成，排列成一轮或多轮。形状多种多样，其中各花瓣大小相似的称整齐花（或称为辐射对称花），有十字形、漏斗形、钟状、筒状花冠等；各花瓣大小不等的，称不整齐花（或称为两侧对称花），有蝶形、唇形、舌状花冠等（图4-1-2）。花瓣分离的花称离瓣花如桃、莲、槐等；花瓣合生的称合瓣花如牵牛花、泡桐等。多数植物的花瓣色彩艳丽，有些植物的花瓣可释放出香味或蜜汁，因此花冠具有吸引昆虫的作用，花冠的形状常用作被子植物分类的重要依据。常见的花冠类型有：

（1）蔷薇形花冠　花瓣、花萼常5片，花冠离瓣，形成辐射对称形的花，花瓣覆瓦状排列，如蔷薇科植物等。

（2）十字形花冠　花瓣4枚，上部外展呈十字形，如十字花科植物紫罗兰、菜心的花冠。

（3）漏斗状花冠　花冠筒较长，自下向上逐渐扩大，上部外展呈漏斗状，如牵牛等旋花科植物和曼陀罗等部分茄科植物的花冠。

（4）钟状花冠　花冠筒宽而较短，上部裂片扩大外展似钟形，如沙参、桔梗等植物的花冠。

（5）蝶形花冠　花瓣5枚，分离，上面一枚位于最外方且最大称旗瓣，侧面2枚较小称翼瓣，最下面2枚最小并向上弯曲称龙骨瓣，如鸡冠刺桐、降香黄檀等蝶形花科植物的花冠。

（6）唇形花冠　花冠下部筒状，上部为二唇形，上唇常2裂，由2枚裂片连合而成，下唇由3枚裂片连合而成，如熏衣草、一串红等唇形科植物的花冠。

（7）舌状花冠　花冠基部连合呈一短筒，上部向一侧延伸成扁平舌状，如蒲公英、向日葵等菊科植物的舌状花。

（8）高脚碟状花冠　花冠下部合生呈细长管状，上部水平展开呈碟状，如长春花、使君子的花。

（9）管状花冠　又称筒状花冠，花冠大部分合生呈细管状，如向日葵的中心花。

（10）轮状花冠　花冠筒很短，裂片呈水平状展开，形似车轮，如西红柿的花。

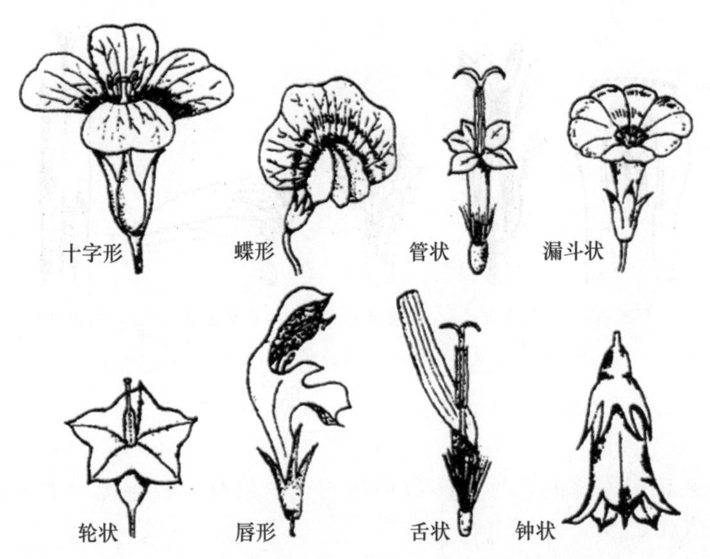

图 4-1-2　花冠的类型（引自何国生《森林植物》）

一朵花如果同时具有花萼和花冠，称为双被花。只有花萼或只有花冠或者花萼花冠区分不明显的称为单被花。没有花萼和花冠则称为无被花，如杨柳的花。

（五）雄蕊群

雄蕊群是一朵花中所有雄蕊的总称，位于花冠的内侧，常生于花托上，也有基部着生于花冠或花被上的。雄蕊的数目一般与花瓣同数或为其倍数，有时较多（10 枚以上）称雄蕊多数，如桃花；最少可到一朵花仅一枚雄蕊，如姜的花。

1. 组成

典型的雄蕊由花丝和花药两个部分组成。花丝通常细长，下部着生于花托或花被上，上部支持花药。花药为花丝顶端膨大的囊状物，是雄蕊的主要部分，花药通常由 4 个或 2 个花粉囊组成，分成左右两半，中间由药隔相连。花粉囊中产生花粉，花粉成熟后，花粉囊自行开裂，花粉粒由裂口处散出。

2. 雄蕊类型

雄蕊的数目、长短、排列及离合情况随植物种类的不同而异，常见的有下列几种类型（图 4-1-3）：

（1）*离生雄蕊群*　雄蕊完全分离。

① 一般的离生雄蕊：雄蕊多数，彼此分离，长度相似，用 A_{∞} 表示，如蒲桃、桃。

② 二强雄蕊：常见于唇形科，雄蕊 4 枚，2 枚花丝长 2 枚花丝短。用 A_{2+2} 表示。

③ 四强雄蕊：常见于十字花科植物，雄蕊 6 枚，4 枚花丝长 2 枚花丝短。用 A_{4+2} 表示。

（2）*合生雄蕊群*　雄蕊花丝合生或花药合生。

① 单体雄蕊：$A_{(\infty)}$，多见于花丝连合包住雄蕊，如大红花。

② 二体雄蕊：$A_{(9)+1}$，多见于蝶形花科植物。雄蕊 10 枚，9 枚连合 1 枚分离。

③ 多体雄蕊：花丝基部合生成几束，如木棉。

④ 聚药雄蕊：花丝分离，花药合生，如南瓜、凤仙花。

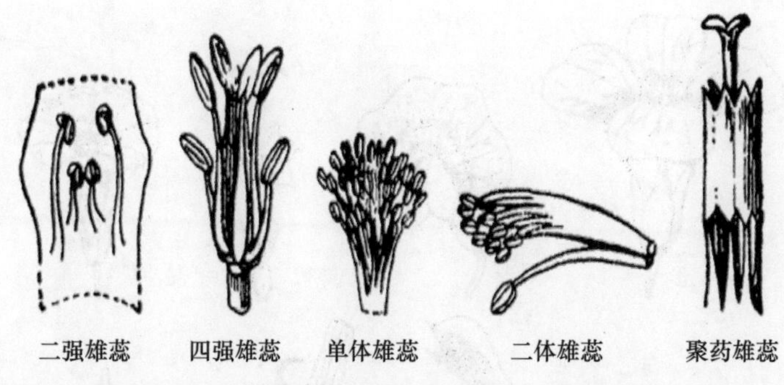

图 4-1-3　雄蕊的类型（引自何国生《森林植物》）

（六）雌蕊群

雌蕊群为一朵花中雌蕊的总称。多数植物的花中只有一个雌蕊，生于花的中央，由子房、花柱、柱头组成。

1. 形成

雌蕊由心皮（变态的叶）卷合而成（图 4-1-4）。

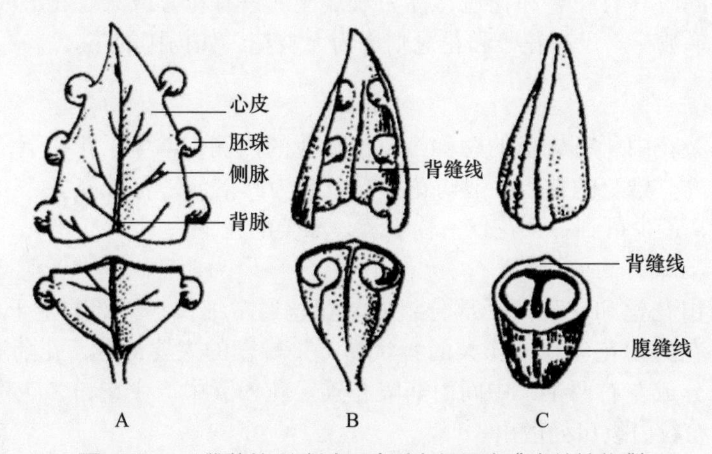

图 4-1-4　雌蕊的形成过程（引自何国生《森林植物》）

2. 组成

由子房、花柱、柱头组成。子房是雌蕊基部膨大的部分，内含胚珠，胚珠将来产生胚囊，并在成熟胚囊中产生卵细胞，因而胚珠又是子房中的重要结构。花柱是位于子房与柱头之间的细长部分，是花粉进入子房的通道。柱头是雌蕊的顶端部分，为接受花粉处，通常膨大或扩展成各种形状。

3. 类型

根据构成雌蕊的心皮数目和着生形式不同，可以分为下列 3 种类型。见图 4-1-5。

（1）单雌蕊　由一个心皮构成的雌蕊。

（2）合生雌蕊　由两个或两个以上心皮构成的雌蕊。

（3）离生雌蕊　一朵花有数个彼此分离的单雌蕊。

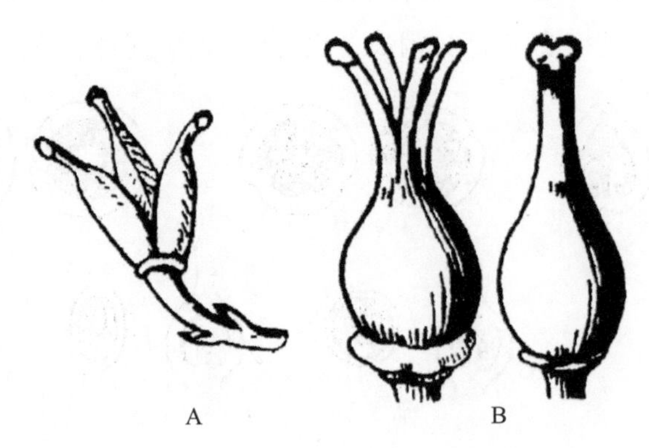

图 4-1-5 雌蕊的类型（引自何国生《森林植物》）

A. 离生心皮 B. 合生心皮

4. 子房的位置（图 4-1-6）

（1）上位子房（下位花） 子房只有底部和花托相连。花被和雄蕊生于子房下部。

（2）上位子房（周位花） 子房只有底部和花托相连。花被和雄蕊生于子房周围。

（3）半下位子房（周位花） 子房下半部与花托相愈合。花被和雄蕊生于子房周围。

（4）下位子房（上位花） 子房全部埋于花托中，并与之愈合。花各部生于子房上面。

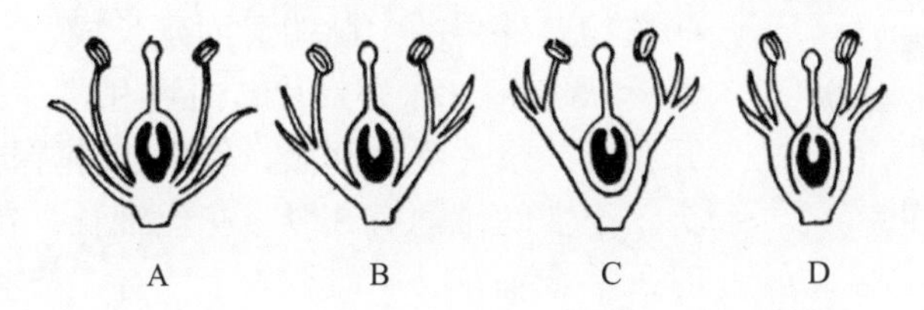

图 4-1-6 子房的位置（引自何国生《森林植物》）

A. 下位花（上位子房） B. 周位花（上位子房） C. 周位花（半下位子房） D. 上位花（下位子房）

5. 胎座的类型（图 4-1-7）

胎座是指胚珠着生的心皮壁部位，往往形成肉质突起。胎座一般位于心皮的腹缝线上。心皮数目与联合状况的不同产生了多种胎座类型。

（1）边缘胎座 单心皮，子房 1 室，胚珠生于腹缝线上，如豆科植物。边缘胎座是由单心皮的边缘愈合形成的。

（2）侧膜胎座 两个以上的心皮所构成的 1 室子房或假数室子房，胚珠着生于心皮的边缘，如黄瓜、紫花地丁、冬瓜。侧膜胎座的形成可能源于多个张开心皮的边缘。

（3）中轴胎座 多心皮合生，子房多室，心皮的腹缝线向内卷入在中央融合形成中央轴，胚珠着生于每一心皮的内角上（即中轴上），如桔梗、百合、番茄、柑橘等。中轴胎座的形成可能源于多个边缘愈合心皮在靠近中央的位置彼此联合。

（4）特立中央胎座 多心皮合生，子房 1 室，中轴由子房腔的底部升起，但不达于子房顶，胚珠着生于此轴上，如石竹科、报春花科植物。特立中央胎座是由于具中轴胎座的子房室间隔膜消失演化形成的。

（5）基生胎座 胚珠着生于子房底部，如菊科向日葵。

（6）顶生胎座 胚珠着生于子房顶部而悬垂室中，如桑、胡萝卜。基生胎座与顶生胎座可能源于特立中央胎座的大部分消失，也可能源于侧膜胎座的大部分简化。

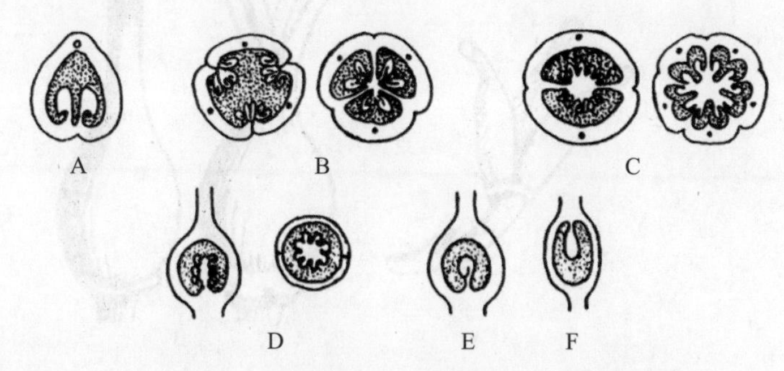

图 4-1-7 胎座的类型（引自方彦《园林植物》）

A. 边缘胎座 B. 侧膜胎座 C. 中轴胎座 D. 特立中央胎座 E. 基生胎座 F. 顶生胎座

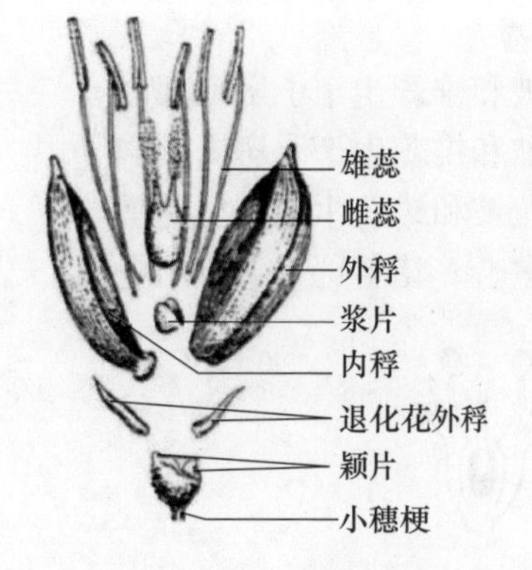

图 4-1-8 禾本科植物花的结构（引自何国生《森林植物》）

二、禾本科植物花的构造

禾本科植物的花结构较为特殊（图 4-1-8），其每一朵能发育的花的外面有 2 片鳞片状薄片包住，称为稃片，外边的一片称外稃，是花基部的苞片，里面一片称内稃。有些植物，外稃的中脉明显而延长成芒。内稃里面有 2 片小型囊状突起，称为浆片，内稃和浆片是由花被退化而成。开花时，浆片吸水膨胀，使内、外稃撑开，露出花药和柱头。小麦的雄蕊有 3 个，花丝细长，花药较大，成熟开花时，常悬垂花外。雌蕊 1 个，有 2 条羽毛状柱头承受飘来的花粉，花柱并不显著，子房 1 室。

任务 1.2 花序

被子植物的花，有的是单独一朵生于枝顶或叶腋部位，称单生花。但大多数植物的花是成丛成串地按一定规律排列在花轴上的，称为花序。花序的总花柄或主轴称花轴，也称花序轴。花序轴可以分枝或不分枝。

根据花在花轴上的排列方式和开放的顺序，花序的种类可以分为无限花序和有限花序。

一、无限花序

花序的主轴在开花期间，可以继续向上伸长生长，不断产生新花。各花的开放顺序是由下而上或由边缘向中心依次开放。有以下几种类型（图 4-1-9）：

（1）*总状花序* 花互生于不分枝的花轴上，各小花的花柄几乎等长，如紫藤、刺槐等。

（2）*伞房花序* 是变形的总状花序，与总状花序区别在于小花的花柄不等长，下部的较长，上部的渐短，如苹果、梨等。

（3）*伞形花序* 花轴短缩，花的排列像伞形，每朵花有近于等长的花柄，开花的顺序是由外向内，如五加、人参、常春藤等。

（4）*穗状花序* 花的排列与总状花序相似，但小花无柄或近于无柄，如车前草、马鞭草等。

（5）葇荑花序　与穗状花序相似，但花为单性花，花轴柔软下垂，开花后一般整个花序一起脱落，如杨、栎、枫杨等。也有不下垂的，如柳、杨梅等。

（6）肉穗花序　与穗状花序相似，但花轴肥大肉质，花轴粗短，上生多数单性无柄的小花，如玉米、香蒲的雌花序。有的肉穗花序外面还包有一片大型苞叶，称为佛焰苞，因而这类花序又称佛焰花序，如马蹄莲等天南星科及棕榈科植物。

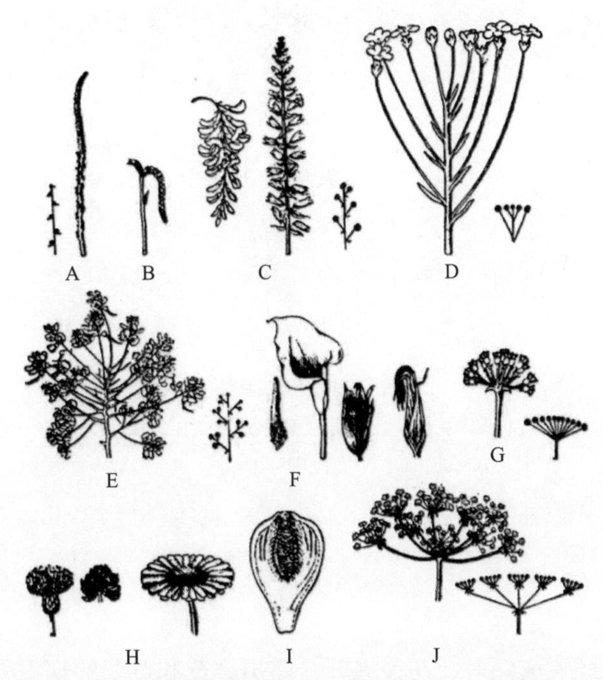

图 4-1-9　无限花序的类型（引自何国生《森林植物》）

A. 穗状花序　B. 葇荑花序　C. 总状花序　D. 伞房花序　E. 圆锥花序　F. 肉穗花序　G. 伞形花序　H. 头状花序　I. 隐头花序　J. 复伞形花序

（7）头状花序　花轴极度缩短，顶端膨大如头状，小花无柄，着生于头状花轴上，如枫香。若花轴顶端膨大如盘状，花序基部有总苞，如向日葵、蒲公英等，则称为篮状花序，篮状花序为菊科植物所特有。

（8）隐头花序　花轴特别肥大而内凹，很多无柄小花全部隐没着生在凹陷的内壁上，仅留一小孔与外方相通，为昆虫进出腔内传粉的通道。小花多单性，雄花分布内壁上部，雌花分布在下部。隐头花序为桑科榕属所特有，如无花果、榕树等。

有些植物花轴形成分枝，小花着生于分枝的花轴上，形成复花序。常见的如小麦的复穗状花序、胡萝卜的复伞形花序、花楸的复伞房花序、女贞的复总状花序等。复总状花序又称圆锥花序，习惯上圆锥花序还包括由其他花序组成的花丛，其中有些是由聚伞花序组成的。

二、有限花序

花轴呈合轴分枝或二叉分枝，它的特点是花序主轴的顶端先开花，自上而下或自中心向四周顺序开放。各花的开放顺序是由上而下，或由内而外。可分为以下类型（图 4-1-10）。

（1）单歧聚伞花序　花序轴顶端生一花，然后在顶花下面一侧形成一侧枝，同样在枝端生花，侧枝上又可分枝着生花朵，如此连续分枝则为单歧聚伞花序。所有花发生在同一侧称为螺旋状聚伞花序，如紫草；如果花在花轴左右两侧间隔形成则称为蝎尾状聚伞花序，如唐菖蒲。

（2）二歧聚伞花序　花轴的顶端开花后，停止生长，其下的两个对生侧芽同步生长成两个花枝，如石竹，龙吐珠。

（3）多歧聚伞花序　花轴顶端形成多个花枝，分枝发育成花后，又以同样方式分枝。如希茉莉。

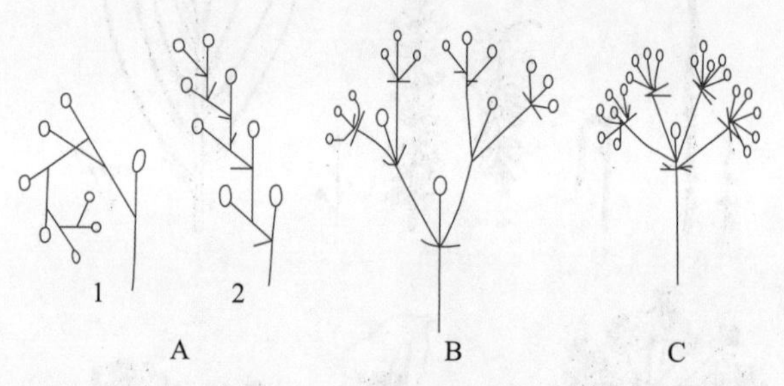

图 4-1-10　有限花序

A. 单歧聚伞花序（1. 螺旋状聚伞花序　2. 蝎尾状聚伞花序）B. 二歧聚伞花序　C. 多歧聚伞花序

任务 1.3　开花、传粉与受精

一、开花

当花中花粉粒和胚囊成熟时，花被展开，露出雄蕊和雌蕊的现象称为开花。一株植物从第一朵花到最后一朵花开毕经历的时间称为花期。各种植物开花的年龄、开花季节和花期的长短等均不相同。有些植物如竹类、剑麻等一生只开一次花。

二、传粉

植物开花后，成熟的花粉传到雌蕊柱头上的过程称为传粉。在自然界中有自花传粉和异花传粉两种类型。

1. 自花传粉

自花传粉是指成熟的花粉传到同一朵花的柱头上的过程。自花传粉比较典型的是闭花受精，即花未开放，花蕾中成熟的花粉粒就直接在花粉囊中萌发形成花粉管，把精子送入胚囊受精，如碗豆，花生等。

2. 异花传粉

是植物不同花之间的传粉。果树栽培上指不同品种间的传粉。异花传粉植物有玉米、油菜、向日葵、桃、南瓜等。风媒花一般花小，无鲜艳的花被甚至没有花被，也无特殊的气味或蜜腺，花粉粒轻，数量多，雌蕊柱头通常成羽毛状，便于接受花粉。虫媒花的花被鲜艳，有香味和蜜腺，花粉粒大，外壁粗带黏性，易被昆虫黏附。在自然界中异花传粉较为普遍，而且由于不同花朵不同植株的遗传差异大，其生物学意义比自花传粉优越。

三、受精作用

（1）双受精作用的过程　雌雄配子即卵细胞与精子融合的过程称为受精。传粉后，落在柱头上的花粉为柱头识别，萌发花粉管，花粉管通常经过珠孔进入珠心，最后进入胚囊，花粉管端壁形成小孔并喷出 2 个精细胞 1 个营养核及其他营养物，随后 2 个精细胞转移到卵细胞和中央细胞附近，一个精细胞的质膜与卵细胞的质膜融合，精核入卵，两者的核膜融合、核质融合、核仁融合形成受精卵（合子），受精卵进一步发育形成胚（2*N*）。其中另一个精细胞的质膜与中央细胞（含有 2 个极核，极核为单倍体）的质膜融合，两者的核膜融合、核质融合、核仁融合形成初生胚乳核，初生胚乳核进一步发育形成胚乳（3*N*）。

（2）生物学意义　一方面，精细胞与卵细胞的融合形成二倍体的合子，恢复了各种植物原有的染色体数目，保持了物种遗传的相对稳定性；同时通过父、母本具有差异的遗传物质重新组合，使合子具有双重遗传性，既加强了后代个体的生活力和适应性，又为后代中可能出现新的遗传性状、新变异提供了基础。

另一方面，另一个精细胞与 2 个极核或 1 个次生核（中央细胞）融合，形成了三倍体的初生胚乳核及其发育成的胚乳，同样结合了父、母本的遗传特性，生理上更为活跃，更适合于作为新一代植物胚胎期的养料（在胚的发育或种子萌发过程中被吸收）。这样，可以使子代的变异性更大，生活力更强，适应性更为广泛。因此，双受精作用是植物界有性生殖的最进化、最高级的形式，是被子植物在植物界繁荣昌盛的重要原因之一。同时，双受精作用的生物学意义也是植物遗传和育种学的重要理论依据。

任务 2　果实

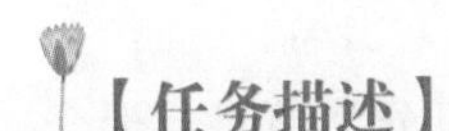

【任务描述】

经过开花、传粉和受精后，花的各个部分发生显著变化，花被凋谢脱落，子房膨大，形成果实，各种植物果实的类型不同，结构也完全不同，所以果实的结构和类型也是识别植物的主要依据。本任务主要介绍果实的构造及类型，为植物识别打下坚实的基础。

【任务要求】

能熟练应用实物标本利用专业术语准确描述果实的形态特征。会识别常见植物果实的构造及类型。

果实是被子植物特有的繁殖器官，是花受精后由雌蕊的子房发育形成的特殊结构。内含种子，外具果皮。果实有保护种子和散布种子的作用。

任务 2.1　果实的形成与结构

一、果实的形成

花经过传粉受精后，花的各部分变化显著，花萼、花冠一般脱落，雄蕊及雌蕊的柱头、花柱先后枯萎，受精后胚珠发育成种子，子房发育为果实。单纯由子房发育而成的果实叫做真果，多数植物的果实为真果，如柑橘、桃和杏等的果实。而有些植物，其果实是由子房及花的其他部分，如花托、花萼、花冠以至整个花序共同参与发育而成的，把这种果实称为假果，如梨、苹果、瓜类、凤梨、桑葚和无花果等。

一般而言，果实的形成需要经过传粉和受精作用，但有些植物只经过传粉而未经受精作用也能发育成果实，称单性结实，其所形成的果实因无籽而称无籽果实，如香蕉、葡萄等。

二、果实的结构

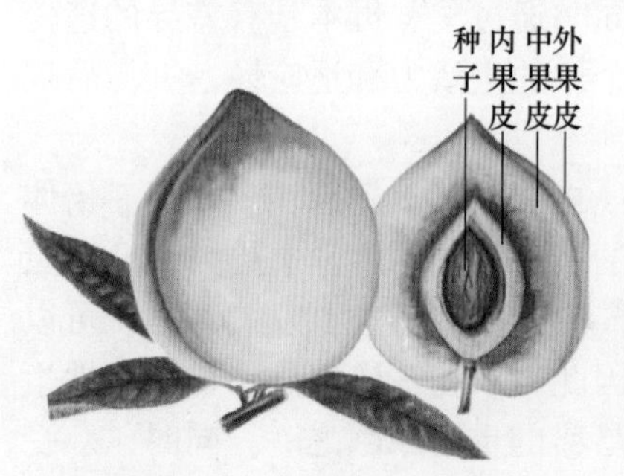

图 4-2-1 桃果实的结构图

果实由果皮和种子构成，果实的构造一般指果皮的构造。真果外为果皮，内含种子。果皮一般可分为外果皮、中果皮和内果皮（图 4-2-1）。

果皮 3 层结构：外果皮一般较薄，上常有气孔、角质、蜡质和表皮毛等。中果皮厚，在结构上差异较大，有些植物的中果皮肉质多汁，可食用，如桃、李、杏等；而有些植物的中果皮则常变干收缩，成膜质或革质，如蚕豆、花生等。内果皮在不同植物中也各有其特点，有些植物的内果皮肥厚多汁，如葡萄等；而有些植物的内果皮则是由骨质的石细胞构成，如桃、杏、李和胡桃等。

任务 2.2 果实的类型

果实的类型很多，一般根据果实的来源、结构和果皮性质的不同，可分为单果、聚合果、聚花果三大类（表 4-2-1）。

1. 单果

一朵花中只有一枚雌蕊，只形成一个果实。果实成熟后，果皮肥厚肉质的，称肉质果（图 4-2-2），包括浆果、核果、梨果、瓠果。果皮干燥无汁的，称干果。干果中，果实成熟时果皮能自行开裂的称裂果（图 4-2-3），主要有蒴果、荚果、蓇葖果、角果等；果皮闭合不开裂的称闭果（图 4-2-4），主要有瘦果、颖果、翅果等。

2. 聚合果

一朵花中有许多离生心皮雌蕊，每一雌蕊形成一个小果，聚生在同一花托之上（图 4-2-5）。

3. 聚花果

果实是由整个花序发育而来的，就称为聚花果或称花序果，也称复果（图 4-2-6）。聚花果都是假果，其果实除子房外，花序轴及花的其他部分（如花萼、花托、花被、花轴）也参与果实的形成。

表 4-2-1 常见果实的类型（引自向明，黄安《园林植物识别》）

果实类型				特点	植物举例
单果	肉质果	浆果		外果皮薄，中果皮和内果皮不易区分，肉质多汁，一至多粒种子。	葡萄、忍冬、番茄
		核果		外果皮薄，中果皮肉质，内果皮木质坚硬构成果核，内有一粒种子。	桃、李、杏、梅
		梨果		由下位子房连同花托和萼筒发育成的假果，果皮薄，肉质，外、中果皮不易区分，内果皮木质或革质。	梨、苹果、山楂、枇杷
		柑果		外果皮厚革质内含油室，中果皮海绵状或橘络状，内果皮膜质囊瓣状，内生肉质多汁的囊状毛。	橙、柚、橘、柑
		瓠果		由下位的子房与花托发育而成的假果。外果皮坚韧，中果皮和内果皮及胎座肉质，为葫芦科植物所特有。	西瓜、黄瓜、南瓜
	干果	裂果	荚果	由单心雌蕊发育而成，成熟后沿腹、背缝线两面开裂。为豆科植物特有。	紫荆、合欢、蚕豆
			蓇葖果	由单心皮或离生心皮雌蕊发育而成，成熟时沿腹缝线或背缝线一侧开裂。	梧桐、牡丹、芍药、厚朴、八角、茴香
			蒴果	由合生心皮的复雌蕊发育而成，子房一至多室，成熟时开裂方式常分三类：纵裂、孔裂、盖裂。	丁香、木槿、牵牛、百合
			角果	由二心皮合成的子房发育而成，内具假隔膜，种子生在假隔膜上，成熟时两侧腹缝线同时开裂。分长角果和短角果。	油菜、萝卜、荠菜、菘蓝、独行菜
		闭果	瘦果	单粒种子，成熟时果皮与种皮易分离。	白头翁、向日葵、蒲公英
			颖果	单粒种子。成熟时果皮与种皮结合不易分离。果实小。为禾本科植物特有。	水稻、小麦、玉米、薏苡
			坚果	果皮坚硬，内含一粒种子，果皮与种皮分离，果实常有总苞（壳斗）包围。也有的坚果很小，无壳斗包围称小坚果。	板栗、薄荷、益母草、紫草
			翅果	单粒种子。果皮延展成翅状。	枫杨、家榆、水曲柳、糖槭
聚合果			聚合核果	一花多个核果。	悬钩子
			聚合浆果	一花多个浆果。	五味子
			聚合蓇葖果	一花多个蓇葖果。	玉兰、芍药、黄连
			聚合坚果	一花多个坚果。	莲
			聚合瘦果	一花多个瘦果。	草莓、毛茛、金樱子
聚花果				多花多果。	无花果、薜荔、悬铃木、桑葚

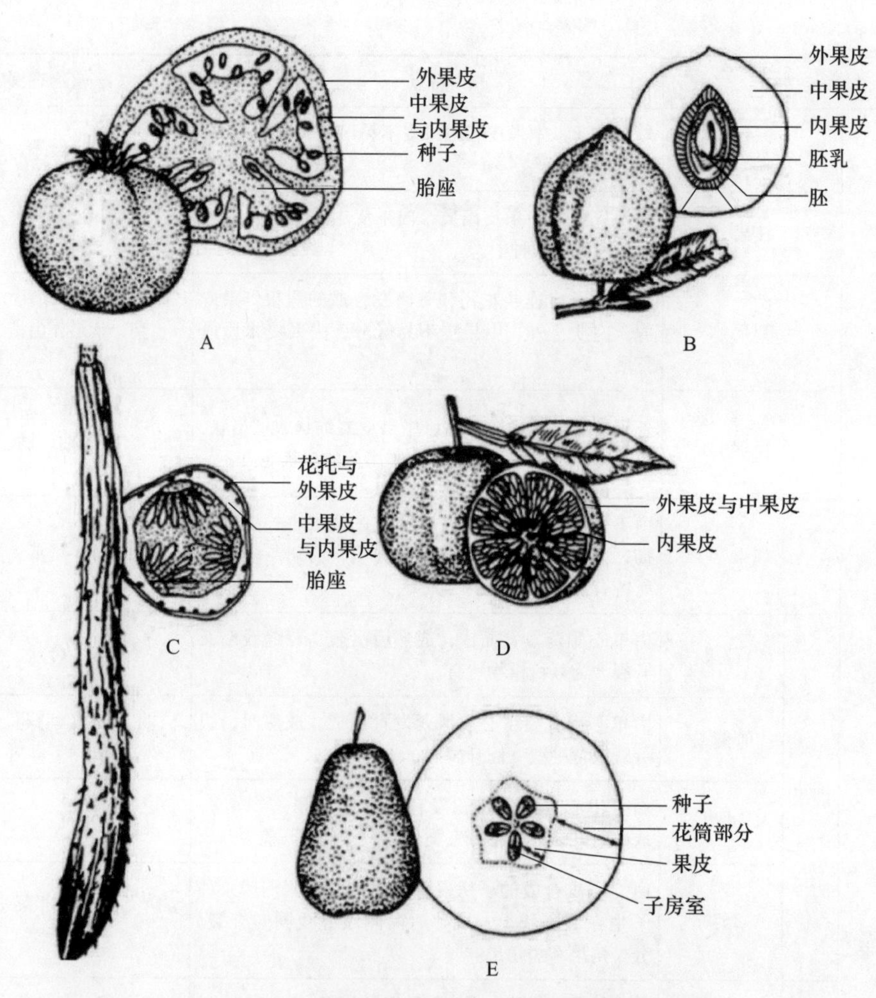

图 4-2-2　肉质果的类型（引自方彦《园林植物》）

A. 浆果　B. 核果　C. 瓠果　D. 柑果　E. 梨果

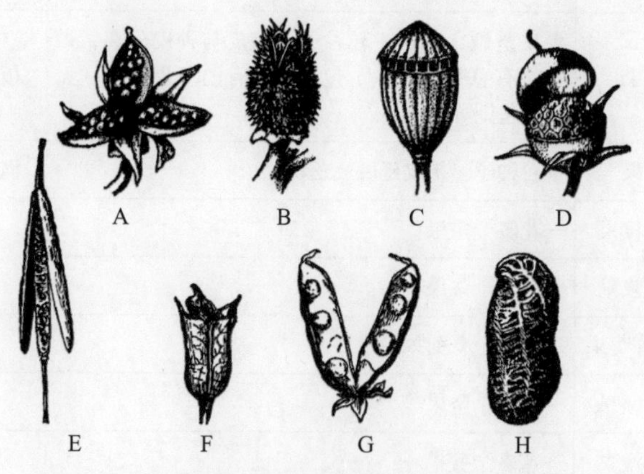

图 4-2-3　裂果的种类（引自方彦《园林植物》）

A~D. 蒴果　E. 长角果　F. 膏葖果　G~H. 荚果

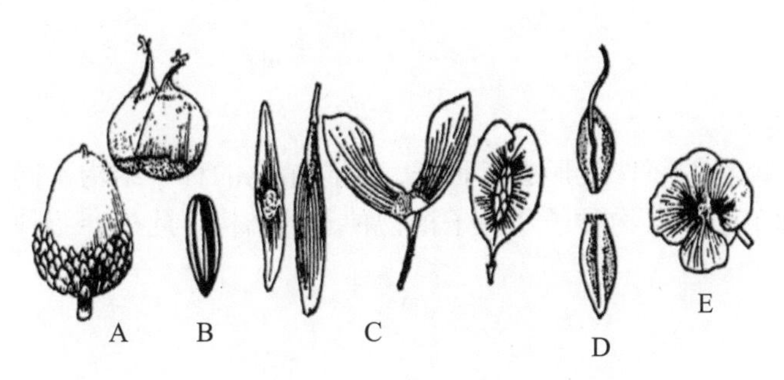

图 4-2-4　闭果的种类（引自何国生《森林植物中》）

A. 坚果　B. 瘦果　C. 翅果　D. 颖果　E. 胞果

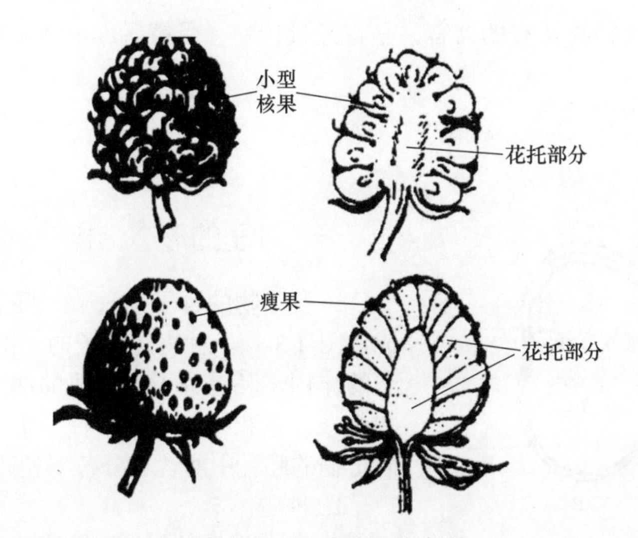

图 4-2-5　聚合果的类型

桑葚　　无花果　　菠萝

图 4-2-6　聚花果实例

任务3 种子

【任务描述】

受精作用后，植物的胚珠就形成了种子，不同植物的种子结构不同，本任务主要介绍双子叶植物种子和单子叶植物种子及裸子植物种子的结构。此外介绍种子的传播方式及种子的休眠。

【任务要求】

掌握种子的结构和类型，能解剖观察种子的结构。

种子是所有种子植物特有的器官，是花经过传粉、受精后，由胚珠发育形成的，具有繁殖作用。

任务3.1 种子的结构和类型

一、种子的形态结构

一般植物的种子由种皮、胚和胚乳3个部分组成（图4-3-1）。种皮是种子的“铠甲”，起着保护种子的作用。胚是种子最重要的部分，可以发育成植物的根、茎和叶。胚乳是种子集中养料的地方，不同植物的胚乳中所含养分各不相同。

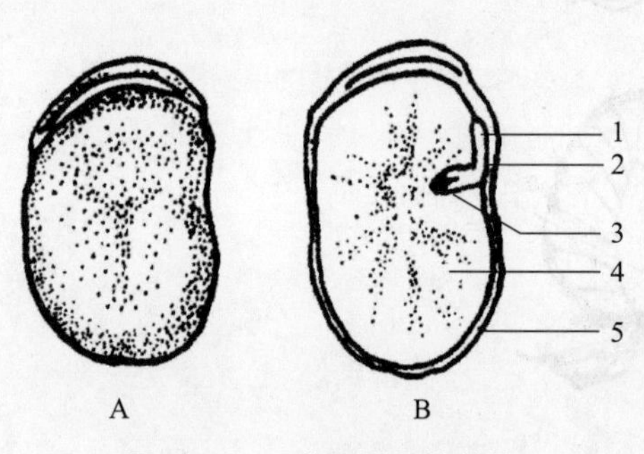

图4-3-1 菜豆种子的结构

（引自方彦《园林植物》）

1. 胚根 2. 胚轴 3. 胚芽 4. 子叶 5. 种皮

1. 种皮

由珠被发育而来，具保护胚与胚乳的功能。裸子植物的种皮由明显的3层组成。外层和内层为肉质层，中层为石质层。裸子植物种子外面没有果皮。种皮的结构与种子休眠密切相关。有的植物种皮中含有萌发抑制剂，因此除掉这类植物种皮，对种子萌发有刺激效应。

2. 胚

由受精卵发育形成。发育完全的胚由胚芽、胚轴、子叶和胚根组成。裸子植物的胚都是沿着种子的中央纵轴排列，不同种类种子的胚不同的是子叶数目，变动在1～18个。但常见的子叶数目为2个，如苏铁、银杏、红豆杉、香榧、红杉、买麻藤和麻黄等。被子植物胚的形状极为多样，椭圆形、长柱形或程度不同的弯曲形、马蹄形、螺旋形等。尽管胚的形状如此不同，但它在种子中的位置总是固定的，一般胚根都朝向珠孔。胚的子叶也多种多样，有细长的、扁平的，有的含大量储藏物质而肥厚呈肉质，如花生、菜豆，也有的成薄薄的片状如蓖麻。有的子叶与真叶相似，具有锯齿状的边缘，也有的在种子内部呈多次折叠如棉花。胚将来发育成新的植物体，胚芽发育成植物的茎和叶，胚根发育成植物的根，胚轴发育成连接植物的根和茎的部分，子叶为种子的发育提供营养。

3. 胚乳

由受精极核发育形成。裸子植物胚乳是单倍体的雌配子体，一般都比较发达，多储藏淀粉或脂肪，也有的含有糊粉粒。胚乳一般为淡黄色，少数为白色，银杏成熟的种子中胚乳呈绿色。绝大多数的被子植物在种子发育过程中都有胚乳形成，但在成熟种子中有的种类不具或只具很少的胚乳，这是由于它们的胚乳在发育过程中被胚分解吸收了。根据种子有无胚乳可将种子分为有胚乳种子和无胚乳种子两大类。在无胚乳种子中胚很大，胚体各部分，特别是在子叶中储有大量营养物质。在有胚乳种子中胚与胚乳的大小比例在各类植物中有着很大不同。

裸子植物如马尾松、油松的外种皮上有膜质的翅，内种皮白色膜质，在内种皮内方有白色的胚乳，胚乳呈筒状，其中包藏着一个细长而白色的棒状体——胚，胚根位于种子尖细的一端，胚轴上端生有多数子叶，子叶中间包着细小的胚芽（图 4-3-2）。

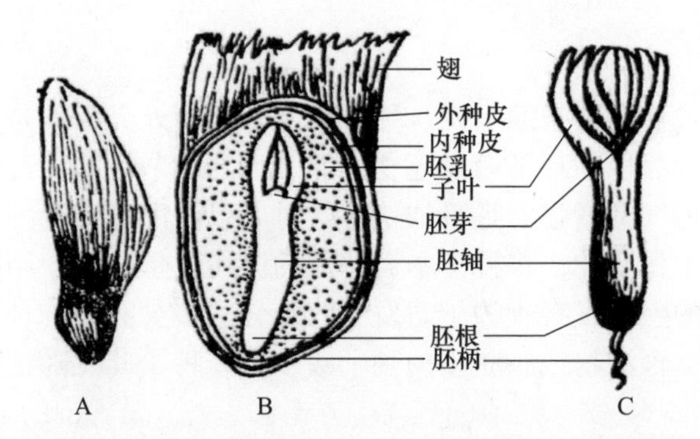

图 4-3-2 马尾松的种子结构图（引自何国生《森林植物》）

A. 外形 B. 纵切的一部分 C. 取出的胚

大多数单子叶植物，如稻、麦、竹子都是有胚乳种子，这些种子的种皮与果皮愈合而生，不能分开，既是种皮也是果皮，所以这些种子实际上是包括果皮在内的果实及种子，特称为颖果。颖果的果皮（种皮）内方是胚乳，在基部的一侧有一小型的胚，胚芽和胚根由极短的胚轴连接，上端为胚芽，外有胚芽鞘包围，下端为胚根，外有胚根鞘包围，在胚与胚乳之间，有一肉质盾状子叶，特称盾片（内子叶），在胚的外侧与盾片相对的部位有一小凸起称为外子叶，它是由胚根鞘向上延伸而成的（图 4-3-3）。

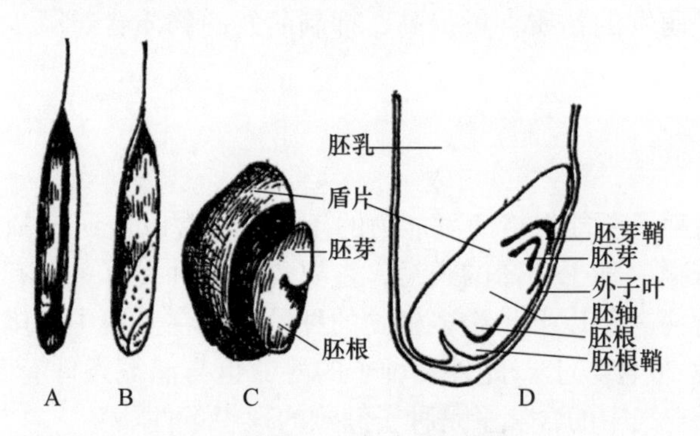

图 4-3-3 小麦种子结构图

A. 种子的外面 B. 种子的侧面 C. 取出的胚 D. 胚的纵切面

二、种子的类型

根据种子有无胚乳可将种子分为有胚乳种子和无胚乳种子两大类。无胚乳种子中胚很大，胚体各部分，特别是在子叶中储有大量营养物质。有胚乳种子中胚与胚乳的大小比例在各类植物中有着很大不同。

任务 3.2 种子的萌发与休眠

种子的主要功能是繁殖。种子成熟后，在适宜的外界条件下即可发芽而形成幼苗，但大多数植物的种子在萌发前往往需要一定的休眠期才能萌发。此外，种子的萌发还与种子的寿命有关。

一、种子的萌发

种子形成幼苗的过程称种子的萌发。种子萌发的主要外界条件是充足的水分、适宜的温度和足够的氧气，少数植物种子萌发还受光照有无的调节。萌发过程从种子吸水膨胀开始，然后种皮变软，透气性增强，呼吸加快，这时如果温度适宜，种子内部各种酶开始活动，经过一系列生理生化变化，将种子本身储藏的淀粉、蛋白质、脂肪等分解成可溶性的小分子物质，供给胚的生长发育。种子萌发吸收水分的多少和植物种类有关，一般含蛋白质较多的种子吸水多，含淀粉或脂肪多的种子吸水少。种子萌发随植物种属不同，适宜温度多在 20～25℃。

二、种子的休眠

凡是成熟的种子，在环境适宜的条件下不能立即进入萌发阶段，而必须经过一定的时间才能萌发的现象称为休眠。种子休眠的原因有多种，有些植物的种子虽然已脱离母体落入土中，但实际上种胚等还没发育完全，如人参、银杏等，或是种子体内一些重要生理过程并未完成，如苹果、桃等，必须经过一定时期的后熟过程；有的植物种子由于种皮太坚厚，不易透水通气，或种子内部产生有机酸、生物碱、某种激素等生长抑制剂，使种子萌发受阻，还需要通过休眠、后熟，使种皮透性增大，呼吸作用及酶的活性加强，内源激素水平发生变化，促进萌发的物质含量提高，抑制萌发的物质含量减少，才为种子萌发准备了条件。

三、种子的寿命

种子的寿命是指种子所能保持萌发能力的年限，通常以达到 60% 以上的发芽率的储藏时间为种子寿命的依据。种子寿命的长短，主要与植物种类有关，有的一年后就失去了发芽能力，有的能保持两三年以上；许多植物的种子埋藏在土壤中，多年后仍能萌发，如马齿苋的种子寿命可达 20 年以上。此外，种子的寿命也与储藏条件有关，一般来说，低温、低湿、黑暗以及降低空气中的含氧量是种子储藏的理想条件。

任务 3.3 幼苗的类型

根据种子萌发过程中，胚轴生长和子叶出土情况，可把幼苗分为子叶出土型幼苗和子叶留土型幼苗两种类型图 4-3-4。

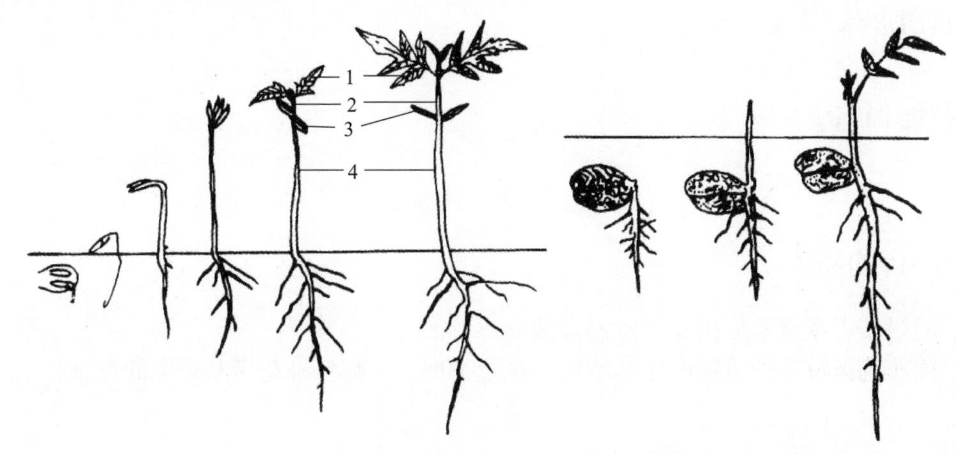

图 4-3-4 子叶出土型与子叶留土型幼苗（引自何国生《森林植物》）

1. 真叶 2. 上胚轴 3. 子叶 4. 下胚轴

1. 子叶出土型

这类种子在萌发时，下胚轴伸长，将上胚轴和胚芽一起推出土面，大多数裸子植物和双子叶植物的幼苗属于这种类型。

2. 子叶留土型

这类植物的种子在萌发时上胚轴伸长，而下胚轴不伸长，只是上胚轴和胚芽向上生长形成幼苗主茎，因而子叶留在土中，一部分双子叶植物如核桃、油茶及大部分单子叶植物如毛竹，棕榈等属于这种类型。

任务 3.4 种子的传播方式

植物果实和种子成熟后，依靠自身或外力的作用散布开去，称为种子传播。种子传播方式主要有主动传播（自体传播）和被动传播 2 种。

一、自体传播

就是靠植物体本身传播，并不依赖其他的传播媒介。果实或种子本身具有重量，成熟后，果实或种子会因重力作用直接掉落地面，如毛柿及大叶山榄；而有些蒴果及角果，果实成熟开裂之际会产生弹射的力量，将种子弹射出去，如乌心石。自体传播种子的散布距离有限，但部分自体传播的种子，在掉落地面后，会有二次传播的现象发生，鸟类、蚂蚁、哺乳动物都是可能的二次传播者。

二、被动传播

有风力传播、水力传播、鸟类传播、哺乳动物传播、昆虫传播、人类活动传播等。被动传播最主要的方式是昆虫传播（虫媒花）、风力传播（风媒花）。

由于各种不同类型的果实或种子具有不同的构造及传播方式，所以在林业生产进行采种工作中，就必须根据不同特点而采用不同的方法。如松属、杉属的球果，必须在球果成熟而未裂开以前采收，然后干燥处理而获得种子。借果实本身弹力传播的种子也必须在果实成熟而果皮未干燥前采收。

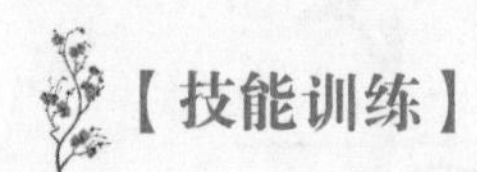

【技能训练】

植物繁殖器官观察与描述

一、目的要求

1. 通过实训掌握常见植物繁殖器官的形态特征。
2. 能正确区分各种植物的花部结构、花冠类型，了解各种花序及果实的类型。

二、实训准备

根据本地实际，选取常见植物花部结构及花序与果实类型较为明显的作为观察标本，并将其逐一编号。

三、实训地点

植物实训室或校园。

四、实训方法

1. 教师在实训室准备相关的植物标本，先进行简单的讲解后，学生对各号标本填写表 4-1 至表 4-3。
2. 教师带领学生在校园利用扩音器，按事先准备好的线路对照标本进行观察讲解，学生根据课堂知识和现场的讲解填写。

五、实训报告

1. 观察相应的植物标本，填写表 4-1 至表 4-3。

表 4-1　植物花部结构观察

编号	植物名称	离萼数目	合萼数目	副萼数目	离瓣数目及类型	合瓣数目及类型	雄蕊数目及类型
1							
2							
3							
4							
⋮							

表 4-2　花序类型观察

<table>
<tr><th>编号</th><th>植物名称</th><th colspan="2">花序类型</th></tr>
<tr><td>1</td><td></td><td rowspan="8">无限花序</td><td></td></tr>
<tr><td>2</td><td></td><td></td></tr>
<tr><td>3</td><td></td><td></td></tr>
<tr><td>4</td><td></td><td></td></tr>
<tr><td>5</td><td></td><td></td></tr>
<tr><td>6</td><td></td><td></td></tr>
<tr><td>7</td><td></td><td></td></tr>
<tr><td>8</td><td></td><td></td></tr>
<tr><td>9</td><td></td><td rowspan="3">有限花序</td><td></td></tr>
<tr><td>10</td><td></td><td></td></tr>
<tr><td>11</td><td></td><td></td></tr>
</table>

表 4-3　果实类型的观察

<table>
<tr><th colspan="4">果实类型</th><th>植物名称</th></tr>
<tr><td rowspan="13">单果</td><td rowspan="5">肉质果</td><td colspan="2"></td><td></td></tr>
<tr><td colspan="2"></td><td></td></tr>
<tr><td colspan="2"></td><td></td></tr>
<tr><td colspan="2"></td><td></td></tr>
<tr><td colspan="2"></td><td></td></tr>
<tr><td rowspan="8">干果</td><td rowspan="4">裂果</td><td></td><td></td></tr>
<tr><td></td><td></td></tr>
<tr><td></td><td></td></tr>
<tr><td></td><td></td></tr>
<tr><td rowspan="4">闭果</td><td></td><td></td></tr>
<tr><td></td><td></td></tr>
<tr><td></td><td></td></tr>
<tr><td></td><td></td></tr>
<tr><td colspan="2" rowspan="5">聚合果</td><td colspan="2"></td><td></td></tr>
<tr><td colspan="2"></td><td></td></tr>
<tr><td colspan="2"></td><td></td></tr>
<tr><td colspan="2"></td><td></td></tr>
<tr><td colspan="2"></td><td></td></tr>
<tr><td colspan="4">聚花果</td><td></td></tr>
</table>

自主学习资源推荐

森林植物精品在线开放课程： gdsty.ulearning.cn

项目5　植物分类基础知识

【项目描述】

人类要认识、利用和改造丰富的植物资源，使之更好地为人类服务，就必须掌握植物分类的方法，将它们分门别类，形成系统。本项目主要介绍植物分类的方法，掌握植物分类的单位和植物命名的方法。

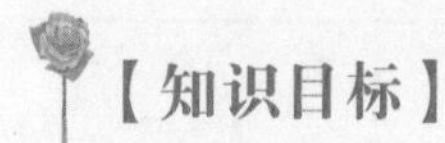

【知识目标】

掌握植物分类的方法、植物分类的单位与植物的命名。

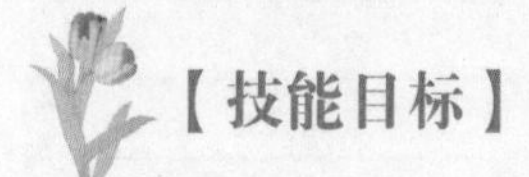

【技能目标】

懂得植物的命名，会使用植物分类检索表及利用人为分类法对植物分类。同时培养较好的素质，具有较强的观察能力、组织能力和学习能力。

任务1　植物分类概述

【任务描述】

本任务主要介绍植物分类的基本方法、植物分类的单位和植物分类的原则。

【任务要求】

掌握植物分类的单位和常见的植物分类的方法。

任务1.1　植物分类的意义

1. 人们利用植物的需要

现存于地球上的植物，种类繁多，形态结构非常复杂，要对数目如此众多，彼此间形态千差万别的植物进行科学研究利用，首先就要根据它们的自然属性，由粗到细，由表及里地对它们进行深入研究，找出相同的特性，然后进行分门别类，只有这样人们才能对这些数量众多的植物加以改造和利用，为我们的衣食住行提供物质资源。

2. 科学发展的需要

植物学在人类的科学发展中起到了非常重要的作用，它可推动其他学科如细胞学、遗传学、基因工程、分子生物学的发展，为这些学科提供理论和基础支持。而人们要认识植物，利用和改造丰富的植物资源，使之更好地为人类服务，就必须掌握植物分类的方法，将它们分门别类，形成系统。

任务 1.2 植物的分类单位

种是生物分类的基本单位，是具有一定的自然分布区、一定的形态特征和生理特性的生物类群。在同一种中的各个体具有相同的遗传性状，彼此交配可以产生能育的后代。物种又可分出变种、亚种、变型和品种。

亚种是指由于分布地区不同，形态结构或生理机能上与原种有所不同，但主要的特征不变。变种是指同一地区的同一种群，某些个体组成的小类群与该种的其他个体特征不同，这个小类群称为变种。变型是指种内有形态变异的个体，没有一定的分布区，仅是零星分布的小个体。品种则是人为选育的，不在自然分类系统中排序。

根据进化学说，一切生物起源于共同的祖先，彼此都有亲缘关系并经历着从低级到高级、从简单到复杂的系统演化过程。分类学上把那些关系相近的种组合为属，相近的属组合为科，如此类推组成目、纲、门、界等分类单位。由此，界、门、纲、目、科、属、种成为分类学的各级分类单位。在各级单位内，如果种类繁多，还可划分更细的单位，如亚门、亚纲、亚目、亚科、族、亚族、亚属、组、亚种、变种、变型等。

任务 1.3 被子植物主要的分类方法和系统

要对分布广泛、种类繁多、结构多样化的植物进行研究，首先必须根据它们的特征加以分门别类，建立植物界的系统。对植物进行分类的方法可分为人为分类法和自然分类法 2 种。

一、人为分类法

人为分类法是指人们按照自己的目的和方便或限于自己的认识，选择植物的一个或几个特征（如形态、习性、生态或经济）作为分类标准，不考虑植物种间的亲缘关系和在系统发育中的地位的分类方法。如我国明朝李时珍（1518—1593）所著《本草纲目》依植物外形及用途将植物分为草、木、谷、果、菜第五部。又如林奈（Linnaeus）依据雄蕊的有无、数目及着生情况，将植物分成 24 纲，其中第 1～23 纲为显花植物，第 24 纲为隐花植物。这种按人为的分类方法建立起来的分类系统称为人为分类系统。人为分类系统的特点是以植物的某一个或几个特征、特性或用途进行分类，因此不能反映植物类群间的进化规律和亲缘关系，仅以人们的利用方便进行分类，因此常把亲缘关系很远的植物归为一类，而把亲缘关系很近的又分开了。

在园林和林业生产实际应用上，人们常用人为分类法对园林植物及森林植物进行分类，从不同角度用各种人为的方法分类，供在不同需要时选择使用。由于分类的出发点不同，人为分类的系统也各不相同，如按生长习性可将森林树木分为乔木类、灌木类和木质藤本类，按观赏特性分类可分为观花类、观叶类、观芽类、观枝干类、观果类、观姿态类等，但因为树种的栽培目的不同，所以同一树种在人为分类系统中可能属于不同的类别。人为分类法以植物系统分类法中的种为基础，根据植物生长习性、观赏特性、用途等方面的差异及其综合特性将各种植物主观地划归不同的大类，具有简单明了、操作和实用性强等优点，在林业和园林生产上普遍应用。

二、自然分类法

自然分类法是指植物进化过程中植物亲缘关系的远近作为分类标准，力求客观地反映出生物界的亲缘关系和演化过程的分类方法。自然分类法将相同点较多的植物归为同一科、属，将相同点较少的植物归为不同的科、属，依此方法建立起来的分类系统称自然分类系统。建立自然分类系统，要求人们应用现代科学的先进技术，从植物学的各个学科（例如，形态解剖学、古植物学、植物细胞学、植物化学、植物分子生物学和植物地理学等）中去了解植物的自然性质，确认植物之间的亲缘关系，反映植物界的演化规律和演化过程。自从达尔文在《物种起源》(1859）一书中提出进化学说以后，许多分类学家就企图建立科学的自然分类系统。由于自然分类法能反映植物类群间的进化规律和亲缘关系，在生产上，可利用植物亲缘关系的远近进行引种和育种。自然分类系统常用的有以下几种：

1. 恩格勒（Adolf Engel，1844—1930）分类系统

恩格勒是德国植物学家，恩格勒系统是植物分类史上第一个比较完整的自然分类系统。该系统将被子植物分为单子叶植物纲和双子叶植物纲，共计 62 目 343 科。

2. 哈钦松（John Hutchunson，1884—1972）分类系统

英国学者哈钦松于 1926 年发表了《有花植物科志》，该系统将被子植物分为双子叶植物和单子叶植物，又将双子叶植物分为木本支和草本支，全部被子植物包括 111 目和 411 科。

3. 胡先骕分类系统

胡先骕是我国植物分类学家，他与哈里叶提出了被子植物分类系统，其理论基础是多元论，认为现代被子植物来源于多个不同的祖先，彼此平行发展，互不相干。目前该系统在世界上影响不大，应用的极少。

任务 2　植物的命名

【任务描述】

本任务主要介绍植物命名的基本方法，即瑞典植物学家林奈倡导的双名法。

【任务要求】

掌握植物命名的基本方法。

任务 2.1 植物的俗名

植物与人们的生活关系十分密切，人类的发展史中也包括了人类开发利用植物的历史。由于世界上有许多不同语言、不同文化的民族，他们在开发利用植物方面都有自己的特点，并积累了丰富的经验。但是，由于语言和文字的差异，不同地区和不同国家的人民在开发利用植物的经验交流方面存在许多困难和障碍，出现了“同物异名”的现象，即同一种植物，在各地可能有不同的名称，即使在同一个国家，甚至在同一省份，都会有不同的名字，如我国的玉蜀黍，在不同的地区叫包谷、棒子、玉米、玉榴等，银杏又称为白果、公孙树。此外还有同名异物的现象，即同一名称在不同地区代表不同的植物，例如，白头翁专指毛茛科的一种药用植物，可在我国不同地区共有 13 个科的植物都叫白头翁。这样的同物异名和同名异物产生的植物名称均称为植物的俗名。植物的俗名有时会造成植物分类的极大混乱，更在应用时造成安全事故或者经济损失。

任务 2.2 植物的学名

为了便于国际交流，消除语言和文字障碍，国际植物协会公认并制定了国际命名法规，统一使用拉丁语或拉丁化文字给每种植物所命名的名称，叫学名。植物的学名有单名、双名和三名。单名指一个分类群的名称只有一个单词，属和属以上的分类群的名称都是单名。双名是指种的名称，也称种名，是由两个单词组成的，即属名和种加词。三名是指种下分类群 的名称，构成方法是在种名的基础上，再增加一个单词（例如亚种加词），即由三个单词组成学名。

瑞典植物学家林奈（Linnaeus）于 1753 年发表的《植物种志》（Species Plantarum）中比较完善地创立了植物命名的双名法（bionomial system），在双名法的基础上，经过反复修改和完善，制定了《国际植物命名法规》，其中对植物的命名作了详细规定，要点如下：

① 每种植物只能有一个合法的名称，即用双名法定的名，也称学名。

② 每种植物的学名必须有两个拉丁词或拉丁化的词构成。第一个词为属名，第二个词为种加词。

③ 属名一般用名词单数第一格，种加词一般用形容词，并要求与属名的性、数、格一致。

双名法的书写形式是：属名的第一个字母必须大写，种加词全为小写。属名和种加词必须排斜体。命名人在任何情况下为正体，并且首字母大写。此外，还要求在种加词后面写上命名人的姓氏缩写，第一个字母也要大写。即：种名（学名）= 属名 + 种加词 + 命名人姓氏

如：银杏　　*Gingkgo*　　*biloba*　　L.
　　　　　↑（大写）　↑（小写）

变种名：原种名 + var. + 变种名 + 变种命名人

变型名：原种名 + f. + 变型名 + 变型命名人

栽培品种名：原种名 + cv. + ‘ 品种名’

任务 2.3 植物的分类检索表

植物分类检索表是识别、鉴定植物不可缺少的工具，它根据二歧分类法的原理以对比的方式把不同植物，根据它们的主要特征分成相对的两个分支，再把每个分支中相对的性状又分成相对的两个分支，依次分下去，直到区分完成。

植物分类检索表有下面两种形式：

一、定距检索表

将植物每一特征描述在书面左边的一定距离位置，与此相对应的特征描述在同样的距离位置。每一类下一级特征的描述，则在上一级特征描述的稍后位置开始，如此继续下去，直到检索出某类或某种植物为止。例如：

植物界分类检索表（定距检索表）

1. 植物体无根、茎、叶的分化，生殖器官由单细胞构成……………………低等植物
  2. 有叶绿素
    3. 植物体不与真菌共生……………………藻类植物
    3. 植物体与真菌共生……………………地衣植物
  2. 无叶绿素
    4. 细胞没有细胞核的分化……………………细菌门
    4. 细胞有细胞核的分化……………………真菌门
1. 植物体大多有根、茎、叶的分化，生殖器官由多细胞构成……………………高等植物
  5. 无种子植物，以孢子繁殖
    6. 植物体不具真正的根和维管束……………………苔藓植物
    6. 植物体有根的分化，并有维管束……………………蕨类植物
  5. 有种子植物，以种子繁殖
    7. 胚珠裸露，不包于子房内……………………裸子植物
    7. 胚珠不裸露，包于子房内……………………被子植物

二、平行检索表（略）

【技能训练】

检索表的编制与应用

一、实训目的

通过实训掌握植物分类检索表的概念，类型及其编制方法。

二、实训准备

种子植物分类检索表，新鲜带花果的植物标本。

三、实训内容

（1）检索表的概念：检索表是根据二歧分类的原理，以对比的方法编制而成，用以检索和鉴别植物的一种特殊表格。

（2）检索表的类型：检索表的两种主要形式：定距式检索表和平行检索表。

（3）检索表的编制方法：二歧分类，是将一组植物类群一分为二，以后的各组植物依此类推。对比，区分小组时，每两部分的区分均应是同一特征的比较，非此即彼，毫不含糊。

（4）举例说明两种形式检索表的编制方法及其区别。

（5）检索表的使用练习：先示范，而后由学生动手操作，要求能鉴定两个树种，并熟悉鉴定过程。

四、实训报告

1. 选取所学的 10 种树种编一简单的定距检索表。

2. 野外采集树种，解剖其营养器官和繁殖器官的结构，利用老师提供的检索表进行标本鉴定练习，写出检索过程。

自主学习资源推荐

森林植物精品在线开放课程：gdsty.ulearning.cn

项目6　植物界的基本类群

【项目描述】

植物界的种类多种多样且分布极广。根据植物构造的完善程度、形态结构、生活习性、亲缘关系将植物分为高等植物和低等植物两大类。每一大类又可分为若干小类。本项目主要介绍植物界各个类群的形态特征，主要包括高等植物类群和低等植物类群的特点。

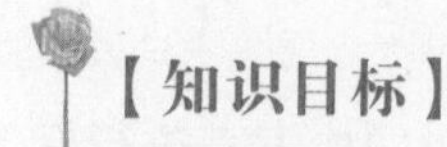

【知识目标】

掌握植物类群中高等植物与低等植物各个类群的特点。

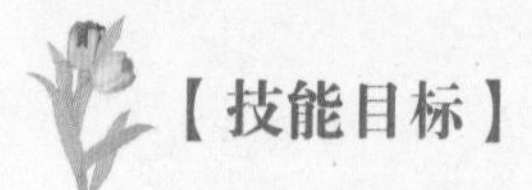

【技能目标】

能识别部分高等植物与低等植物，掌握它们的区别。同时培养较好的素质，具有较强的观察能力、组织能力、学习能力。

任务1　低等植物

【任务描述】

低等植物是地球上出现最早、最原始的类群。植物结构简单，由单个细胞构成；有的是由相似的单细胞集合成的群体，细胞间没有生理上的联系；也有多细胞组成的丝状体或叶状体，但没有根、茎、叶的分化。低等植物生殖器官构造简单，由单个细胞构成，受精以后，合子直接发育成新的个体，不形成胚。低等植物可分为藻类、菌类和地衣三大类群。本任务简单介绍一些常见的低等植物。

【任务要求】

能正确区分高等植物与低等植物，识别一些常见的藻类植物、菌类植物和地衣植物。

任务1.1　藻类植物

藻类植物是一群古老的低等植物，现存有2万多种，其形体有单细胞的、群体的和多细胞的，最小的要在显微镜下才能看见，最大的巨藻则长在 100 cm 以上。藻类植物细胞含有叶绿素，属自养植物，大多数水生，少数陆生；繁殖方式有营养繁殖、无性繁殖和有性繁殖。

一、藻类植物的特点

① 具有叶绿素，能进行光合作用，无根、茎、叶的分化，无维管束，无胚的叶状体植物，又称原植体植物，一般生长在水体中。

② 有性生殖器官一般都为单细胞，有的可以是多细胞，但缺少一层包围的营养细胞，所有细胞都直接参与生殖作用。

二、藻类植物的分类

藻类植物具有色素，能自养（极少数种类共生或寄生）。多数生于水中或池沼，少数陆生，根据所含色素及贮存的养料以及细胞壁成分等进行分类，一般分为蓝藻门、眼虫藻门、金藻门、甲藻门、绿藻门、褐藻门、红藻门等。藻类植物种类繁多，下面仅对一些经济价值较高的门作一些简单介绍。

（1）蓝藻门　简单的藻类植物，约 1 500 种，分布很广，多生于淡水。植物体有单细胞、群体或丝状体。细胞无真正的细胞核，原生质体分化为周质和中心质两部分。含叶绿素 a 和藻蓝素（藻胆素），所以一般呈蓝绿色。常见的如发菜。

（2）绿藻门　约有 8 600 种，为藻类最大一门。藻体有单细胞、群体、丝状体、叶状体、管状多核体等各种类型。细胞壁由纤维素构成。细胞内各有一定形态的叶绿素，如杯状、环状、星状、网状等；叶绿体中含有和高等植物一样的叶绿素 a、叶绿素 b、β- 胡萝卜素和叶黄素，故植物呈绿色。常见的如衣藻、团藻、水绵等。

（3）褐藻门　植物体多细胞，有的有组织分化。细胞有壁，分为两层，内层是纤维素的，外层是藻胶组成的。同时在细胞壁内还含有褐藻糖胶。载色体含有叶绿素 a、叶绿素 c、β- 胡萝卜素和 6 种叶黄素。叶黄素中有 1 种叫墨角藻黄素，使藻体呈褐色。细胞光合作用积累的储藏食物，主要是褐藻淀粉和甘露醇。常见的如海带、裙带菜、鹿角菜等。

（4）红藻门　植物体多数为多细胞，少数单细胞。某些种类有一定的组织分化。细胞壁内层为纤维素质，外层为果胶质。载色体中含有叶绿素 a、叶绿素 d、β- 胡萝卜素和叶黄素类，此外，还有藻胆素和藻蓝素，故藻体多呈红色。绝大多数海产，少数生于淡水。在海水中生长的深度可达 200 m，在潮间带则多生于岩石的背阴处、石缝或石沼中，也有少数喜生于暴露的风浪大的岩石上。大多数种类固着于岩石上或其他生长基质上，也有附生或寄生在其他藻体上的。有一些营养丰富、味道鲜美的食用种类如紫菜、麒麟菜，还有一些重要的经济种类，用来提取琼胶和卡拉胶，如石花菜。

任务 1.2　菌类植物

菌类植物是一类古老的低等植物，菌类植物体不含叶绿素，除极少数细菌外都不能进行光合作用，生活方式为异养，根据体内细胞的形态、构造、繁殖方式和贮存的养料成分等区别，可分为细菌门、粘菌门和真菌门。

一、细菌门

细菌是一类微小的单细胞原核生物，结构简单，没有真正的细胞核，大小通常在 1 μm 左右，在高倍显微镜或电子显微镜下才能观察清楚。绝大多数种类不含光合色素，营腐生（从动植物遗体或其他有机物吸取养分）或寄生（从活的动植物体吸取养分）生活；少数自养生活，如紫细菌、硫细菌等。由于其也具有细胞壁而置于广义的植物界。

细菌的形态通常可分为 3 种基本类型：

（1）球菌　细胞球形，直径 0. 5～2 μm。

（2）杆菌　细胞呈杆棒状，长 1.5～10 μm，宽 0.5～1 μm。

（3）螺旋菌　细胞长而弯曲，略弯曲的称为弧菌。

此外，还有一类特殊的细菌，称放线菌，个体为单细胞分枝的丝状体，能产生分生孢子。由于放线菌的分枝丝状体和孢子形成的方式和真菌很相似，因此可把它们看作是细菌和真菌的过渡类群。

在自然界的物质循环中，细菌起着重要的作用。地球上动植物的尸体和排泄物，必须经过腐生细菌的分解腐烂，使复杂的有机物变为无机物，重新为植物吸收利用，使物质不断地循环。细菌在工业、医药卫生等方面的应用也很广。工业上可利用细菌生产多种工业产品，如枯草杆菌生产蛋白酶和淀粉酶，可用于皮革脱毛、丝绸脱胶和棉布脱浆等；乳酸杆菌、醋酸杆菌可分别产生乳酸、醋酸等化工原料；谷氨酸短杆菌生产谷氨酸（谷氨酸钠即味精）和肌苷酸，用于食品及医药。医药卫生方面，利用细菌生产预防和治疗疾病的疫苗、抗病血清、代血浆以及各种抗生素，例如常见的链霉素、四环素、土霉素、氯霉素等，都是从放线菌的代谢物中提取出来的抗生素药物。细菌的有害方面也不容忽视。寄生细菌能引起人、畜、禽及植物发生病害，甚至造成死亡，如痢疾、霍乱、白喉、破伤风等病菌和水稻叶枯病、棉花角斑病、蔬菜软腐病等病原菌。腐生细菌常致使肉类等食品腐烂，工业生产中常因污染了杂菌而使发酵停止等。

二、真菌门

真菌是一类不含叶绿体和色素的异养植物，其植物体比细菌大，细胞结构比较完善，有明显的细胞核，除少数单细胞的种类外，大多数营养体是由一些分枝或不分枝的丝状体构成，称为菌丝体。菌线体有的疏松如网，有的紧密坚硬如木。储藏的营养物质为肝糖和脂肪。真菌的生活方式为寄生、腐生或共生。真菌的繁殖方式多种多样，可由菌丝断裂进行营养繁殖；或产生各种类型的游动孢子、孢囊孢子、分生孢子进行无性繁殖；有性繁殖的方式也很多样。真菌的种类很多，分布很广，陆地、水中及大气中均有。根据营养体的形态和生殖方法不同，通常分为壶菌纲、接合菌纲、子囊菌纲、担子菌纲和半知菌纲。

1. 接合菌纲

有性生殖通过配子囊接合形成形状各异的接合孢子。多数腐生，分布于土壤、有机物和粪便上，少数寄生于人、动物、植物和真菌上。毛霉目的毛霉属、根霉属和犁头霉属中许多真菌是重要的工业菌种，可生产有机酸、酶制剂和乳腐等发酵食品，并可转化甾族化合物等。最常见的为黑根霉，又称为面包霉，多腐生于含淀粉的食品如面包、馒头和其他食物上，这些发霉体上成层的白色茸毛状物就是它们的菌丝体，会引起谷物和其他农产品霉烂，少数还会使人体和动物致病。

2. 子囊菌纲

已知有 4 万多种。除酵母菌为单细胞外，都有发达的菌丝体，有性过程中形成了子囊，产生子囊孢子，因而称为子囊菌纲。本纲最常见的为青霉属，常生长在腐烂的水果、蔬菜、肉类、衣服及皮革的有机物上，有些种能分泌抗生素，即青霉素，可用于治疗疾病。

3. 担子菌纲

已知有 4 万多种，担子菌纲最重要的特征是菌丝为分枝的多细胞，子实体显著，具有伞形（蘑菇）、片状（木耳）、球状（马勃）等特殊形状，子实体上产生一种棒状的菌丝称为担子，担子上长有 4 个孢子称为担孢子。担子菌纲常腐生于森林中的朽木败叶上，其中伞菌类植物如蘑菇、香菇、猴头菇是常见的食用菌。

真菌在自然界中的作用很大，能使林下的枯枝落叶分解为无机物，能与藻类共生成地衣，能与植物根共生成菌根。真菌与人类的关系也很密切，许多真菌可供食用和药用，如木耳、银耳、竹荪、冬虫夏草、灵芝、茯苓等均属于真菌。许多真菌则是林木和农作物的病原菌，有的还能使人和动物致病。

三、粘菌门

粘菌门是营养及生殖方式兼有动物和植物特征的一大类真核微生物。分类上属于真菌界。无叶绿素，寄生或腐生。营养体为多核而裸露的原生质团（体），借助伪足伸缩作变形虫式的运动，能吞食腐木和烂叶碎屑。因此粘菌是介于动物和真菌之间的生物。大多数生于森林中阴暗和潮湿的地方，在腐木上、落叶上或其他湿润的有机物上。大多数粘菌为腐生菌，无直接的经济意义，只有极少数粘菌寄生在经济植物上，危害寄主。

任务 1.3　地衣植物

地衣植物，就是真菌和藻类共生的一类特殊植物，无根、茎、叶的分化，能生活在各种环境中，被称为“植物界的拓荒先锋”。共生的真菌大多是子囊菌，少数是担子菌，能吸收水和无机盐，并包被藻体；共生的藻类主要是蓝藻（细菌）和绿藻，能进行光合作用，制造有机物。共生过程中，菌类吸收水分及无机盐供给藻类，并在环境干燥时保护藻的细胞不至干死，藻类进行光合作用制造有机物质供给菌类做养料，他们之间彼此互利，是一种共生关系。地衣对空气污染极为敏感，常用来作为空气污染的监测植物。按生长型，地衣的形态基本上可分为 3 种类型。

一、壳状地衣

地衣体是一种具有色彩的多种多样的壳状物，菌丝与基质紧密相连，有的菌丝还伸入基质中。因此，地衣体与基质很难剥离。壳状地衣约占全部地衣的 80%。如生活于岩石上的茶渍衣属和生于树皮上的文字衣属。

二、叶状地衣

地衣体扁平，有背腹之分，呈叶片状，四周有瓣状裂片，下方（腹面）以假根或脐固着在基物上，易与基质剥离。如生活在草地上的地卷衣属、脐衣属和生在岩石或树皮上的梅花衣属。

三、枝状地衣

地衣体直立或下垂，呈树枝状或柱状，多数具分枝，仅基部附着于基质上。如直立地上的石蕊属和悬垂分枝生于云杉、铁杉、冷杉树枝上的松萝属（*Usnea*）等。枝状地衣的生长速度比壳状、叶状地衣快很多。大量的松萝属地衣悬在树上，会导致树木的死亡。另据报道，松萝地衣是滇金丝猴的主要食物，由于滇金丝猴食物单一，灭绝的可能性很大。

任务 2　高等植物

【任务描述】

高等植物是由原始的低等植物经过长期演化而形成的，是植物界中形态构造和生理功能比较复杂的类群，其中大多数是陆生植物。由于长期适应陆地生活条件，除苔藓植物外都有根、茎、叶和中柱的分化。高等植物的生殖器官由多细胞构成，卵受精后在母体内发育成胚。高等植物包括苔藓植物、蕨类植物和种子植物三大类群。本任务主要介绍高等植物各类群的主要特征及一些常见的苔藓植物和蕨类植物。

【任务要求】

掌握高等植物主要类群的特点，识别一些常见的苔藓和蕨类植物。

任务 2.1　苔藓植物

是高等植物中最原始的类群。一般生于阴湿地方，是植物从水生到陆生过渡形式的代表。比较低级的种类其植物体为扁平的叶状体；比较高级的种类其植物体有类似茎、叶的分化，但还没有真正的根。它们没有维管束那样真正的输导组织。配子体发达，能独立生活，占优势，孢子体不能离开配子体生活。通常分为苔纲和藓纲。

一、苔纲

包括除角苔纲外所有有茎与叶分化的苔类和叶状体苔类植物，简称苔类。原丝体不发育。通常只产生单个植物体。配子体有茎与叶的分化，茎不具中轴，叶多为单细胞层，无中肋，或配子体为叶状，由多层细胞所组成，部分属种具中肋，腹面多数着生鳞片。假根单细胞，蒴柄延伸在孢蒴成熟之后。颈卵器壁不形成分离的蒴帽。孢蒴成熟后多数纵长开裂，无蒴齿，不育细胞多形成弹丝。常见的如地钱。

苔类曾用作装饰品，尤其用于女帽，在拉丁美洲用于圣诞节装饰。有些苔用于美化环境，尤其是日本的苔园（如京都者）。因森林类型不同，其中苔类组分亦异，故苔类可用作森林类型的指示植物。在某些森林中，树木种子在苔类形成的地被中更易萌发。苔类与藓类、地衣、藻类常是先锋植物。苔类又能促进岩石风化、促进断木分解、防止水土流失。

苔又是螨、昆虫的栖所及鸟巢的材料，旅鼠等以大型苔的孢蒴为食。

二、藓纲

植物体常直立，有茎与叶的分化。茎稀少分枝，或匍匐而不规则分枝，或羽状分枝，组织上仅有中轴与皮部的初步分化。叶呈辐射状排列，多具中肋。叶细胞多边形、方形、六角形或线形，胞壁变厚或不规则加厚、平滑、具疣或乳头。假根由多细胞构成。孢蒴具蒴轴、蒴齿和蒴盖，无弹丝。原丝体发达，1 个孢子形成的原丝体上可产生多个配子体。蒴柄延伸多在孢蒴成熟之前。孢蒴顶部有断裂的颈卵器壁形成的蒴帽。常见的如葫芦藓。

苔藓植物在森林中常繁茂生长，构成厚密的覆盖物，对保持土壤水分、促进岩石分解和土壤的形成有重要意义。苗木培养或包装运输，可用苔藓作基质或用来保鲜。还可利用苔藓作为大气污染的监测植物。

任务 2.2　蕨类植物

一般为陆生。有根、茎、叶的分化。并有维管系统，既是高等的孢子植物，又是原始的维管植物。配子体和孢子体皆能独立生活，而且孢子体占优势。我们经常见到的蕨类植物都是孢子体。蕨类植物有明显的世代交替。蕨类植物种类繁多，其特征、用途、经济价值及常见种类后面有专门项目介绍，在此不作论述。

任务 2.3　种子植物

能产生种子。种子的出现，是长期适应陆地生活的结果。种子植物是地球上适应性最强、分布最广、种类最多、最进化的植物类群。根据种子有无果皮包被，将种子植物分为裸子植物和被子植物两大类。

一、裸子植物

是介于蕨类植物与被子植物之间的维管植物，它的配子体退化，寄生在孢子体上，能形成花粉管、胚、胚乳及种子，但仍和蕨类植物一样具有颈卵器。由于缺乏包被种子的果皮，因此称为裸子植物。有苏铁纲，银杏纲，松杉纲，买麻藤纲等。

二、被子植物

是植物界种类最多、数量最大、最进化的类群，它的特点是在繁殖过程中产生了特有的生殖器官——花，因为有构造完善的花，特称为有花植物。花中的花被增强了传粉能力，胚珠包裹在子房中，不裸露，使下一代幼小的植物体有更好的生存环境，子房发育成果实，保护着种子的发育，果实有利于种子的传播。被子植物除了多年生外，还有一年生、二年生的种类，其输导组织中有导管和筛管，增强了输导能力，同时其受精作用为双受精，能产生多倍体的胚乳，增加了后代的变异性和适应性。

被子植物根据胚的子叶数又可分为单子叶植物和双子叶植物，两者的区别见表 6-2-1。

表 6-2-1 单子叶植物和双子叶植物的区别

纲	根系类型	维管束排列	形成层	叶脉类型	花部数目	子叶数	花粉萌发孔数
双子叶植物纲	直根系	环生	有	网状脉	4～5 基数	2 枚	3 个
单子叶植物纲	须根系	散生，不能加粗生长	无	平行脉	3 基数	1 枚	1 个

植物的类群可用下图来表示：

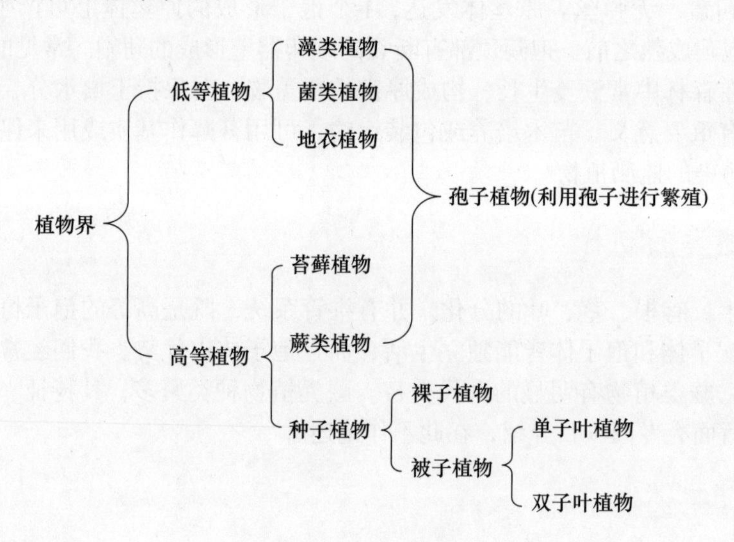

自主学习资源推荐

森林植物精品在线开放课程：gdsty.ulearning.cn

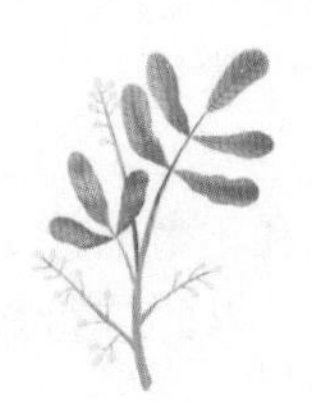

项目 7　常见蕨类植物识别

【项目描述】

蕨类植物是植物界中一群古老而特殊的植物，他们生长的环境多在阴暗潮湿的林地里，在光照比较少的情况下也能生长良好，而且它们大部分叶片秀丽美观，受到人们的喜爱，是美化阴暗潮湿、见光少的室内环境最理想的园林植物。本项目主要介绍蕨类植物的主要特征及常见蕨类植物的形态特征、分布、生活习性与主要用途。

【知识目标】

蕨类植物的主要特点，常见蕨类植物的主要特点及用途。

【技能目标】

掌握蕨类植物的基本特征，识别华南地区常见的蕨类植物。培养学生良好的观察能力，分析、判断、克服问题的能力以及团队协作能力。

任务 1　蕨类植物概述

【任务描述】

蕨类植物最特殊的是它们既不开花也没有种子，而是用孢子繁殖，但茎中有维管束。因此蕨类植物是原始的维管植物，且是孢子植物中较进化的一类。本任务主要介绍蕨类植物的特点及主要分类系统。

【任务要求】

掌握蕨类植物的基本特点。了解蕨类植物的分类系统及主要用途。

任务 1.1　蕨类植物的特征

① 常见的植物体为其孢子体，为多年生草本，少数种类为高大的乔木，如生活在热带

的树蕨，高可达 20 m。根通常为须状不定根。茎多为地下横卧的根状茎，少数种类具有地上直立或匍匐茎。

② 蕨类植物叶的变化较大，有单叶和复叶之分。还有能育叶和不育叶之分，能育叶的孢子叶背面、边缘或叶腋内可产生孢子囊，在孢子囊内形成孢子，以此进行繁殖。不育叶是指营养叶仅有光合作用功能，不产生孢子囊和孢子。

③ 植物体已有真正的根、茎、叶和维管组织的分化，故属维管植物。木质部只有管胞，韧皮部只有筛胞、没有伴胞和筛管，不开花、不产生种子，主要靠孢子进行繁殖，仍属孢子植物。生活史中有明显的世代交替现象，孢子体世代占优势。

④ 配子体弱小，生活期较短，称原叶体。孢子体和配子体均为独立生活的植物体。

任务 1.2 蕨类植物的发展史与分类系统

1. 发展史

蕨类植物是最古老的陆生植物。在生物发展史上，35 000 万年到 27 000 万年的泥盆纪晚期到石炭纪时期，是蕨类最繁盛的时期，为当时地球上的主要植物类群。二叠纪末开始，蕨类植物大量绝灭，其遗体埋藏地下，形成煤层。

2. 分类系统

中国蕨类植物分类系统（秦仁昌，1978）。见表 7-1-1。

表 7-1-1 蕨类植物分类系统

<table>
<tr><th>门</th><th>亚门</th><th>纲</th><th>目</th></tr>
<tr><td rowspan="11">蕨类植物门</td><td>松叶蕨亚门</td><td>松叶蕨纲</td><td>松叶蕨目</td></tr>
<tr><td rowspan="2">石松亚门</td><td rowspan="2">石松纲</td><td>石松目</td></tr>
<tr><td>卷柏目</td></tr>
<tr><td>水韭亚门</td><td>水韭纲</td><td>水韭目</td></tr>
<tr><td>楔叶亚门</td><td>木贼纲</td><td>木贼目</td></tr>
<tr><td rowspan="6">真蕨亚门</td><td rowspan="2">厚囊蕨纲</td><td>瓶尔小草目</td></tr>
<tr><td>莲座蕨目</td></tr>
<tr><td>原始薄囊蕨纲</td><td>紫萁目</td></tr>
<tr><td rowspan="3">薄囊蕨纲</td><td>水龙骨目（真蕨目）</td></tr>
<tr><td>苹目</td></tr>
<tr><td>槐叶苹目</td></tr>
</table>

任务 1.3 蕨类植物的用途

① 古蕨类遗体在地层中形成的煤为人类提供了丰富的能源。

② 药用价值：多种蕨类可作药用。如海金沙可治尿道感染、尿道结石；骨碎补能坚骨补肾、活血止痛；用卷柏外敷治刀伤出血；用贯众治虫积腹痛和流感；鳞毛蕨及其近缘种

的根状茎煎汤，为治疗牛羊肝蛭病的特效药。

③ 食用价值：许多种蕨的根状茎中富含淀粉，称蕨粉或山粉，不但可食，还可作酿酒的原料。

④ 工业应用：如有些蕨类植物的孢子粉可作冶金工业上的优良脱模剂，使铸件表面光滑，减少砂眼。木贼的茎含硅质较多，可作木器和金属的磨光剂。

⑤ 农业应用：蕨类通过与固氮蓝藻共生，能从空气中吸取和积累大量的氮，既是优质的绿肥，又是猪、鸭等畜禽的良好饲料。

⑥ 特殊环境的指示植物：蕨类植物的生活对外界环境条件的反应具有高度的敏感性，不少种类可作为指示植物。如卷柏、铁线蕨是钙质土的指示植物；芒萁、石松等是酸性土的指示植物；桫椤与耳蕨属的生长，指示热带和亚热带的气候。

⑦ 园林观赏价值：蕨类植物枝叶青翠，形态奇特优雅，常在庭园、温室栽培或制作成盆景，具有较高的观赏价值。

任务 2　常见蕨类植物识别

【任务描述】

蕨类植物种类繁多，应用广泛，本任务主要介绍华南地区常见的蕨类植物的识别要点、生活习性、分布及主要应用。

【任务要求】

识别华南地区常见的蕨类植物，掌握其基本特点，了解各种蕨类植物的主要用途及生活习性。

G1 铁线蕨科 Adiantaceae

1. 扇叶铁线蕨 *Adiantum flabellulatum*

【识别要点】多年生常绿草本，植株纤弱。叶簇生，2～3 回羽状分裂，羽片形状变化大，8～10 对，多为斜扇形；交错生于叶轴两侧，叶缘浅裂至深裂；叶脉扇状分叉；叶柄纤细，紫黑色，有光泽，细圆坚硬如铁丝。孢子囊群椭圆形，生于叶背外缘或叶脉顶端。

【习性、分布、用途】喜温暖湿润环境，生于林下湿阴处，忌阳光直射，喜含石灰质土壤。广布于我国长江以南地区。多作为室内盆栽观叶植物；全株药用，可消炎、利尿、消肿、止血；是酸性土的指示植物。

2. 半月形铁线蕨 *Adiantum philippense*

【识别要点】植株高 15～50 cm。根状茎短而直立。叶簇生，柄长 6～15 cm，栗色，有光泽，一回羽状，羽片 8～12 对，互生，斜展，对开式的半月形或半圆肾形，叶轴先端往往延长成鞭状。孢子囊群每羽片 2～6 枚，以浅缺刻分开。

【习性、分布、用途】生于林下酸性土上，分布于华南，供药用，可活血。

图 7-2-1 扇叶铁线蕨

图 7-2-2 半月形铁线蕨

G2 骨碎补科 Davalliaceae

1. 肾蕨（还魂草）*Nephrolepis auriculata*

【识别要点】根茎直立，被鳞片。叶丛生，一回羽状复叶，羽片无柄，以关节着生叶轴，基部不对称；叶浅绿色，近革质，具疏浅钝齿。孢子囊群生于侧脉上方的小脉顶端，孢子囊群盖肾形。

【习性、分布、用途】喜温暖潮湿，喜半阴，忌强光直射，不耐寒、不耐旱。原产于热带及亚热带地区，我国东南各省均有分布。为温室常见栽培之观叶植物，也是良好的切叶材料。

2. 波斯顿蕨 *Nephrolepis exaltata* cv. Bostoniensis

【识别要点】多年生草本，根茎直立，有匍匐茎。叶丛生，长可达 60 cm 以上，叶片展开后下垂，叶片为二回羽状深裂，小羽片基部有耳状偏斜。孢子囊群半圆形，生于叶背近叶缘处。

【习性、分布、用途】喜阴湿，原产于热带及亚热带，在我国南方有栽培。适宜室内吊挂观赏、盆栽及垂直绿化，亦可用作装饰配置材料。

图 7-2-3 肾蕨

图 7-2-4 波斯顿蕨

G3 水龙骨科 Polypodiaceae

1. 鹿角蕨 *Platycerium wallichii*

【识别要点】多年生大型附生植物，植株灰绿色，被绢状绵柔毛。异型叶，不育叶圆形纸质，紧贴于根茎上，新叶绿白色，老叶棕色；能育叶丛生下垂，成熟叶深绿色，基部直立楔形，端部具 2～3 回叉状分歧，形似鹿角，故名。孢子囊群生于叶背，棕色。

【习性、分布、用途】喜温暖阴湿环境，怕强光直射。原产于澳大利亚，各地温室均有栽培。叶形奇特，宜吊挂空中或贴生树干上。

2. 大叶鹿角蕨 *Platycerium macrofolium*

【识别要点】多年生大型附生植物，植株灰绿色，被绢状绵柔毛。孢子叶大，深绿色有白粉，形如象耳，厚向上直立，2～3 回叉状分歧，分叉较浅。

【习性、分布、用途】喜温暖阴湿环境，怕强光直射。原产于澳大利亚，各地温室均有栽培。叶形奇特，宜吊挂空中或贴生树干上供观赏，亦可装饰墙壁。

图 7-2-5　鹿角蕨

图 7-2-6　大叶鹿角蕨

G4 铁角蕨科 Aspleniaceae

鸟巢蕨（巢蕨、山苏花）*Asplenium nidus*

【识别要点】根状茎短，密生鳞片。叶辐射状丛生于根状茎顶部外缘，中心空如鸟巢，故名；单叶全缘，阔披针形，尖头，向基部渐狭而下延；叶革质，两面光滑。孢子囊群生于侧脉的上侧。

【习性、分布、用途】喜温暖、阴湿，不耐寒。分布于我国南部地区。可作林下地被，或植于枯树上装饰，或盆栽观赏，也是良好的切叶材料。

G5 卷柏科 Selaginellaceae

翠云草（蓝地柏、绿绒草）*Selaginella uncinata*

【识别要点】多年生匍匐蔓生草本。茎纤细横走，分枝处常生不定根，分枝向上伸展。小枝互生，羽状、叉状分枝。叶二型，排列成平面；叶下面深绿色，上面带碧蓝色。孢子囊穗四棱形，孢子叶卵状三角形。

【习性、分布、用途】喜温暖潮湿环境，喜散射光。分布于长江以南地区。宜做园林地被及装饰盆景、盆面材料。

图7-2-7 鸟巢蕨

图7-2-8 翠云草

G6 桫椤科 Cyatheaceae

桫椤（树蕨）*Alsophila spinulosa*

【识别要点】多年生乔木状植物，根茎直立，高1～4 m，其上覆盖厚密的气根。叶丛生茎顶，叶柄和叶轴粗壮，有密刺，深棕色；叶大，纸质，二至三回羽状深裂。孢子囊群生于小脉分叉点上，圆球形。

【习性、分布、用途】喜阴湿、温暖，不耐寒。分布于中国华南地区及四川、贵州。暖地可庭园种植或盆栽，适于大型建筑室内绿化装饰。

G7 海金沙科 Lygodiaceae

1. 小叶海金沙 *Lygodium scandens*

【识别要点】植株蔓攀，高达5～7 m。叶轴纤细如铜丝，二回羽状分裂；羽状裂片多数，长7～9 cm，羽片对生于叶轴的距上，羽片三角形。孢子囊穗排列于叶缘，黄褐色，光滑。

【习性、分布、用途】喜湿环境，广泛分布于热带地区。有清热去湿功效，在插花、盆景上有应用。

2. 曲轴海金沙（大叶海金沙）*Lygodium flexuosum*

【识别要点】与小叶海金沙不同在于其叶轴较粗壮，羽状裂片较大，长10～30 cm，宽10～30 cm，锯齿较深。

【习性、分布、用途】喜湿环境，广泛分布于热带地区，我国主要分布于南方各省区。有清热去湿功效，可作插花材料。

G8 三叉蕨科 Tectariaceae

沙皮蕨 *Hemigramma decurrins*

【识别要点】植株高 30～70 cm。根状茎短横走至斜升，粗 1.5～2 cm，有许多近木质的根，顶部及叶柄基部均密被鳞片。叶为奇数一回羽状或为三叉状分裂，裂片长渐尖，基部楔形，全缘或为浅波状；侧生裂片 1～3 对，对生，两面有光泽。

【习性、分布、用途】喜阴，主要生长于林下阴湿处或岩土上，分布于热带亚热带地区，我国南部各省均有分布。主要用于放牧及水土保持。

图 7-2-9 桫椤

图 7-2-10 小叶海金沙

图 7-2-11 曲轴海金沙

图 7-2-12 沙皮蕨

G9 凤尾蕨科 Pteridaceae

1. 半边旗 *Pteris semipinnata*

【识别要点】茎短直立或斜生，具鳞片。叶丛生，叶柄长 20～35 cm，红褐色；叶卵状披针形，长 20～40 cm，宽 8～18 cm，二回羽状深裂，叶仅一侧分裂，另一侧不裂，常呈旗状，顶羽片宽披针形。

【习性、分布、用途】喜温湿，主产于我国华南地区。有止血的功效；园林用作观赏。

2. 银脉凤尾蕨 *Pteris cretica* var. *nervosa*

【识别要点】株高约 50 cm，根状茎短。叶簇生，一回羽状，羽片线状披针形，能育叶的羽片 3～5 对，对生或向上渐为互生，斜向上，基部一对有短柄并为二叉，形如凤尾故名。

【习性、分布、用途】喜阴，分布于我国南部，生于林边，河边、墙壁湿润处。有清热利尿及降血压之效。

图 7-2-13 半边旗

图 7-2-14 银脉凤尾蕨

图 7-2-15 蜈蚣草

3. 蜈蚣草 *Nephrolepis cordifolia*

【识别要点】多年生草本，高 1.3～2 m。根状茎短，披线状披针形，黄棕色鳞片或褐色绒毛，状如蜈蚣而得名。叶丛生，叶柄长 10～30 cm，直立，干后棕色，叶柄、叶轴及羽轴均被线形鳞片；叶裂片矩圆形至披针形。

【习性、分布、用途】喜温暖潮润和半阴环境，分布于我国各地的墙壁、岩壁、挡土墙等处，是石灰岩碱性土的指示植物。

G10 金星蕨科 Thelypteridacea

金星蕨 *Parathelypteris glanduligera*

【识别要点】根状茎细长横走，植株遍体密生灰白色针状毛。叶片二回羽状深裂，羽片披针形，基部的不缩短，下面除短针毛外满布橙色球形腺体。孢子囊群生裂片的侧脉近顶处，球形金黄色如金星而得名。

【习性、分布、用途】喜阴湿，分布于中国长江以南、朝鲜、日本及中南半岛，生于疏林湿润处。具消炎止血的用途。

G11 里白科 Gleicheniaceae

芒萁 *Gleichenia linearis*

【识别要点】直立灌木，具地下根茎。假二叉分枝，茎小无节，最大直径只有 5 mm，茎可长至 1 m 左右；芒皮质地坚硬，天然咖啡色；芒心软韧如藤，淡黄色，经过熏蒸加工后色泽洁白。叶羽状全裂，裂片条形，具黄色孢子囊，羽片短，10 cm 左右。

【习性、分布、用途】喜温湿，广布于我国各地，生于山坡林下。有保持水土的作用，为酸性土壤的指示植物。

图 7-2-16 金星蕨

图 7-2-17 芒萁

G12 蚌壳蕨科 Dicksoniaceae

金毛狗 *Cibotium barometz*

【识别要点】多年生树状蕨类，高达 3 m。根状茎粗大，木质，平卧或斜升，连同叶柄基部密被金黄色的长茸毛，形如金毛狗而得名。叶顶端丛生，叶柄粗壮，长达 120 cm。广垫状金黄色柔毛，叶片大型，三回羽状全裂，背面具黄色孢子囊。

【习性、分布、用途】喜湿热环境。我国南方山地有分布。具观赏和重要的药用价值。

G13 乌毛蕨科 Blechnaceae

乌毛蕨 *Blechnum orientale*

【识别要点】株高 0.5～2 m。根状茎直立，粗短，木质，黑褐色先端及叶柄下部密被鳞片；鳞片狭披针形，长约 1 cm，先端纤维状，全缘，中部深棕色或褐棕色，边缘棕色，有光泽。叶裂片长披针形，幼芽及幼叶顶部常卷曲。

【习性、分布、用途】喜阴湿。生于密林下，分布于广东、广西。幼芽或供食用，俗称“蕨菜”，根毛为止血药。

图 7-2-18A 金毛狗（根）

图 7-2-18B 金毛狗（叶）

图 7-2-18C 金毛狗（孢子囊）

图 7-2-19A 乌毛蕨（植株）

图 7-2-19B 乌毛蕨（幼枝）

图 7-2-19C 乌毛蕨（芽）

【技能训练】

识别常见的蕨类植物

一、任务

调查校园及附近的蕨类植物，并编写名录。

二、人员组织

根据班级情况分组，以小组为单位查阅当地蕨类植物资料，初步形成名录。

三、工具配备

记录夹、铅笔、橡皮擦等，自带相机。

四、调查步骤

蕨类植物调查按表 7-1 进行。

表 7-1　蕨类植物调查步骤

序号	步骤	要求	备注
1	调查准备	班级分组；准备工具；查找资料；制定调查方案。	
2	外业调查	根据小组分工，按制定的方案进行外业调查。	
3	内业整理、调查汇报	利用资料对调查的蕨类植物进行整理鉴定；各个小组对自己的调查结果和过程进行汇报交流。形成调查区域的蕨类植物名录。	

五、调查结果

将调查结果填入表 7-2 和表 7-3。

表 7-2　蕨类植物调查记录表

调查地点：______ 记录人员：______ 调查小组：______ 调查日期：______

序号	植物名称	主要特征	照片（或标本）编号	备注
1				
2				
⋮				

表 7-3　蕨类植物调查汇总表

调查地点：________________ 汇总日期：________________ 调查小组：________________

序号	种　名	科　名	园林用途	备注
1				
2				
⋮				

六、注意事项

调查全面，路线合理，注意安全，不破坏植物，内业整理及时完整。

七、结果讨论

各小组对调查结果进行交流讨论。

自主学习资源推荐

森林植物精品在线开放课程：gdsty.ulearning.cn

项目 8　草本与灌木植物的识别

【项目描述】

本项目主要介绍双子叶与单子叶植物的主要特点；双子叶植物主要科与单子叶植物主要科的识别要点。介绍华南地区种常见的双子叶与单子叶草本及灌木共 500 多种的识别特点、观赏特性、生态习性及应用。

【知识目标】

掌握华南地区常见的草本双子叶与单子叶植物的形态特征、用途、习性。重点掌握十字花科、景天科、仙人掌科、秋海棠科、大戟科、蔷薇科、菊科、茜草科、夹竹桃科、唇形科、百合科、石蒜科、天南星科、禾本科、莎草科、兰科的主要识别要点。

【技能目标】

能正确识别华南地区常用的草本及灌木植物 500 多种，熟练掌握其识别特点、生态习性、应用特点等。具备认真的学习态度，有正确的学习方法和良好的身体素质。

任务 1　双子叶植物分科识别

【任务描述】

本任务主要介绍：①草本双子叶植物重点科的特征：十字花科、景天科、仙人掌科、秋海棠科、大戟科、蔷薇科、菊科、茜草科、夹竹桃科、唇形科的主要识别要点。②华南地区常见的双子叶植物草本与灌木种类的特点、分布、习性与用途。

【任务要求】

能正确识别常用的双子叶草本及灌木森林植物 350 多种，熟练掌握其识别特点、生态习性、应用特点等技能。

木本或草本。根多为直根系。茎的维管束通常成环状排列，有形成层；木本植物的茎有年轮。叶常具网状脉。花部通常 4～5 基数。子叶 2。

双子叶植物种类繁多，全世界有20多万种，森林环境中的阔叶树和许多草本植物大多属于双子叶植物纲。

G1 番荔枝科 Annonaceae

（一）科的识别要点

灌木，有时攀缘状。单叶互生，全缘，无托叶，沿茎枝成两列互生。花辐射对称，常为两性；雄蕊多数，螺旋排列；雌蕊亦多数，各为1室，胚珠多数。果实肉质，形成分离的浆果，或与花托合生成一肉质球状浆果。

（二）代表植物

1. 鹰爪 *Artabotrys hexapetalus*

【识别要点】攀缘灌木，常借钩状的总花梗攀缘于它物上。叶互生，幼时薄膜质，渐变为纸质或革质；羽状脉，有叶柄。两性花，通常单生于木质钩状的总花梗上，芳香；萼片3，小，镊合状排列，基部合生；花瓣6，2轮，镊合状排列。成熟心皮浆果状，椭圆状倒卵形或圆球状，离生，肉质，聚生于坚硬的果托上。

【习性、分布、用途】喜阳光，耐旱，耐瘠薄。根、叶可作药用。茎皮纤维坚韧，可编织绳索或麻袋。园林中栽培作观叶、观花植物，或作绿篱。

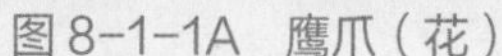

图8-1-1A 鹰爪（花）

图8-1-1B 鹰爪（果）

2. 假鹰爪 *Desmos chinensis*

【识别要点】藤状灌木，枝粗糙，有灰白色、凸起的皮孔。叶互生，薄革质，矩圆形或矩圆状椭圆形，长4～12 cm，宽2～4 cm，秃净，先端钝或短尖，基部浑圆，全缘，上面光亮，下面粉绿色。花黄白色。果实串珠状，可食。长2～5 cm，熟后红色，主要供观赏。

【习性、分布、用途】喜阳光。常生于华南地区低海拔的林缘或山坡灌丛中。耐旱，耐瘠薄。根、叶可作药用。茎皮纤维坚韧，可编织绳索或麻袋。果可供食用。

3. 瓜馥木 *Fissistigma oldhamii*

【识别要点】攀缘灌木，长约 8 m。小枝被黄褐色柔毛。叶革质，倒卵状椭圆形或长圆形，基部阔楔形或圆形，叶面无毛，叶背被短柔毛，老渐几无毛。花 1～3 朵集成密伞花序；总花梗长约 2.5 cm；萼片阔三角形，顶端急尖；外轮花瓣卵状长圆形。果圆球状。

【习性、分布、用途】喜阴湿环境，生于南方丘陵山地或山谷灌木丛中，低海拔山谷水旁灌木丛中。茎皮纤维可编麻绳、麻袋和造纸；花可提制瓜馥木花油。

图 8-1-2A 假鹰爪（花）

图 8-1-2B 假鹰爪（果）

图 8-1-2C 假鹰爪（枝叶）

图 8-1-3 瓜馥木

4. 紫玉盘 *Uvaria macrophylla*

【识别要点】直立灌木，高约 2 m，枝条蔓延性；幼枝、幼叶、叶柄、花梗、苞片、萼片、花瓣、心皮和果均被黄色星状柔毛，老渐无毛或几无毛。叶革质，长倒卵形或长椭圆形，长 10～23 cm，宽 5～11 cm，顶端急尖或钝，基部近心形或圆形；侧脉每边约 13 条，在叶面凹陷，叶背凸起。花 1～2 朵，与叶对生，暗紫红色或淡红褐色。果球形，种子圆球形。

【习性、分布、用途】喜阳光。常生于低海拔的林缘或山坡灌丛中。耐旱，耐瘠薄。根、叶可作药用，治风湿。茎皮纤维坚韧，可编织绳索或麻袋。

G2 樟科 Lauraceae

1. 无根藤 *Cassytha filiformis*

【识别要点】寄生缠绕草本，借盘状吸根附于寄主上。茎线状，绿色或绿褐色。叶退化为微小鳞片。花极小，两性，白色。果小，球形。

【习性、分布、用途】喜光热，全球热带地区均有分布。全草药用，有祛湿消肿、利水作用，可治肾炎、水肿等症。

图 8-1-4 紫玉盘

图 8-1-5 无根藤

图 8-1-6A 豺皮樟（植株）

图 8-1-6B 豺皮樟（果枝）

2. 豺皮樟 *Litsea rotundifolia*

【识别要点】常绿灌木或小乔木，高达 5 m。叶互生，革质，长 3～7 cm，宽 1.5～2.8 cm，中脉隆起，叶柄密生褐色柔毛。雌雄异株，伞形花序。果球形，直径约 6 mm。

【习性、分布、用途】喜光或稍耐阴，浅根性，常生于我国南部荒山、荒地、灌丛中或疏林内。根皮及叶可供药用。

3. 山苍子（木姜子）*Litsea pungens*

【识别要点】落叶灌木或小乔木，高达 8～10 m，幼树树皮黄绿色，光滑，老树树皮灰褐色，辛、微苦，有香气，无毒。枝、叶均具有芳香味，单叶互生，卵圆形，叶背灰白色。聚伞花序生于叶腋。果球形。

【习性、分布、用途】为我国特有的香料植物资源之一，山苍子喜光或稍耐阴，浅根性，常生于荒山、荒地、灌丛中或疏林内。果实、根皮及叶可供药用。

图 8-1-7A 山苍子（叶正面）

图 8-1-7B 山苍子（叶背面）

G3 毛茛科 Ranunculaceae

1. 芍药 *Paeonia laciflora*

【识别要点】草本，高 60～80 cm，根肉质，粗壮。茎丛生，初生茎叶红褐色。二回三出复叶，互生，小叶椭圆形至披针形，绿色。花一至数朵着生于茎上部顶端，有长花梗及叶状苞；花各色，单瓣或重瓣。蓇突果，种子多数，黑色球形。花期 4～5 月。

【习性、分布、用途】耐寒性强，适应性强，喜光和疏松肥沃土壤。原产于我国北部，现各地园林均有栽培。常布置专类花坛或配置花境，也可盆栽观赏或作切花。

2. 牡丹 *Paeonia suffruticosa*

【识别要点】落叶灌木，高达 2 m；分枝短而粗。叶通常为二回三出复叶。花单生较大，多为重瓣，3～4 月开放，色泽艳丽，有“花中之王”的美称。

【习性、分布、用途】性喜光耐阴，忌积水。主产于我国各省区，现世界各地均有栽培，供观赏，有“国色天香”之称，为我国十大名花之一。

3. 铁线莲 *Clematis florida*

【识别要点】蔓性植物，茎长达 1～2 m，具纵纹，节部膨大。二回三出复叶对生，小叶狭卵形至披针形，全缘，脉纹不明显。花白色，单生于叶腋，具长花梗；花期 5～7 月。

图 8-1-8　芍药

图 8-1-9A　牡丹（枝叶）

图 8-1-9B　牡丹（花）

图 8-1-10　铁线莲

【习性、分布、用途】耐寒性强，不耐高温。原产于中国，现世界各地均有栽培，可作篱垣绿化。

G4 睡莲科 Nymphaeaceae

1. 荷花 *Nelumbo nucifera*

【识别要点】挺水植物。地下具肥大的根状茎；节间内有气腔，节部生气生根。叶盾状圆形，边缘稍具波状，背面淡绿色；叶柄粗壮，具短刺。花单生，挺出水面之上，大型，清香，花瓣多数，各色；花期 6～8 月。

【习性、分布、用途】喜光，耐寒性强。世界各地均有栽培，我国是栽种荷花最普遍的国家。为我国的传统名花，其花叶清秀，花香四溢，为美化水面、点缀亭榭或盆栽观赏的材料，也是重要的经济植物。

2. 睡莲 *Nymphaea tetragona*

【识别要点】地下具横生的块状根茎。叶丛生并浮于水面，圆形，基部深裂呈心脏形，表面浓绿色，背面带紫红色。花大，单生于细长的花梗顶部，略挺出水面；花红色，白色，黄色；花期夏秋季。

【习性、分布、用途】喜阳光充足、水质清洁的静水环境。原产于我国，各地均有分布。是水面绿化的主要水生植物，常点缀水池、湖面，亦可作切花。

3. 王莲 *Victoria amazornica*

【识别要点】大型浮水植物，叶大，表面绿色，背面紫红色，叶缘直立高起，全叶宛如大圆盘浮于水面。花单生，大型，伸出水面；花期夏秋季。

【习性、分布、用途】性喜温暖，阳光充足和水体清洁环境。我国华南地区较多。叶奇花大，漂浮水面，十分壮观，用于美化水体，引人喜爱。

图 8-1-11　荷花

图 8-1-12A　睡莲（红花）

图 8-1-12B　睡莲（白花）

图 8-1-13　王莲

G5 小檗科 Berberidaceae

1. 十大功劳 *Mahonia fortunei*

【识别要点】常绿灌木。叶互生，奇数羽状复叶，小叶 7～15 片，厚革质，顶生小叶较大，有柄，每侧有 2～8 刺状锐齿，边缘反卷。花期 3～4 月，果期 5 月。

【习性、分布、用途】喜光、喜温暖湿润气候，不耐寒，耐修剪，耐阴；分布于我国长江流域及以南地区，如四川、湖北和浙江等；城市公园常作主景观赏植物栽植，可作绿篱用。

图 8-1-14　十大功劳

图 8-1-15　南天竹

2. 南天竹 *Nandia domestica*

【识别要点】常绿直立灌木，丛生而多分枝；幼枝常为红色。2～3 回奇数羽状复叶，互生，小叶椭圆状披针形，两面无毛，深绿色，秋冬变红。圆锥花序顶生。浆果球形，熟时红色。花期 5～6 月，果熟 12 月，经冬不落。

【习性、分布、用途】产于中国和日本，江南有分布。基干丛生，枝叶扶疏，秋冬叶色变红，更有红果累累，经冬不落。为美丽的观叶、观果树种。与罗汉松（短叶）、蜡梅配景，绿叶、黄花、红果，色态香俱全，也可制作盆景和桩景。诗云："春日花白秋果红，串串红果挂叶丛。绿里间红色更艳，严冬室内添夏景。"

G6 三白草科 Saururaceae

1. 鱼腥草 *Houttuynia cordata*

【识别要点】多年生草本，高 30～50 cm，全株有腥臭味。茎上部直立，常呈紫红色，下部匍匐，节上轮生小根。叶互生，薄纸质，有腺点，背面尤甚，卵形或阔卵形，基部心形，全缘，背面常紫红色，掌状叶脉 5～7 条，托叶膜质，下部与叶柄合生成鞘。花小，夏季开，无花被，排成与叶对生的穗状花序。蒴果球形。

【习性、分布、用途】喜温暖湿润的气候，忌干旱。分布于陕西、甘肃及长江流域以南各地，具有抗菌、抗病毒、提高机体免疫力、利尿等作用。

2. 三白草 *Saururus chinensis*

【识别要点】多年生草本，高 30～80 cm。根茎较粗，呈圆柱形，稍弯曲，有分枝，白色。茎直立，下部匍匐状。叶互生，纸质，叶柄长 1～3 cm，基部与托叶合生为鞘状，略抱茎；叶片卵形或卵状披针形，长 4～15 cm，宽 3～6 cm，先端渐尖或短尖，基部心形或耳形，全缘，两面无毛，基出脉 5。总状花序具乳白色的叶状总苞。分果近球形。

【习性、分布、用途】适生于沟边、水旁，分布于河北、河南、山东和长江流域及其以南各地。全株药用，内服治尿路感染、尿路结石、脚气水肿及营养性水肿；外敷治痈疮疖肿、皮肤湿疹等。

图 8-1-16　鱼腥草

图 8-1-17　三白草

G7 胡椒科 Piperaceae

1. 豆瓣绿（椒草）*Peperomia tithymaloides*

【识别要点】株高约 20 cm，茎圆多分枝。单叶互生，叶柄短，叶肉质肥厚，淡绿色带紫红斑纹，有光泽，形如豆瓣。穗状花序白色。常见的变种或栽培品种花叶豆瓣绿（var. *variegata*），叶面有花色的斑纹。

【习性、分布、用途】喜半阴环境和排水良好的腐殖土壤。原产美洲，现世界各地温室栽培。为优美的观叶小型盆栽植物，可用于室内装饰。花期夏秋季。

图 8-1-18　豆瓣绿

图 8-1-19　花叶豆瓣绿

2. 西瓜皮椒草（西瓜皮）*Peperomia argyreia*

【识别要点】株高 20～30 cm，无茎。叶柄红褐色，叶密集丛生，盾状着生，厚而光滑，半革质，卵圆形，尾尖，叶背红褐色，叶主脉自中心向四周辐射，叶表面浓绿色，脉间具银白色的条纹，状如西瓜皮而得名。花期夏秋季。

【习性、分布、用途】喜高温、湿润环境，耐寒力差。主要在我国南方栽培，株形秀丽，形态圆润，绿如翡翠，白若美玉，用作室内装饰，可作小型盆栽置于茶几、案头，独具风韵。

图 8-1-20 西瓜皮椒草

图 8-1-21 花叶垂椒草

3. 花叶垂椒草 *Peperomia glabra*

【识别要点】茎肉质蔓性下垂，灰白色。叶细卵形，互生，肉质。花白色。

【习性、分布、用途】喜湿，耐寒力差，株形秀丽，用作吊盆。

4. 草胡椒 *Peperomia pellucida*

【识别要点】茎直立或基部有时平卧，下部节上常生不定根；茎分枝、圆形，高 5～40 cm，淡绿色，粗 1～2 mm。叶互生，薄而易折，卵形，先端短尖或钝，基部阔，心形；长与宽 1～3 cm，淡绿色；叶柄长 8～10 mm。穗状花序顶生枝端，直立，淡绿色。果极小球形。

【习性、分布、用途】喜湿，分布于我国南部，全株药用。

图 8-1-22 草胡椒

5. 假蒟 *Piper sarmentosum*

【识别要点】常绿灌木状草本，茎节膨大，枝叶有辛辣味。单叶互生，有托叶，叶常阔卵形，表面绿色。穗状花序直立，长 2～5 cm，花杂性。浆果球形，熟时黑色。花期 5～6 月，果期 8～9 月。

【习性、分布、用途】喜温湿环境，生于林下，分布于热带地区，枝叶药用。

6. 山蒟 *Piper hancei*

【识别要点】常绿攀缘藤本，用手揉搓有辛香气。茎有关节，表面具纵沟，关节处常生有不定根。叶互生，全缘。穗状花序生于枝梢，长 2～8 cm，下垂。花单性，雌雄异株。浆果近球形，熟时红色。花期 5～6 月，果期 8～9 月。

【习性、分布、用途】喜温湿环境，生于林缘树干，分布于热带地区，藤茎有祛风湿、通经络、理气的功效。

图 8-1-23　假蒟

图 8-1-24　山蒟

G8 金粟兰科 Chloranthaceae

1. 珠兰 *Chloranthus spicatus*

【识别要点】常绿多年生草本植物，株高 60 cm，老株基部木质化，茎直立稍披散状，茎节明显，节上具分枝。叶对生，椭圆形，边缘有钝锯齿，叶面光滑，稍呈泡皱状。穗状花序顶生枝端，花小黄色，有浓郁幽香，花期 8～10 月。

【习性、分布、用途】喜温湿，分布于亚热带，枝叶碧绿柔嫩，姿态优雅，夏季家庭养植，花香浓郁，适合窗前、阳台、花架陈列。

2. 草珊瑚 *Sarcandra glabra*

【识别要点】常绿半灌木，高 50～120 cm；茎与枝均有膨大的节。叶革质，椭圆形、卵形

图 8-1-25　珠兰

图 8-1-26　草珊瑚

至卵状披针形，长 6～17 cm，宽 2～6 cm，顶端渐尖，基部尖或楔形，边缘具粗锐锯齿，齿尖有一腺体，两面均无毛；叶柄长 0.5～1.5 cm，基部合生成鞘状；托叶钻形。穗状花序顶生。核果球形红色。

【习性、分布、用途】常生于沟谷、森林阴湿处，喜阴，忌光，适合酸性土，分布于我国南部各省。全株药用，可消炎止肿、治感冒。

G9 十字花科 Cruciferae

（一）科的识别要点

单叶互生，少复叶，无托叶。花瓣四枚，十字形排列（十字花冠），四强雄蕊，侧膜胎座。角果。

（二）代表植物

1. 羽衣甘蓝 *Brassica oleracea* var. *acephala*

【识别要点】二年生草本，植株低矮。叶基生，宽大而厚，叶边缘有波状皱，有许多美丽的色彩，鲜艳，叶形多变。总状花序，十字形花冠，花小，淡黄色。

【习性、分布、用途】喜光、耐寒，要求土壤疏松、肥沃。原产于地中海至小亚细亚一带，全国各地有栽培。冬季花坛的主要材料，也可盆栽。

2. 紫罗兰 *Matthiola incana*

【识别要点】二年生或多年生草本。全株密被灰白色具柄的分枝柔毛。茎直立，多分枝，基部稍木质化。叶片长圆形至倒披针形或匙形。总状花序顶生，花白、紫、红或复色。

【习性、分布、用途】喜光，要求土壤肥沃，我国广布。作切花。

3. 焊菜（塘葛菜）*Rorippa indica*

【识别要点】一年生草本植物。根较长，表面淡黄色，有不规则皱纹及须根，质脆，断面黄白色，木质部黄色。叶互生，羽状裂，无皱。总状花序。角果。其变种为无瓣焊菜，全草淡绿色。根较细。茎圆柱形，有细枝。叶片皱缩破碎，多为卵形。

【习性、分布、用途】喜湿，主要分布于中国长江流域以南潮湿地带。嫩茎叶供食用。塘葛菜是一种药用蔬菜，其含有的菜素、菜酰胺有镇咳、祛痰、抗菌作用。

图 8-1-27 羽衣甘蓝

图 8-1-28 紫罗兰

图 8-1-29 焊菜

G10 堇菜科 Violaceae

1. 紫花地丁（野堇菜、光瓣堇菜）*Viola philippica*

【识别要点】多年生草本，无地上茎，高 4～14 cm。叶片下部呈三角状卵形或狭卵形，上部叶较长，呈长圆形、狭卵状披针形或长圆状卵形。花较大，紫堇色或淡紫色，稀呈白色，喉部色较淡并带有紫色条纹。蒴果长圆形，长 5～12 mm，种子卵球形，长 1.8 mm，淡黄色。花果期 4 月中下旬至 9 月。

【习性、分布、用途】喜光，分布广，常作地被植物，花色艳丽供观赏。

2. 三色堇 *Viola tricolor*

【识别要点】多年生草本，全株光滑，分枝较多。叶互生，二型，基生叶圆心脏形，茎生叶较狭，托叶宿存，基部呈羽状深裂。花腋生，下垂，萼片 5，花瓣 5，花色瑰丽，常为黄、白、紫三色，花期 4～6 月。

【习性、分布、用途】喜温热环境。原产于南欧，我国各地有栽培，多用于花坛、花境及镶边植物，也可盆栽观赏或用作切花。

图 8-1-30　紫花地丁

图 8-1-31　三色堇

G11 景天科 Crassulaceae

（一）科的识别要点

多数为肉质草本，单叶对生或轮生，无托叶。花两性，单生或聚伞花序。

（二）代表植物

1. 长寿花 *Kalanchoe blossfeldiana*

【识别要点】茎直立，株高 10～30 cm，全株光滑无毛。叶肉质，交互对生，长圆形，叶片上半部呈圆齿或呈波状，下半部全缘，深绿色，有光泽，边缘略带红色。圆锥状聚伞花序，直立，花各色，花期 1～4 月。

【习性、分布、用途】喜阳光充足，耐干旱。世界各地均有栽培。株型紧凑，花朵细密成团，整体观赏效果极佳，为冬季室内盆花，布置窗台、书台等。

2. 鸡爪三七（裂叶伽蓝菜）*Herba kalanchoes*

【识别要点】多年生草本。茎叶肉质，呈羽状深裂，裂片顶端尖锐，状如鸡爪而得名。花红色。

【习性、分布、用途】喜温湿、阳光充足环境，世界各地均有栽培。株型秀丽奇特，盆栽室内外布置观赏，也可布置阳台、天台等。

图 8-1-32 长寿花

图 8-1-33 鸡爪三七

3. 佛甲草 *Sedum lineare*

【识别要点】株高 20 cm。茎蔓性，肉质。叶圆棍状，对生或三叶轮生，少有互生，多汁，黄绿色。花黄色，花期春夏季。

【习性、分布、用途】喜温湿，各地均有栽培。盆栽观赏。

4. 石莲花（粉叶石莲）*Echeveria glauca*

【识别要点】茎短粗壮。叶排列呈莲座状，倒卵形，厚肉质，灰绿色，无柄，有白粉。花序顶生，花外面红色，里面黄色。

【习性、分布、用途】喜温湿，全球分布，盆栽观赏。

图 8-1-34 佛甲草

图 8-1-35 石莲花

5. 落地生根 *Bryophyllum pinnatum*

【识别要点】株高可达 80 cm。茎上常有花纹。单叶或三出复叶，肉质，匙形，落地后即可在叶缘处生根。花黄色，花期 5～8 月。

【习性、分布、用途】喜温湿，繁殖生长快，各地均有栽培，盆栽观赏。

图 8-1-36A 落地生根（枝叶） 图 8-1-36B 落地生根（花序）

6. 大叶落地生根 *Bryophyllum macrofolia*

【识别要点】多年肉质草本。单叶或三出复叶，对生，叶矩圆形，边缘有锯齿，叶肥厚多汁，叶片齿尖可生出小植株，落地即可生根发芽。

【习性、分布、用途】喜阴湿环境，生长快。分布于亚热带，我国南部有栽培，盆栽观叶。

7. 窄状落地生根（洋吊钟）*Kalanchoe tubifdia*

【识别要点】多年生肉质草本。茎棒状，有各式彩纹。叶交互对生，顶端可生幼苗，肉质扁平，有时呈圆棍状，有花纹，边缘有锯齿。花黄色，钟状。

【习性、分布、用途】喜温湿，分布于我国南部，栽培观花观叶。

图 8-1-37 大叶落地生根

图 8-1-38 窄状落地生根

图 8-1-39 趣蝶莲

8. 趣蝶莲 *Kalanchoe synsepala*

【识别要点】多年生肉质草本，株高可达 50 cm。叶莲座状，匙形，叶缘有锯齿，厚肉质。叶丛中常生走茎，上面可生幼苗，幼苗丛中可再生走茎。

【习性、分布、用途】喜温湿，繁殖生长快，各地均有栽培，用作吊盆观赏。

G12 虎耳草科 Saxifragaceae

1. 虎耳草（金线吊芙蓉）*Saxifraga stolonifera*

【识别要点】多年生草本，全株被短柔毛。无直立地上茎。单叶基生，叶广卵至肾形，叶脉处有白色斑纹，叶柄和叶背紫红色。可从叶丛基部抽出匍匐枝，先端萌生幼株。

【习性、分布、用途】喜湿热环境，分布于我国各地。可供观赏和作地被植物。全草药用，有清热解毒、祛风止痛的功效，主治中耳炎及皮肤红疹、疮疖等症。

2. 绣球花（八仙花）*Hydrangea macrophylla*

【识别要点】多年生灌木，枝有纵棱。单叶对生，叶阔卵形，有锯齿，基部心形。头状花序大，各色，绣球状。

【习性、分布、用途】喜光、温湿，分布于我国南部，观花植物。

图 8-1-40 虎耳草

图 8-1-41 绣球花

G13 石竹科 Caryophyllaceae

1. 鹅肠草 *Malachium aquaticum*

【识别要点】一、二年生草本。茎枝细弱，下部平卧，节上生出多数直立枝，枝圆柱形，肉质多汁而脆，折断中空，有柔毛。单叶对生，卵形，基部圆形。二歧聚伞花序顶生，花白色，雄蕊 3～5 枚。

【习性、分布、用途】喜湿，多生于阴湿的耕地上，或麦垄、豆畦间。中国中部和南部各省均有分布。小草叶嫩，茎细长蔓延，嫩草作菜蔬，鲜嫩甘脆，亦可药用。

2. 霞草（满天星、丝石竹）*Gypsophila elegans*

【识别要点】全株光滑，上部分枝纤细开展，具白粉。叶披针形，对生，粉绿色。花小，花瓣先端微凹缺，花梗细长；花白色或水红色，每朵 5 瓣，略有微香，有重瓣和大花品种；花期 5～6 月。

【习性、分布、用途】喜阳光充足和凉爽环境。耐干旱，耐瘠薄，喜石灰质壤土。原产于小亚细亚至高加索地区，各地园林有栽培。常作切花，也可作干花，园林中可用于花境。

图 8-1-42　鹅肠草

图 8-1-43　霞草

3. 康乃馨（香石竹）*Dianthus caryophyllus*

【识别要点】株高 30～60 cm，茎、叶光滑微具白粉，茎基部半木质化。单叶对生，线状披针形，全缘，基部抱茎，灰绿色。花单生或 2～5 簇生，花有白、粉、紫、黄及杂色等，具香气，花瓣多数，具爪，常年开花。

【习性、分布、用途】喜温暖及阳光充足的环境。原产于欧洲，现世界各地均有栽培。是世界著名的四大切花之一，也可盆栽室内观赏。

4. 石竹 *Dianthus chinensis*

【识别要点】茎硬，节处膨大。线形叶对生，基部抱茎。花单生或数朵组成聚伞花序。花大，喉部有斑纹，疏生髯毛；花瓣 5，先端有锯齿，白色至粉红色；花期 5～9 月。通常栽培的均为其变种。

【习性、分布、用途】耐寒性强，耐干旱，不耐酷暑；喜阳光充足、干燥、通风及凉爽湿润气候。除华南较热地区外，几乎中国各地均有分布。花期长，广泛用于花坛、花境及镶边植物。

本属其他常见变种：

（1）锦团石竹　茎叶被白粉，花大，色彩变化丰富。

（2）须苞石竹　花小而多，密集成头状聚伞花序，花的苞片先端须状。

（3）石竹梅　花瓣表面常具银白色边缘，多复瓣至重瓣，背面全为银白色。

图 8-1-44 康乃馨

图 8-1-45 石竹

图 8-1-46 荷莲豆草

5. 荷莲豆草（穿线蛇、水青草、青蛇子）*Drymaria diandra*

【识别要点】一年生草本，根纤细，茎匍匐，丛生，纤细，无毛，基部分枝，节常生不定根。单叶互生，叶片卵状心形，托叶数片，小型，白色，刚毛状。聚伞花序顶生，苞片针状披针形。边缘膜质；花梗细弱，短于花萼，被白色腺毛，萼片披针状卵形。蒴果卵形。种子近圆形，表面具小疣。花期 4～10 月，果期 6～12 月。

【习性、分布、用途】喜湿润环境，常生于草地、林缘，分布于我国南部。全草入药，有消炎、止痛、清热之效。

G14 马齿苋科 Portulacaceae

1. 半支莲（太阳花）*Portulaca grandiflora*

【识别要点】一年生草本，植株低矮，茎匍匐状或斜生。单叶互生，肉质叶圆棍状。花顶生，开花繁茂，花色极为丰富，有白、黄、红、紫或具斑纹等复色品种。园艺品种很多，有单瓣、半重瓣、重瓣之分，花在日中盛开。花期夏、秋。

【习性、分布、用途】喜高温，不耐寒；喜光，耐干旱瘠薄，不耐水涝。原产于南美洲，各地均有栽培。良好的花坛用花或花境、花丛、花坛的镶边材料，也可用于窗台栽植或盆栽。

2. 阔叶半枝莲 *Portulaca oleracea* L. var. *granatus*

【识别要点】本种与半枝莲相似，但其叶片较大，肥厚，倒卵形。花较大，花色多样。

【习性、分布、用途】喜高温，不耐寒；喜光，耐干旱瘠薄，不耐水涝。原产于南美洲，各地均有栽培。盆栽观赏。

图 8-1-47　半支莲

图 8-1-48　阔叶半枝莲

3. 马齿苋树 *Portulacaria afra*

【识别要点】多年生灌木。茎叶稍肉质。单叶互生，叶倒卵形，顶端稍凹陷，表面光亮。

【习性、分布、用途】喜光，全球各地栽培，盆栽观赏，可布置会场或客厅。

4. 土人参 *Talinum paniculatum*

【识别要点】多年生草本，全株无毛，高 30～100 cm。主根粗壮，圆锥形，有少数分枝，皮黑褐色，断面乳白色。茎直立，肉质，基部近木质，多分枝，圆柱形，有时具槽。叶互生或近对生，具短柄或近无柄，叶片稍肉质，倒卵形。圆锥花序呈二叉状分枝，花小，红色。果小，球形。

【习性、分布、用途】喜湿润环境，原产于美洲，我国南部有分布，根具止咳、补气、滋补等功效。

图 8-1-49　马齿苋树

图 8-1-50　土人参

【习性、分布、用途】适应肥沃疏松、富含腐殖质带酸性的腐叶土，掺拌适量的河沙和腐熟的饼肥。分布广，以南方居多，盆栽观赏，根供药用。

2. 了哥王 *Wikstroemia indica*

【识别要点】常绿灌木，高 0.5～2 m 或过之。小枝红褐色，无毛。叶对生，纸质至近革质，倒卵形、椭圆状长圆形或披针形，先端钝或急尖，基部阔楔形或窄楔形，干时棕红色，侧脉细密，极倾斜；花黄绿色，数朵组成顶生头状总状花序，宽卵形至长圆形，顶端尖或钝；着生于花萼管中部以上，子房倒卵形或椭圆形，花盘鳞片通常 2 或 4 枚。果椭圆形，成熟时红色。

【习性、分布、用途】喜光，分布于亚热带山地林中，根皮药用。

图 8-1-81　醉蝶花

图 8-1-82　紫雪茄花

图 8-1-83　金边瑞香

图 8-1-84　了哥王

3. 结香 *Edgeworthia chrysantha*

【识别要点】落叶灌木，高 0.7～1.5 m。小枝粗壮，褐色，常作三叉分枝，幼枝常被短柔毛，韧皮极坚韧，叶痕大，直径约 5 mm。叶在花前凋落，长圆形，披针形至倒披针形，先端短尖，基部楔形或渐狭。花黄色或白色，先叶开放。

【习性、分布、用途】喜湿，产于河南、陕西及长江流域以南诸省区。茎皮纤维可做高

G15 藜科 Chenopodiaceae

地肤 *Kochia scoparia*

【识别要点】一年生草本，株丛紧密，卵圆至圆球形，草绿色。主茎木质化，分枝多而纤细。叶线形，稠密。花极小，无观赏价值。秋季全株呈紫红色，主要观赏其株形和嫩绿色的枝叶。

【习性、分布、用途】喜温暖，不耐寒，耐炎热，喜光，耐干旱，耐瘠薄和盐碱。自播繁衍。原产于欧洲及亚洲中南部，各地有栽培。可用作花坛、花境材料，也可自然丛植或作短期绿篱。

图 8-1-51A 地肤（景观）

图 8-1-51B 地肤（植株）

G16 蓼科 Polygonaceae

图 8-1-52 何首乌

1. 何首乌 *Fallopia multiflora*

【识别要点】蔓性草质藤本，地下具褐色、肥大的肉质块根。茎有膜质的托叶，单叶互生，叶基心形或耳垂形，顶渐尖，两面粗糙，全缘。圆锥花序，瘦果。

【习性、分布、用途】喜阴环境，分布于长江以南，日本也有分布。肉质块根可药用，润肠通便，解毒，可用于肠燥便秘、风疹瘙痒、高血压病。

2. 珊瑚藤 *Antigonon leptopus*

【识别要点】常绿木质藤本，其根发达，肉质肥厚。茎具卷须，攀缘力强，可达 10 m 以上。单叶互生，叶基心形，花多红色，也有白色，多数密生成串，呈圆锥状，花期 3～12 月。果圆锥形。

【习性、分布、用途】喜光。原产于中美洲地区，现中国台湾、海南、广州等地有栽培。珊瑚藤夺目壮观，是园林和垂直绿化的好植物，也是有观赏价值的花卉之一，有“藤蔓植物之后”之称。

图 8-1-53A 珊瑚藤（枝叶）

图 8-1-53B 珊瑚藤（花枝）

3. 火炭母 *Polygonum chinense* Linn.

【识别要点】蔓性草本，茎常平伏，有膨大的节，具膜质的托叶鞘。单叶互生，叶基心形，叶膜质，卵圆形，极易碎。花集成头状花序。瘦果球形，黑色。

【习性、分布、用途】喜阴湿，分布于我国，主要以南方为主，地被材料。

图 8-1-54A 火炭母（枝叶）

图 8-1-54B 火炭母（花）

4. 杠板归 *Polygonum perfoliatum*

【识别要点】一年生攀缘草本。其茎略呈方柱形，有棱角，多分枝，直径可达 0.2 cm；表面紫红色或紫棕色，棱角上有倒生钩刺，节略膨大。叶互生，有长柄，盾状着生；叶片多皱缩，展平后呈近等边三角形，灰绿色至红棕色，下表面叶脉和叶柄均有倒生钩刺；托叶鞘包于茎节上或脱落。短穗状花序顶生或生于上部叶腋，苞片圆形，花小，多萎缩或脱落。

【习性、分布、用途】常生于我国各地山谷、灌木丛中或水沟，气微，茎味淡，叶味酸，煮枝叶洗头、洗身有祛风止痒作用。

5. 竹节蓼（百足草）*Homalocladium platycladium*

【识别要点】多年生灌木状草本，分枝较多，茎变态成为绿色扁平的叶状茎。老枝圆柱形，有节，暗褐色，上有纵线条；幼枝扁平，多节，绿色，形似叶片。叶退化，全缺或有数枚披针形小叶片，基部三角楔形，托叶退化为线条状。总状花序簇生在新枝条的节上，形小，淡红色或绿白色。果为红色或淡紫色的浆果。

【习性、分布、用途】喜光，我国南部分布广，在园林栽植可供观赏。

图 8-1-55 杠板归　　图 8-1-56 竹节蓼

G17 苋科 Amaranthaceae

（一）科的识别要点

单叶对生，无托叶。头状花序或穗状花序组成圆锥花序。胞果。

（二）代表植物

1. 莲子草 *Alternanthera sessilis*

【识别要点】多年生草本。圆锥根粗，直径可达 3 mm。茎上升或匍匐，绿色或稍带紫色，有条纹及纵沟，沟内有柔毛，在节处有一行横生柔毛，茎节间空心。叶片形状及大小有变化，对生。头状花序小，白色。胞果倒心形，深棕色，包在宿存花被片内。种子卵球形。

【习性、分布、用途】常生于湿水边，全球分布。全植物入药，嫩叶作为野菜食用，又可作饲料。

2. 空心莲子草 *Alternanthera philoxeroides*

【识别要点】多年生草本。茎基部匍匐，上部管状，不明显 4 棱。茎节间空心，叶片矩圆形、矩圆状倒卵形或倒卵状披针形，基部连合成杯状，头状花序，白色。

【习性、分布、用途】喜阴湿环境，生长快，1930 年传入中国，是危害性极大的入侵物种。

图 8-1-57 莲子草

图 8-1-58 空心莲子草

3. 野苋 *Amaranthus tricolor*

【识别要点】一年生草本植物，高约 50 cm。单叶互生，茎直立。一年四季开花，花序绿色，雌雄同株，穗状花序顶生或腋生。

【习性、分布、用途】生于田间草地、湿润地带，全球分布，可供食用。

4. 刺苋 *Amaranthus spinosus*

【识别要点】一年生草本。茎直立，圆柱形或钝棱形，多分枝，有纵条纹，具针刺，绿色或带紫色，无毛或稍有柔毛。叶片菱状卵形或卵状披针形，顶端圆钝，具微凸头，基部楔形，全缘，无毛或幼时沿叶脉稍有柔毛。胞果矩圆形。

【习性、分布、用途】生于田间草地、湿润地带，我国南部各地均有分布。叶供食用。

图 8-1-59 野苋

图 8-1-60 刺苋

5. 土牛膝（倒钩草、倒梗草）*Achyranthes aspera*

【识别要点】多年生草本。根细长，土黄色。茎四棱形，有柔毛，节部稍膨大，分枝对生。叶片纸质，宽卵状倒卵形或椭圆状矩圆形，顶端圆钝，具凸尖，基部楔形或圆形，全缘或波状缘，两面密生柔毛，或近无毛。总花梗具棱角，粗壮，坚硬，密生白色伏贴或开展柔毛。胞果卵形，种子卵形，不扁压，棕色。

【习性、分布、用途】喜阴湿，生于山林疏地，各地均有分布，可用于治疗风湿感冒及肾炎结石。

6. 红绿草 *Alternanthera bettzickiana*

【识别要点】匍匐多年生草本，做一年生栽培。分枝呈密丛状。叶纤细，单叶对生，常具彩斑或异色，叶柄极短。头状花序，着生于叶腋，花白色。

【习性、分布、用途】喜阳光充足，略耐阴；喜温暖湿润，畏寒；不耐干旱和水涝，极耐低修剪。原产热带和亚热带地区，各地有应用。最适用于模纹花坛，可用不同的色彩搭配成各种花纹。

图 8-1-61 土牛膝

图 8-1-62 红绿草

7. 鸡冠花 *Celosia cristata*

【识别要点】一年生草本，茎直立粗壮。叶互生，有柄，长卵形或卵状披针形，有多种颜色。肉穗状花序顶生，中下部集生小花，上部花退化，花色丰富多彩。

【习性、分布、用途】喜炎热干燥，不耐寒，喜阳光充足。原产于印度，现各地均有栽培。用作花坛、盆栽、花境、切花及干花。

8. 凤尾鸡冠 *Celosia cristata* var. *pyramidalis*

【识别要点】全株多分枝而开展，叶互生，披针形，各枝端着生疏松的火焰状大型由穗状花序组成的圆锥花序。

【习性、分布、用途】喜炎热干燥，不耐寒，喜阳光充足。原产于印度，现各地均有栽培。用作花坛、盆栽、花境、切花及干花。

9. 千日红（百日红、火球花）*Gomphrena globosa*

【识别要点】一年生草本，茎直立，上部多分枝，有灰色糙毛。对生叶纸质。头状花序球形，1～3 个着生枝顶，花小而密，膜质苞片具光泽，常紫红色，有时淡紫色或白色，干后不凋，色泽不退。花期夏、秋。

【习性、分布、用途】喜阳光，喜炎热干燥。耐旱，不耐寒。原产于热带美洲，各地均有栽培。花坛的良好材料，也适于花境应用，良好的自然干花材料。

10. 大叶红草 *Altemanthera ficoidea* cv. Ruliginosa

【识别要点】一年生草本。茎叶紫红色，节膨大。单叶对生，枝叶有绢毛。头状花序白色腋生。

【习性、分布、用途】喜温润，分布广，全球分布，用作绿篱。适合花坛和花带。

图 8-1-63　鸡冠花

图 8-1-64　凤尾鸡冠

图 8-1-65　千日红

图 8-1-66　大叶红草

11. 血苋 *Iresine herbstii*

【识别要点】茎直立，分枝少，茎及叶柄带红色。叶对生，圆形，先端凹缺或卵形，先端渐尖，全缘，叶紫红色，具血红色的叶脉，故得名“血苋”。

【习性、分布、用途】喜温湿，亚热带分布，可供花坛布置，也可盆栽观叶。

12. 青葙 *Celosia argentea*

【识别要点】一年生草本，全株无毛；茎直立，有分枝。叶矩圆状披针形至披针形。穗状花序长 3～10 cm；苞片、小苞片和花被片干膜质，光亮，淡红色。胞果卵形，盖裂；种子肾状圆形，黑色，光亮。

【习性、分布、用途】生于平原或山坡，可高达海拔 1 100 m。为旱田杂草。分布几遍全国，野生或栽培；朝鲜，日本，苏联，中南半岛，菲律宾，非洲也有分布。种子药用，清肝明目，降压；全草有清热利湿之效；嫩茎叶作蔬菜食用，也可作饲料。

图 8-1-67 血苋

图 8-1-68 青葙

图 8-1-69 粪箕笃

G18 防己科 Menispermaceae

粪箕笃 *Stephania longa*

【识别要点】多年生缠绕草本，茎柔弱，有纵行线条，无毛。叶纸质或膜质，三角状卵形，先端极钝或稍凹入而剖、凸尖，基部浑圆或截头形，上面绿色，下面淡绿或粉绿色，主脉约 10 条，由叶柄着生处向四周放射，在叶背略凸起；叶柄盾状着生。花小，雌雄异株，为假伞形花序。核果红色，干后扁平。

【习性、分布、用途】喜阴湿，生于灌丛或林缘，产于云南东南部、广西、广东、海南、福建和台湾。清热解毒，利湿通便，消疮肿。

G19 落葵科 Basellaceae

落葵 *Basella alba*

【识别要点】一年生缠绕草本植物，茎肉质，长可达数米，无毛。叶片卵形或近圆形，两面肉质光滑，顶端渐尖，基部微心形或圆形，叶柄上有凹槽。穗状花序腋生，苞片极小，早落；花被片淡红色或淡紫色，卵状长圆形，花丝短，白色，花药淡黄色。果实球形，熟时黑色。5～9 月开花，7～10 月结果。

【习性、分布、用途】喜温湿环境，原产于亚洲热带地区。中国南北各地多有种植，南方有逸为野生。叶含有多种维生素和钙、铁，栽培作蔬菜，也可观赏。

图 8-1-70　落葵

G20 紫茉莉科 Nyctaginaceae

1. 紫茉莉（地雷花）*Mirabilis jalapa*

【识别要点】多年生作一年生栽培，植株开展多分枝。卵形或卵状三角形叶对生。花数朵集生枝端，花萼红色，高脚碟状，先端 5 裂，细长花丝常伸出花外，有白、黄、红或杂色，芳香。果实圆形，黑色，形似地雷。

【习性、分布、用途】喜温和湿润，不耐寒，耐炎热，可自播繁衍。原产于美洲热带，长江流域及以北地区栽培。适于大片自然栽植或房前屋后、路边丛植。

2. 簕杜鹃（叶子花、三角梅）*Bougainvillea spectabilis* Willd.

【识别要点】常绿藤状灌木。有枝刺。叶互生。花红色，叶状总苞红色，三角状排列，内有三朵小花排成伞形花序。

【习性、分布、用途】喜光，我国华南及西南有分布，著名的观花植物。可作绿篱植物形成各式景观，或阳台栽植。

图 8-1-71　紫茉莉

图 8-1-72　簕杜鹃

G21 亚麻科 Linaceae

石海椒 *Reinwardtia indica*

【识别要点】常绿小灌木，高可达 1 m，树皮灰色。叶纸质，全缘或有圆齿状锯齿，表面深绿色，背面浅绿色，托叶小，花序顶生或腋生；花直径可达 3 cm；萼片分离，披针形，花瓣黄色，花丝基部合生成环。蒴果球形，种子具膜质翅。

【习性、分布、用途】常生于石灰岩土壤，我国南方各地有分布。宜用于岩石园及人造各类立壁缝隙中，是立体绿化的好材料。茎、叶可入药，可消炎解毒、清热利尿。

G22 旱金莲科 Tropaeolaceae

旱金莲（金莲花）*Tropaeolum majus*

【识别要点】多年生的半蔓生或倾卧植物，茎细长，半蔓性，长达 1～5 m。叶互生，近圆形，具长柄，盾状着生。花腋生，花梗长，单生或 2～3 朵成聚伞花序，萼片 8～19 枚，黄色，椭圆状倒卵形或倒卵形，有距，具爪，花瓣 5 枚，与萼片等长，狭条形。瘦果扁球形。

【习性、分布、用途】喜温和气候，不耐寒，较喜光，主要分布于亚热带，我国南部有栽培。色彩丰富，可用于布置花境，也可盆栽。

图 8-1-73 石海椒

图 8-1-74 旱金莲

G23 酢浆草科 Oxalidaceae

1. 红花酢浆草 *Oxalis rubra*

【识别要点】多年生草本植物。无地上茎，地下部分有球状鳞茎，外层具褐色膜质，白色透明。基生叶，叶柄长，三出复叶，小叶倒心形，扁圆状倒心形，三角状排列，托叶长圆形，顶部狭尖，与叶柄基部合生。二歧聚伞花序，花瓣淡紫色至紫红色，花自叶丛中抽生。

【习性、分布、用途】喜温湿环境，不耐寒，分布于亚热带及我国南部。可用于布置树坛或作树丛下地被植物。

2. 黄花酢浆草 *Oxalis corniculata*

【识别要点】多年生草本植物，全体有疏柔毛。茎多分枝，常匍匐生长。叶柄较长，有毛，三出掌状复叶，小叶互生，倒心形，无柄，顶二裂。花黄色。

【习性、分布、用途】喜向阳、温暖、湿润的环境，夏季炎热地区宜遮半阴，抗旱能力较强，不耐寒，一般园土均可生长，但以腐殖质丰富的沙质壤土生长旺盛，夏季有短期的休眠。分布于热带，可作草坪及地被植物。

图 8-1-75 红花酢浆草

图 8-1-76 黄花酢浆草

3. 紫叶酢浆草*Oxalis triangularis* subsp. *papilionacea*

【识别要点】多年生草本。具地下球茎，枝有毛。叶着生于球茎上，紫红色，掌状三出复叶，具长叶柄，小叶呈三角形。花朵粉色或白色，伞形花序，2～14 朵聚生于花梗顶端，花期 5～11 月。

【习性、分布、用途】喜光，分布于热带，地被植物，观叶植物。

图 8-1-77 紫叶酢浆草

G24 凤仙花科 Balsaminaceae

1. 凤仙花（指甲花）*Impatiens balsamina*

【识别要点】一年生草本，茎肥厚多汁，下部节常膨大。叶互生，披针形。花单生或 2～3 朵簇生于叶腋，单瓣或重瓣；萼片 3，1 片具后伸之距，花瓣状；花瓣 5，左右对称。蒴果宽纺锤形，种子多数，成熟时外壳自行爆裂，将种子弹出。花期 7～10 月。栽培品种多，花色多样。

【习性、分布、用途】喜阳光，怕湿，耐热不耐寒。原产于中国、印度。现各地庭园广泛栽培。根据品种形态不同可作花坛、花境、花篱和盆花等。

2. 非洲凤仙（新几内亚凤仙）*Impatiens walleriana*

【识别要点】一年生草本，茎肉质，叶互生，披针形，叶面着生各种鲜体色彩。叶基楔形，沿叶柄具数个具柄腺体，叶缘具圆齿状小齿，齿端具小尖，侧脉 5～8 对，两面无毛。花腋生，有矩，色彩丰富。

【习性、分布、用途】喜湿耐阴，原产于非洲，现我国南方有栽培，盆栽观叶布置室内。

3. 何氏凤仙 *Impatiens glabra*

【识别要点】一年生草本。茎蔓性，略透明稍肉质，稍多汁。单叶互生，翠绿色；卵形，叶缘有锯齿，齿间有刚毛。花大，花萼有距，花瓣平展；花色丰富，有白、粉红、洋红等色。

【习性、分布、用途】喜光，怕湿，喜排水良好的腐殖土，原产于非洲热带，现广泛栽培于世界各地。可作花坛、花境材料。

图 8-1-78 凤仙花

图 8-1-79 非洲凤仙

图 8-1-80 何氏凤仙

G25 白花菜科 Cleomaceae

醉蝶花（西洋白花菜）*Cleome spinosa*

【识别要点】一年生草本，高 1～1.5 m，全株被黏质腺毛，有特殊臭味，有托叶刺。叶为具 5～7 小叶的掌状复叶。总状花序形成花球，长雄蕊伸出花冠之外，花瓣粉红色，少见白色。花期夏季。

【习性、分布、用途】喜高温，较耐暑热，忌寒冷。喜阳光充足地，亦耐半阴。忌积水。原产于热带美洲，各地园林均有栽培。可布置花坛、花境。

G26 千屈菜科 Lythraceae

紫雪茄花 *Cuphea articulata*

【识别要点】常绿灌木，株高约 60 cm，分枝多，枝叶繁茂，枝纤细。单叶细小对生，长卵形或椭圆形，叶端有尖凸。花小，顶生或腋出，紫红色，全年开花，但以春季较盛开。

【习性、分布、用途】阳性植物，全日照、半日照均理想，以沙质壤土为佳，排水需良好，滞水不退极易腐根而萎凋。我国华南地区用于花台、花坛、地被或盆栽。

G27 瑞香科 Thymelaeaceae

1. 金边瑞香 *Daphne odora* 'Aureomarginata'

【识别要点】常绿直立灌木。枝粗壮，通常假二叉分枝，小枝近圆柱形，紫红色或紫褐色，无毛。叶互生，纸质，长圆形或先端钝尖，基部楔形，边缘全缘，上面绿色，下面淡绿色，两面无毛，叶脉在两面均明显隆起；叶柄粗壮，散生极少的微柔毛或无毛。花外面淡紫红色，内面肉红色，无毛，数朵至 12 朵组成顶生头状花序。

级纸及人造棉原料，全株入药能舒筋活络，消炎止痛，可治跌打损伤、风湿痛；也可作兽药，治牛跌打。亦可栽培供观赏。

图 8-1-85A 结香（花序）

图 8-1-85B 结香（花枝）

G28 番木瓜科 Caricaceae

番木瓜（木瓜、乳瓜、万寿果）*Carica papaya*

【识别要点】常绿软木质大型多年生草本或小乔木，高达 8～10 m，具乳汁。茎不分枝，具螺旋状排列的叶痕。叶大，聚生于茎顶端，近盾形，直径可达 60 cm，通常 5～9 深裂，每裂片再为羽状分裂；叶柄中空，长达 60～100 cm。浆果肉质，长于树上，外形像瓜而得名木瓜，果成熟时橙黄色或黄色，长圆球形，果肉柔软多汁，味香甜；种子多数，卵球形，成熟时黑色，外种皮肉质，内种皮木质，具皱纹。

【习性、分布、用途】喜高温多湿气候，全球热带亚热带分布，我国华南地区栽培观赏和食用。

图 8-1-86A 番木瓜（植株）

图 8-1-86B 番木瓜（果实）

G29 海桐花科 Pittosporaceae

1. 海桐 *Pittosporum tobira*

【识别要点】常绿灌木或小乔木，高达 6 m，嫩枝被褐色柔毛，有皮孔。叶聚生于枝顶，二年生，革质；伞形花序或伞房状伞形花序顶生或近顶生。花白色，有芳香，后变黄色；蒴果圆球形，有棱或呈三角形，直径 12 mm；花期 3～5 月，果熟期 9～10 月。

【习性、分布、用途】产于中国江苏南部、浙江、福建、台湾、广东等地；朝鲜、日本亦有分布。长江流域、淮河流域广泛分布。

2. 花叶海桐 *Pittosporum tobira* cv. Gold

【识别要点】常绿灌木，高达 3 m。单叶互生，有时在枝顶呈轮生状，狭倒卵形，全缘，顶端钝圆或内凹，基部楔形，边缘常外卷，有柄，叶边缘具灰白色斑圈。聚伞花序顶生，花白色或带黄绿色，芳香。蒴果近球形。花期 3～5 月，果熟期 9～10 月。

【习性、分布、用途】喜温暖湿润的海洋性气候，喜光，亦较耐阴。对土壤要求不高，黏土、沙土、偏碱性土及中性土均能适应。我国南方栽培，是理想的造景、绿化树种，尤其是适合种植于河道护堤和海滨地区。

图 8-1-87　海桐

图 8-1-88　花叶海桐

G30 西番莲科 Passifloraceae

鸡蛋果 *Passiflora coerulea*

【识别要点】茎常呈攀缘状，有纵棱，绿色，老茎圆柱形，灰色。单叶互生，掌状 5～7 深裂，裂片披针形，叶柄具二腺体，卷须与叶对生。花单生叶腋，有柄，花被 10 枚，副冠由多数丝状体组成，雄蕊 5 枚，花丝合生成筒状。果形如鸡蛋，故名“鸡蛋果”。

【习性、分布、用途】喜温暖，又耐寒，要求阳光充足，喜肥沃排水良好的土壤，耐积水。原产于巴西，我国各地园林均有栽培。是垂直绿化的材料，可绿化棚架，也可盆栽观赏。

图 8-1-89A 鸡蛋果（花）

图 8-1-89B 鸡蛋果（果）

G31 葫芦科 Cucurbitaceae

罗汉果 *Siraitia grosvenorii*

【识别要点】多年生藤本植物。茎粗壮，有卷须及黄色细毛，卷须分叉几达中部。单叶互生，叶心形，叶缘有细锯齿，叶基耳状心形。雌雄异株，瓠果球形有纵纹。夏季开花，秋天结果。

【习性、分布、用途】生于低海拔的密林中或河边湿润地的灌丛中，我国广东、广西、湖南有分布。中医以其果实入药，含有罗汉果甜苷、多种氨基酸和维生素等药用成分，主治肺热痰火咳嗽、咽喉炎、扁桃体炎、急性胃炎、便秘等。

图 8-1-90A 罗汉果（枝叶）

图 8-1-90B 罗汉果（果实）

G32 罂粟科 Papaveraceae

荷包牡丹 *Dicentra spectabilis*

【识别要点】具肉质地下茎，株高 30～60 cm，茎带红紫色，丛生。叶为三出复叶，小叶掌状三深裂，具长柄。总状花序，花序卷伞状，着生于一侧并下垂，花瓣形如荷花。花期 4～5 月。

【习性、分布、用途】性耐寒喜湿润。原产于中国，现各地园林多栽培。早春开花，可丛植或作花境、花坛布置，还可作切花。

G33 牻牛儿苗科 Geraniaceae

天竺葵 *Pelargonium hortorum*

【识别要点】茎肉质，全株被细腺毛，有鱼腥气味。单叶互生，圆至肾形，缘内有蹄纹。伞形花序顶生，高出叶丛，花蕾期下垂，花色红、粉、白等色，具单瓣和重瓣。5～6 月开花。

【习性、分布、用途】喜温暖而凉爽的气候，怕高温耐寒，要求阳光充足，但在炎热的夏季则处于半休眠状态。原产于南非，世界各地温室均有栽培。为重要盆栽植物，可观花或观叶，亦可作春夏季花坛材料，为重大节日布置花坛常用植物。

图 8-1-91 荷包牡丹

图 8-1-92 天竺葵

G34 锡叶藤科（第伦桃科）Dilleniaceae

锡叶藤 *Tetracera asiatica*

【识别要点】常绿木质藤本，长达 20 m 或更长。多分枝，枝条粗糙，幼嫩时被毛，老枝秃净。单叶互生，椭圆形，两面粗糙，叶脉明显。果成熟时黄红色，干后果皮薄革质，稍发亮，有残存花柱；种子 1 个，黑色，基部有黄色流苏状的假种皮。花期 4～5 月。

【习性、分布、用途】喜光和湿润气候，分布于亚热带山地森林中，全株药用，祛湿清热。

图 8-1-93 锡叶藤

G35 秋海棠科 Begoniaceae

（一）科的识别要点

多肉质草本，叶基偏斜，有托叶，叶互生。花单性，雌雄同株，花序腋生。蒴果三棱形。

（二）代表植物

1. 四季秋海棠 *Begonia semperflorens*

【识别要点】株高 30～60 cm，茎直立，多分枝，半透明略带肉质。单叶互生，卵圆形至广椭圆形，缘具锯齿，叶基部偏斜，绿色或淡紫色，叶面有光泽。花单性，雌雄同株。蒴果三棱形，种子多而细小。四季开花。

【习性、分布、用途】喜温暖、湿润环境。原产于巴西，世界各地温室均有栽培。夏季多休眠，是夏季花坛的重要材料，又可作盆栽观赏。

2. 竹节秋海棠 *Begonia maculata*

【识别要点】茎节较长，节膨大具明显的环状叶痕，似竹秆。叶基明显偏斜，叶面有白色的斑点。

【习性、分布、用途】喜温暖、湿润环境，我国栽培作观叶植物。

图 8-1-94 四季秋海棠

图 8-1-95 竹节秋海棠

3. 虎斑秋海棠 *Begonia masoniana*

【识别要点】全株有毛，叶柄长，盾状着生，叶表面有彩色的虎皮状斑纹，叶背紫红色。

【习性、分布、用途】喜温暖、湿润环境，我国栽培作观叶植物。

4. 球根秋海棠 *Begonia tuberhybrida*

【识别要点】多年生草本。块茎呈不规则的扁球形，株高 20～50 cm，茎直立，有分枝，肉质，有毛。单叶互生，多偏斜，心脏状卵形，头锐尖，缘具齿。总花梗腋生；花单性，花色丰富，大而艳丽，状如玫瑰而得名，有红色，黄色；花期夏秋。

【习性、分布、用途】喜温暖湿润环境。我国南方各地有栽培。是世界著名的盆栽花卉，用以装饰会议室、案头。

图 8-1-96 虎斑秋海棠

图 8-1-97 球根秋海棠

G36 仙人掌科 Cactaceae

（一）科的识别要点

叶退化为刺，茎肉质，常变态成叶状、球状、扁平或柱状。花两性，花部多数，子房上位。浆果。

（二）代表植物

1. 仙人掌 *Opuntia dillenii*

【识别要点】茎直立扁平，多分枝，其上密生刺窝，刺窝处着生数条针。叶退化为针状，早落。花着生于茎节上部，黄色。花期 4～8 月。

【习性、分布、用途】喜温暖和阳光充足的环境，不耐寒，喜干燥，忌水涝，要求排水良好的沙砾土，越冬温度要求 5～8℃，原产于美洲，现世界各地广泛栽培。姿态独特，常作盆栽观赏。其肉质扁平的叶状茎可供食用，内有丰富的维生素，其有刺的种类在南方用作绿篱。

2. 有刺仙人掌 *Opuntia monacantha*

【识别要点】叶状茎有长刺。余同仙人掌。

【习性、分布、用途】同仙人掌。

3. 白毛掌 *Opuntia leucotricha*

【识别要点】茎直立，圆柱状，上有扁平的叶状茎，密被白色刺座，上有钩状长毛。

【习性、分布、用途】同仙人掌。

图 8-1-98 仙人掌

图 8-1-99 有刺仙人掌

图 8-1-100 白毛掌

4. 仙人球 *Echinopsis tubiflora*

【识别要点】植株呈球形，老株柱状，顶部凹入，棱 10～20 条，排列规则而呈波状，上有针刺。花喇叭形，晚上开放，白色具芳香。花期夏季。

【习性、分布、用途】性强健，喜阳光充足，不耐水湿和寒冷。世界各地广泛栽培。常用于盆栽观赏、室内外布置。

5. 量天尺 *Hylocereus undatus*

【识别要点】茎三棱柱形，多浆，分枝多，边缘波浪状，具气生根。花大型白色。果红色，肉质，内有黑色种子多数。花期夏季，晚间开放。

【习性、分布、用途】喜温暖湿润气候，长势强，生长快，我国华南地区村舍有种植。可作垂直绿化栅架或作篱笆植物。花可供食用，俗称“剑花”。果供食用，称“火龙果”。

6. 山影拳（仙人山）*Piptanthocercus peruvianus* var. *monstrous*

【识别要点】茎暗绿色，多分枝，具褐色刺；茎生长发育不规则，整个植株呈熔岩堆积状态，清奇古雅。花白色，花期夏季。

【习性、分布、用途】性强健，生长迅速，喜光，原产于阿根廷北部及巴西南部，现世界各地广泛栽培。可盆栽观赏其独特姿态，温暖地区可露地种植。

图 8-1-101 仙人球

图 8-1-102 量天尺

图 8-1-103 山影拳

7. 金琥 *Echinocactus grusonii*

【识别要点】茎球形，深绿色，具 20～37 条厚而深的棱。刺窝大，被金黄色的硬刺，呈放射状，顶端新刺座上密生黄色绵毛。花自茎顶部中央抽生，钟形，黄色。花期 5～10 月。

【习性、分布、用途】适应性强，喜阳光充足、温暖的环境。不耐寒，不耐湿，原产于墨西哥中部沙漠地区，现世界各地广泛栽培，性强健，主要用于盆栽观赏。

8. 蟹爪兰 *Zygocatus truncactus*

【识别要点】茎节多数，扁平而短小，长圆形，先端平截，边缘具粗锯齿，形似蟹爪。花生于下垂的茎节先端，淡紫红色。花期 12 月至翌年 3 月。

【习性、分布、用途】喜温湿，不耐寒。世界各地有栽培。花美，茎形奇特，适于室内盆栽做成吊盆装饰。

9. 仙人指 *Schlumbergera russellianus*

【识别要点】形态似蟹爪兰，茎节边缘呈浅波状，锯齿不明显，只有刺点。花期 2～4 月。

【习性、分布、用途】喜温暖和阳光充足的环境，不耐寒，各地广泛栽培。姿态独特，常作盆栽观赏，布置客厅、会议室。

图 8-1-104　金琥

图 8-1-105　蟹爪兰

图 8-1-106　仙人指

10. 花座球 *Melocactus* sp.

【识别要点】茎肉质，球形，具刺，肉质球形的茎顶端有暗红色的扁平的花座，花红色。

【习性、分布、用途】喜温暖和阳光充足的环境，不耐寒，各地广泛栽培。姿态独特，常作盆栽观赏，布置客厅、会议室。

常见的仙人掌科植物还有：

（1）巨鹫玉 *Ferocactus peninsulae*　肉质球形茎上具有长钩刺。

（2）黄毛掌 *Opuntia microdasys*　扁平的叶状茎上被较黄色长毛。

（3）绯牡丹 *Gymnocalycium mihanovichii* var. *friedrichii*　三棱形的茎上嫁接有各色的肉质彩球。

（4）仙人鞭 *Rattail cactus*　茎粗，具纵棱 10～12 条，密生刺毛，呈长鞭形下垂，多分枝。

图 8-1-107 花座球

图 8-1-108 巨鹫玉

图 8-1-109 黄毛掌

图 8-1-110 绯牡丹

图 8-1-111 仙人鞭

G37 山茶科 Theaceae

（一）科的识别要点

木本，乔木或灌木。单叶互生，无托叶，常有锯齿，叶脉羽状，侧脉末端相连呈峰峦状。花两性，单生，花萼 5，花瓣 5，分离，雄蕊多数，花丝连合成束，与花瓣对生，子房上位，心皮五，合生。花柱线形。蒴果瓣裂。

（二）代表植物

1. 米碎花 *Eurya chinensis*

【识别要点】灌木，高 1～3 m。嫩枝具 2 棱，黄绿色或黄褐色，小枝稍具 2 棱，灰褐色或浅褐色。叶薄革质，倒卵形或倒卵状椭圆形。花 1～4 朵簇生于叶腋，萼片 5，卵圆形或卵形；花瓣 5，白色，倒卵形。果实圆球形，有时为卵圆形，成熟时紫黑色；种子肾形，稍扁，黑褐色。

【习性、分布、用途】广泛分布于中国南部等地区。多生于海拔 800 m 以下的低山丘陵、山坡、路边或溪河沟谷灌丛中。该种根及全株可入药。

2. 黄瑞木（杨桐）*Adinandra millettii*

【识别要点】落叶灌木，老枝黄褐色。单叶互生，全缘，椭圆形。聚伞花序顶生，花乳白色，花期 5～6 月。果实乳白色或蓝白色，成熟期 8～10 月。

【习性、分布、用途】主要分布于亚洲的亚热带和热带。性极耐寒、耐旱、耐修剪，喜光，喜较深厚湿润但肥沃疏松的土壤。全株药用，果可食。

图 8-1-112　米碎花

图 8-1-113　黄瑞木

3. 毛柃 *Eurya ciliata*

【识别要点】灌木或小乔木。枝圆筒形，新枝黄褐色，密被黄褐色披散柔毛，小枝灰褐色或暗褐色，无毛或几无毛；顶芽长锥形，被披散柔毛。叶坚纸质，披针形或长圆状披针形，基部两侧稍偏斜，略呈斜心形，边全缘，偶有细锯齿，干后稍反卷，上面亮绿色，有光泽，无毛，下面淡绿色，被贴伏柔毛，中脉上更密，中脉在上面凹陷，下面凸起，侧脉 10～14 对，在离叶缘处连接。花 1～3 朵簇生。果圆球形。

【习性、分布、用途】喜温湿，产于华南各省的密林中，可作园林应用。

图 8-1-114　毛柃

G38 桃金娘科 Myrtaceae

1. 桃金娘 *Rhodomyrtus tomentosa*

【识别要点】常绿灌木或小乔木，高 1～5 m。嫩枝有灰白色柔毛。叶对生，革质，叶片椭圆形或倒卵形，先端圆或钝，常微凹入，有时稍尖，基部阔楔形，上面初时有毛，以后变无毛，发亮，下面有灰色茸毛，离基三出脉，直达先端且相结合。浆果卵状壶形，熟时紫黑色；种子每室 2 列。花期 4～5 月。

【习性、分布、用途】喜光，阳性植物，分布于热带、亚热带山林，果实可供食用，花供观赏。

2. 岗松 *Baeckea frutescens*

【识别要点】小乔木或灌木状，多分枝，高达 1.5 m，全株无毛。叶对生，无柄或有短柄，直立或斜展，线形，长 0.5～1 cm，宽约 1 mm，先端尖，中脉在上面凹陷，在下面凸起，有透明腺点。花小，黄白色。

【习性、分布、用途】喜光植物，分布于热带、亚热带山林，园林中常用作插花。

图 8-1-115 桃金娘

图 8-1-116 岗松

3. 红车 *Eugenia oliena*

【识别要点】常绿灌木或小乔木，枝条红褐色。单叶对生，幼叶红色，单叶卵形。高可达 6 m，南方独具特色的稀罕红叶植物之一。树型紧凑，枝叶稠密，易修剪成型。

【习性、分布、用途】喜光，耐高温，不耐湿，要求疏松、排水良好的土壤。我国南部省区栽培，在园林中应用广泛，观叶植物。

4. 松红梅 *Leptospermum scoparium*

【识别要点】株高约 2 m，分枝繁茂，枝条红褐色，较为纤细，新梢通常具有绒毛。叶互生，叶片线状或线状披针形。花有单瓣、重瓣之分，花色有红、粉红、桃红、白等多种颜色，花朵直径 0.5～2.5 cm；自然花期晚秋至春末。蒴果革质，成熟时先端裂开。

【习性、分布、用途】耐寒性不太强，冬季须保持 -1 ℃以上的温度，原产于新西兰，现我国南部栽培用于庭院绿化。

G39 野牡丹科 Melastomaceae

1. 地稔 *Melastoma dodecandrum*

【识别要点】小灌木，长 10～30 cm。茎匍匐上升，逐节生根，分枝多，披散，幼时被糙伏毛，以后无毛。叶片坚纸质，卵形或椭圆形，顶端急尖，基部广楔形，全缘或具密浅细锯齿，果坛状球形，平截，近顶端略缢缩，肉质，不开裂，宿存萼被疏糙伏毛。花期 5～7 月，果期 7～9 月。

图 8-1-117　红车

图 8-1-118　松红梅

【习性、分布、用途】喜阴，常生于南方森林地被中，我国各地均有分布，果可食。

2. 角茎野牡丹 *Tibouchina granulosa*

【识别要点】常绿小乔木，枝四棱形，具棱角。单叶对生，叶阔卵形，三出脉。花大紫色，花瓣 6 枚，雄蕊较长，花色泽艳丽。

【习性、分布、用途】喜温湿气候，多生长于我国南部山区，现园林用于栽培观花。

图 8-1-119　地稔

图 8-1-120　角茎野牡丹

3. 多花野牡丹 *Melastoma affine*

【识别要点】灌木，高约 1 m。茎钝四棱形，分枝多，密被紧贴的鳞片状糙伏毛，毛扁平，边缘流苏状。叶片坚纸质，披针形、卵状披针形或近椭圆形，顶端渐尖，基部圆形或近楔形，全缘，5 基出脉，叶面密被糙伏毛，基出脉下凹，背面被糙伏毛及密短柔毛，基出脉隆起，侧脉微隆起，脉上糙伏毛较密。蒴果坛状球形，顶端平截。

【习性、分布、用途】生于荒野、山坡、路旁。分布于云南、广东、广西等地，可治外伤出血及刀伤、疮疖肿痛等。

4. 毛稔 *Melastoma sanguineum*

【识别要点】与多花野牡丹相似，但其茎圆柱形，茎和枝均被散生、广展的长粗毛，毛的边缘不呈流苏状，较小，卵状披针形至披针形有别，宿存萼具红色黏毛。

【习性、分布、用途】同多花野牡丹。

图 8-1-121 多花野牡丹

图 8-1-122 毛稔

5. 银毛野牡丹 *Tibouchina aspera* var. *asperrima*

【识别要点】常绿灌木。茎四棱形，分枝多。叶阔宽卵形，粗糙，两面密被银白色茸毛，叶下较叶面密集。聚伞式圆锥花序直立，顶生，花瓣倒三角状卵形，拥有较罕见的艳紫色，花期 5～7 月。

【习性、分布、用途】喜光，适应性和抗逆性强，耐修剪，扦插繁殖。原产于巴西，现我国引种栽培，花枝长，花多而密，花色独特艳丽，叶质感较好，引人注目，是优良的园林观赏植物。

6. 巴西野牡丹 *Tibouchina seecandra*

【识别要点】常绿小灌木，株高 0.5～1.5 m。枝条红褐色。叶对生，椭圆形至披针形，两面具细茸毛。花顶生，大型、花瓣 5，深紫蓝色；花萼 5 片，红色，被茸毛。蒴果坛状球形，一年可多次开花。

【习性、分布、用途】喜光，原产于巴西低海拔山区及平地，中国广东、海南等地有引种栽培。主要用于园林绿化观赏，观花，观叶。

图 8-1-123 银毛野牡丹

图 8-1-124 巴西野牡丹

G40 锦葵科 Malvaceae

（一）科的识别要点

多年生草本或木本。单叶互生，有托叶。花两性，常单生，花萼 5 枚，宿存，花瓣 5 枚，单体雄蕊，子房上位。蒴果瓣裂。

（二）代表植物

1. 悬铃花 *Malvaviscus arboreus*

【识别要点】常绿灌木。叶有长柄，互生，长椭圆形状，先端渐尖，具粗钝锯齿，叶脉掌状。花朵不完全展开，花瓣鲜红色，螺旋卷曲，呈吊钟状，雌雄蕊细长凸出，花冠不开放含苞状，红色；花朵向下悬垂；有 5～9 条副萼，绿色。全年开花，尤以 3～8 月为盛。

【习性、分布、用途】喜温暖、湿润环境，不耐寒，原产于中国，现世界各地广泛栽培。

2. 大红花（朱槿、扶桑）*Hibiscus rosa-sinensis*

【识别要点】常绿灌木，高 1～3 m。小枝圆柱形，疏被星状柔毛。叶阔卵形或狭卵形，两面除背面沿脉上有少许疏毛外均无毛。花单生于上部叶腋间，常下垂，粉红色、红色、或黄色；花冠分离；有单瓣和重瓣变种，单瓣雄蕊超出花冠外，叫作扶桑，重瓣称为朱槿；花黄色称黄花大红花。蒴果。

【习性、分布、用途】性喜温暖、湿润的气候。扶桑根、叶、花都可入药，有清热利尿、消肿解毒之效。扶桑是马来西亚和巴拿马的国花，又是夏威夷的州花，但是扶桑的原产地却在中国，而且栽培历史悠久。

图 8-1-125　悬铃花

图 8-1-126　大红花

3. 七彩大红花 *Hibiscus rosa-sinensis* cv. Cooper

【识别要点】常绿灌木或小乔木。叶互生，椭圆形，边缘有锯齿，叶面有各色彩纹，供观赏。花腋生，形大，花瓣卵形，有红、粉红、黄、白等色，基部深红，5～11 月开花。

【习性、分布、用途】喜阳光，生性强健，耐旱、耐贫瘠。我国各地栽培观叶。

4. 美丽苘麻（吊灯花）*Abutilon hybridum*

【识别要点】常绿小灌木，当年枝近草质。叶互生，叶柄较长，掌状 3～5 深裂，裂片有锯齿。花单生，橙黄色，下垂，半开时形如风铃，绽放时则与扶桑花形似。

图 8-1-127 黄花大红花

图 8-1-128 七彩大红花

【习性、分布、用途】性状喜温暖，不耐寒；喜阳光，怕强光直射。如长期放于蔽荫处，影响开花。生长适宜温度为20～25℃。适应性较强，可以盆栽。

5. 白背黄花稔 *Sida rhombifolia*

【识别要点】直立多枝半灌木，高达1 m，全株有星状毡毛或柔毛。叶菱形或矩圆状披针形，基部楔形，边缘有锯齿；托叶刺毛状。花腋生，无小苞片；萼杯状，5裂，裂片三角形；花黄色，花瓣倒卵形。蒴果盘状。

【习性、分布、用途】喜湿热，耐旱。分布于云南、贵州、四川、湖南、广东、广西、台湾、福建；中南半岛和印度也有。是常见于旷野灌丛间的一种杂草。

图 8-1-129 美丽苘麻

图 8-1-130 白背黄花稔

6. 赛葵 *Malvastrum coromandelianum*

【识别要点】茎直立，高达1 m，枝条被毛。叶卵形披针形或卵形，先端钝圆，基部宽楔形至圆形，边缘具粗锯齿，疏被长毛和星状毛，托叶披针形，叶柄密被长毛。花单生于叶腋，小苞片3，线形，花萼浅杯状，5裂，花黄白色。

【习性、分布、用途】喜热，全球热带分布。为一种热带常见杂草。

7. 狗足迹（肖梵天花）*Urena lobata*

【识别要点】直立亚灌木状草本，高达 1 m，小枝被星状茸毛。茎下部的叶近圆形，长 4～5 cm，宽 5～6 cm，先端浅 3 裂，基部圆形或近心形，边缘具锯齿；托叶线形，长约 2 mm，早落。花腋生，单生或稍丛生，淡红色。果扁球形有刺。

【习性、分布、用途】喜温湿，生于山地草坡、沟边或疏林中。分布于中国和印度。根供药用，治跌打损伤。

图 8-1-131 赛葵

图 8-1-132 狗足迹

8. 野棉花 *Urena vitifolia*

【识别要点】亚灌木状草本，植株高 60～100 cm。根状茎斜，木质。叶片心状卵形或心状宽卵形，掌状浅裂或有牙齿，叶柄较长。花葶粗壮，聚伞花序长 20～60 cm，苞片 3，形状似基生叶，萼片 5，白色或带粉红色，倒卵形，花丝丝形。聚合果球形，果有细柄。7～10 月开花。

【习性、分布、用途】喜温湿，生于山地草坡、沟边或疏林中。分布于中国和印度。根供药用，治跌打损伤。

9. 木槿 *Hibiscus syriacus*

【识别要点】落叶灌木，高 3～4 m，小枝密被黄色星状茸毛。叶菱形至三角状卵形，具深浅不同的 3 裂或不裂，先端钝，基部楔形，边缘具不整齐齿缺，下面沿叶脉微被毛或近无毛。花单生于枝端叶腋间，红色，艳丽。

【习性、分布、用途】喜温暖、湿润环境，不耐寒，原产于中国，现世界各地广泛栽培。性味苦平，有清热利湿、解毒、退翳的功效。种子可以生食，也可以浸泡后去除苦味，待晒干磨成粉蒸食，还可以用来榨油食用。

10. 玫瑰茄 *Hibiscus sabdariffa*

【识别要点】常绿灌木，枝红色。单叶互生，叶掌状深裂，叶脉掌状，主脉 3～5 条，有锯齿。花红色，花萼红色，宿存。果红色供食用。

【习性、分布、用途】喜光和湿润土壤。我国广东、广西一带有栽培，果供食用，俗称红桃 K。

图 8-1-133 野棉花

图 8-1-134 木槿

11. 蜀葵 *Althaea rosea*

【识别要点】茎直立，高可达 1～2 m，全株被毛。叶大，互生，叶片粗糙而圆心脏形，3～5 浅裂。花大，单生叶腋，花色丰富，花期夏季。

【习性、分布、用途】性耐寒，喜光，适应性强。原产于东欧，世界各地均有栽培。常于建筑物前列植或丛植，作花境的背景效果也好，也可盆栽观赏。

图 8-1-135 玫瑰茄

图 8-1-136 蜀葵

图 8-1-137 黄秋葵

12. 黄秋葵 *Abelmoschus esculentus*

【识别要点】一年生草本植物，根系发达。主茎直立，赤绿色，圆柱形，基部节间较短。叶掌状 5 裂，互生，叶身有茸毛或刚毛，叶柄细长，中空。花大而黄，着生于叶腋。果为蒴果，先端细尖，略有弯曲，形似羊角，表面覆有细密白色茸毛。

【习性、分布、用途】喜温性植物，分布于热带到亚热带的植物，供食用，亦是降血压良药。中国栽培不多。美国人叫它“植物黄金”，此外黄秋葵可以深加工成花茶、饮料、胶囊、干蔬、油等。

G41 大戟科 Euphorbiaceae

（一）科的识别要点

木本、草本、乔木或灌木，不少种类体内常有白色乳汁。叶柄顶端常有 2 个腺体；有托叶，单叶多互生，极少对生（如红背桂），少数为三出复叶（秋枫）。花单性单被，有花盘；雄蕊多数，子房上位；中轴胎座。核果、蒴果、浆果。

（二）代表植物

1. 越南叶下珠 *Phyllanthus cochinchinensis*

【识别要点】小灌木多分枝，树皮黄褐色或灰褐色，小枝具棱。单叶互生，或近簇生。叶小，近革质，倒卵形或矩圆形，长 6～10 mm，先端浑圆，基部钝或楔尖，托叶极小，具睫毛。花单性异株。蒴果扁球形。

【习性、分布、用途】生于旷野、山坡灌丛、山谷疏林下或林缘。分布于印度、越南、柬埔寨和老挝等，我国南部有分布。用途不详。

2. 叶下珠 *Phyllanthus urinaria*

【识别要点】一年生草本植物，10～30 cm。茎带紫红色，有纵棱。叶互生，作覆瓦状排列，形成二行，很似羽状复叶，叶片矩圆形，翠绿，先端尖或钝，基部圆形，几无叶柄。夏秋沿茎叶下面开白色小花，无花柄。花后结扁圆形小果，形如小珠，排列于假复叶下面。

【习性、分布、用途】生于海拔 200～1 000 m 的山地灌木丛中或稀疏林。我国南方各省均有分布。叶微苦甘，性凉，无毒，可清热平肝、清肝明目。

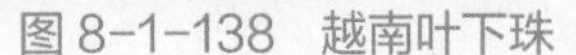

图 8-1-138 越南叶下珠

图 8-1-139 叶下珠

3. 余甘子 *Phyllanthus emblica*

【识别要点】常绿小乔木，树皮浅褐色。枝条具纵细条纹，被黄褐色短柔毛。叶片纸质至革质，二列，线状长圆形，长 8～20 mm，宽 2～6 mm，顶端截平或钝圆，有锐尖头或微凹，基部浅心形而稍偏斜，上面绿色，下面浅绿色，干后带红色或淡褐色，边缘略背卷；托叶三角形。蒴果核果状，圆球形，在小枝排列密集。甘甜回味时间长。

【习性、分布、用途】耐高温，适应性强，分布于我国南部各省密林中。全株药用。

4. 毛果算盘子 *Glochidion eriocarpum*

【识别要点】灌木，高 0.5～5 m，小枝密被淡黄色、扩展的长柔毛。叶片纸质，卵形、狭卵形或宽卵形，长 4～8 cm，宽 1.5～3.5 cm，顶端渐尖或急尖，基部钝、截形或圆形，两面均被长柔毛，叶下面毛被较密；叶柄被柔毛；托叶钻状。蒴果扁球状，直径 8～10 mm，具 4～5 条纵沟，密被长柔毛。花淡黄绿色，单性同株。种子橘红色。

【习性、分布、用途】喜阴湿，分布于我国华南各省的密林中。全株或根、叶供药用，有解漆毒、收敛止泻、祛湿止痒的功效。

图 8-1-140 余甘子

图 8-1-141 毛果算盘子

5. 香港算盘子 *Glochidion zeylanicum*

【识别要点】灌木或小乔木，全株无毛。叶片革质，长圆形、卵状长圆形或卵形，顶端钝或圆形，基部浅心形、截形或圆形，两侧稍偏斜；叶柄长约 5 mm。花簇生呈花束，或组成短小的腋上生聚伞花序。蒴果扁球状具纵沟。

【习性、分布、用途】产于福建、台湾、广东、海南、广西、云南等省区，生于低海拔山谷、平地潮湿处或溪边湿土上灌木丛中。药用，根皮可治咳嗽、肝炎；茎、叶可治腹痛、衄血、跌打损伤。

6. 大叶算盘子 *Glochidion lanceolarium*

【识别要点】常绿灌木，全株均无毛。单叶互生，叶片革质，椭圆形、长圆形或长圆状披针形，顶端钝或急尖，基部急尖或阔楔形而稍下延，两侧近相等，上面深绿，下面淡绿色，干后黄绿色，托叶三角状披针形。花单性，簇生于叶腋内，雌雄花分别着生于不同的小枝上。蒴果球形。

【习性、分布、用途】喜阴湿，生于山地疏林中或溪旁灌木丛中。产于福建、广东、海南、广西和云南等省区，分布于印度、泰国、老挝、柬埔寨和越南等。入药可止痒。

7. 黑面神 *Breynia fruticosa*

【识别要点】灌木或小乔木。单叶互生，二列，全缘，干时常变黑色，羽状脉，具有叶柄和托叶。花雌雄同株，单生或数朵簇生于叶腋。

图 8-1-142 香港算盘子

图 8-1-143 大叶算盘子

【习性、分布、用途】适应性强，喜光湿，分布于我国各地。全株药用，祛湿止痒。

8. 白饭树 *Flueggea virosa*

【识别要点】灌木，小枝具纵棱槽，有皮孔，全株无毛。叶片纸质，椭圆形、长圆形、倒卵形或近圆形，顶端圆至急尖，有小尖头，基部钝至楔形，全缘，下面白绿色；托叶披针形。花小，淡黄色。果球形。栽培品种为花叶白饭树，叶较小，叶面具各色花纹，又称白雪公主。

【习性、分布、用途】喜光，分布于华东、华南及西南各省区。具有清热解毒，消肿止痛，止痒止血之功效。常用于风湿痹痛，湿疹瘙痒。园林中用于观叶。

图 8-1-144 黑面神

图 8-1-145 白饭树

9. 银柴 *Aporosa chinensis*

【识别要点】常绿灌木或小乔木，高可达 9 m，在次森林中常呈灌木状，高约 2 m。小枝被稀疏粗毛，老渐无毛。叶柄两端膨大，顶有两个黑色小腺体，叶互生，叶缘有锯齿。

穗状花序。蒴果椭圆形。

【习性、分布、用途】耐阴，我国主要分布在广东、海南、广西、云南等地，药用，清热解毒。

图 8-1-146A 银柴（雄株）

图 8-1-146B 银柴（雌株）

10. 红背山麻杆 *Alchornea trewioides*

【识别要点】灌木，小枝被灰色微柔毛，后变无毛。叶薄纸质，阔卵形，顶端急尖，基部浅心形或近截平，边缘疏生具腺小齿，上面无毛，下面浅红色，仅沿脉被微柔毛，基部具斑状腺体 4 个；基出脉 3 条；小托叶披针形或钻状，具毛，凋落。雌雄异株，雄花序穗状，果球形具线形，花柱 3 枚。

【习性、分布、用途】产于福建南部和西部、江西南部、湖南南部、广东、广西、海南。生于沿海平原或内陆山地矮灌丛中或疏林下或石灰岩山灌丛中。叶可治风疹。

11. 飞扬草 *Euphorbia hirta*

【识别要点】一年生草本，全体有乳汁。茎基部膝曲状向上斜升，近基部分枝，枝被粗毛，在上部的毛更密。叶为单叶，对生，披针状长圆形或长圆状卵形基部偏斜，不对称，边缘有细锯齿，稀全缘，两面被柔毛，背面及沿脉上的毛较密。杯状聚伞花序再排成紧密的腋生头状花序。蒴果卵状三棱形。

【习性、分布、用途】喜湿，生于向阳山坡、山谷、路旁和灌木丛下，多见于沙质土上或村边。分布于广东、广西、云南、湖南、江西、福建、台湾等省区。全株药用，具清热解毒、利湿止痒等作用。

12. 白背叶 *Mallotus apelta*

【识别要点】灌木或小乔木，小枝、叶柄和花序均密被淡黄色星状柔毛和散生橙黄色颗粒状腺体。叶互生，卵形或阔卵形，稀心形，顶端急尖或渐尖，基部截平或稍心形，边缘具疏齿，上面干后黄绿色或暗绿色，无毛或被疏毛，下面被灰白色星状茸毛，散生橙黄色颗粒状腺体；掌状脉 5 条，基部近叶柄处有褐色斑状腺体 2 个。

【习性、分布、用途】喜光耐湿，分布于我国南部各处密林，可治疗慢性肝炎。

图 8-1-147　红背山麻杆

图 8-1-148　飞扬草

13. 红桑 *calypha australis*

【识别要点】灌木，嫩枝被短毛。叶纸质，阔卵形，古铜绿色或浅红色，常有不规则的红色或紫色斑块，顶端渐尖，基部圆钝，边缘具粗圆锯齿，下面沿叶脉具疏毛；托叶狭三角形，具短毛。品种银边桑，茎木质，直立，叶互生，有锯齿，叶缘具银白色花边。

【习性、分布、用途】分布于山坡、沟边、路旁、田野。分布几乎遍于全国，长江流域尤多。清热解毒，利湿，收敛止血；用于肠炎，痢疾，吐血、衄血、便血、尿血，崩漏；外治痈疖疮疡、皮炎湿疹。

图 8-1-149　白背叶

图 8-1-150　红桑

14. 红背桂 *Excoecaria cochinchinensis*

【识别要点】株高达 1～2 m，树皮灰褐色。单叶对生，叶纸质，椭圆形。叶端渐尖，叶基渐狭，叶缘有细齿，叶面绿色，背面紫红或血红色。花单性异株，穗状花序较小，淡黄色。

【习性、分布、用途】喜温暖湿润气候，不耐寒，较耐阴。分布于广东、广西、云南等中国南部地区。是一种实用价值较高的观叶、观花植物，在我国长江流域以及以南地区，常用为盆栽，置于窗台、阳台或庭园，可作观赏灌木和绿篱。

15. 土蜜树 *Bridelia tomentosa*

【识别要点】灌木或小乔木植物，高可达 12 m，树皮深灰色，枝条细长。叶片纸质，叶柄长 3～5 mm。花雌雄同株或异株。核果近圆球形，花果期几乎全年。

【习性、分布、用途】生于海拔 100～1 500 m 山地疏林中或平原灌木林中。产于中国福建、台湾、广东、海南、广西和云南，分布于亚洲东南部。叶治外伤出血、跌打损伤；根治感冒、神经衰弱、月经不调等。

图 8-1-151 红背桂

图 8-1-152 土蜜树

16. 木薯 *Manihot esculenta*

【识别要点】直立灌木，块根圆柱状。叶纸质，轮廓近圆形，掌状深裂几达基部，裂片 3～7 枚，倒披针形至狭椭圆形，顶端渐尖；叶稍盾状着生，具不明显细棱；托叶三角状披针形，全缘或具 1～2 条刚毛状细裂。圆锥花序顶生或腋生，苞片条状披针形。蒴果椭球形，具 6 波状狭翅。

【习性、分布、用途】深根性，忌积水。原产于巴西，现全世界热带地区广泛栽培，中国福建、台湾、广东、海南、广西、贵州及云南等省区有栽培，偶有逸为野生。木薯的块根富含淀粉，是工业淀粉原料之一。

17. 守宫木 *Sauropus androgynus*

【识别要点】常绿灌木，高 1～3 m。小枝绿色，长而细，合轴分枝略呈“之”字形，幼时上部具棱，老枝呈圆柱状；全株均无毛。叶片近膜质或薄纸质，卵状披针形表面深绿色，无毛，互生；托叶 2，着生于叶柄基部两侧。花单性异株，蒴果具红色的宿存花萼。

【习性、分布、用途】喜温怕冻，我国华南地区有栽培，可植于庭园，也适合花盆种植。经研究，守宫木有毒不可食用。

图 8-1-153　木薯

图 8-1-154　守宫木

18. 琴叶珊瑚 *Jatropha integerrima*

【识别要点】常绿灌木，小枝紫褐色。单叶互生，叶柄具细毛，叶倒阔披针形，丛生于枝条顶端，叶基有 2～3 对小刺，叶顶渐尖，叶表面为浓绿色，平滑，叶背为紫绿色，略粗糙。花单性同株，雌雄花着生于不同的聚伞花序，花冠红色，具花瓣 5 枚。蒴果成熟时呈黑褐色。

【习性、分布、用途】喜高温高湿，我国南方多栽培用于园林绿化。观叶、观花，是森林城市群建设的常用观赏植物。

19. 红雀珊瑚 *Euphorbia tithymaloide*

【识别要点】常绿灌木。茎绿色，常呈“之”字形弯曲生长，肉质，含白色有毒乳汁。叶互生绿色，卵状披针形，革质，中脉凸出在下面呈龙骨状。杯状花序排列成顶生聚伞花序，总苞鲜红色，花期夏季。全年开红或紫色花，树形似珊瑚，故称“红雀珊瑚”。其品种有花叶红雀珊瑚，叶表面具各色花纹。

【习性、分布、用途】性喜温暖，适生于阳光充足而不太强烈且通风良好之地，原产于中美洲西印度群岛。我国广为栽培作为观赏植物。

图 8-1-155　琴叶珊瑚

图 8-1-156　红雀珊瑚

20. 洒金榕 *Codiaeum variegatum*

【识别要点】常绿灌木，高可达 1 m。枝条无毛。叶薄革质，形状大小变异很大，叶基部楔形、两面无毛，绿色、淡绿色、紫红色、紫红与黄色相间、绿色叶片上散生黄色或金黄色斑点或斑纹。总状花序腋生，雄花白色，花梗纤细；雌花淡黄色。蒴果近球形。

【习性、分布、用途】喜光，原产于亚洲马来半岛至大洋洲；现广泛栽培于热带地区。中国南部各省区常见栽培。该种是热带、亚热带地区常见的庭园或公园观叶植物；易扦插繁殖，品种较多。

常见的园艺品种有：

（1）长叶变叶木　叶片长披针形，有褐色、红色斑纹。

（2）戟叶变叶木　叶宽大，3 裂，呈戟形。

（3）海南洒金榕　叶阔倒卵形，绿色，有金黄色斑纹。

（4）螺旋叶洒金榕　叶片波浪呈不规则的扭曲。

21. 蜂腰变叶榕 *Codiaeum interruptum*

【识别要点】常绿灌木，高可达 1 m。枝条无毛。叶形奇特，长条形，分成两截，中间一细柄相连，形似蜂腰而得名，表面铜绿色，有斑点，顶端叶有时延伸一细长尖头。总状花序。蒴果球形。

【习性、分布、用途】喜光，中国南部常见栽培作观叶植物。

图 8-1-157　洒金榕

图 8-1-158　蜂腰变叶榕

22. 鸡骨香 *Croton crassifolius*

【识别要点】小灌木，根粗壮，外皮黄褐色，易剥离。全株被星状茸毛。单叶互生，卵形或矩圆形，长 5～10 cm，宽 2～5 cm，先端尖或钝，基部浑圆而稍带心脏形，全缘或锯齿缘，侧脉 3～4 对，最下一对由基部射出，与中脉呈三脉状。花单性，浅绿色，雌雄同株；总状花序，苞片分裂，裂片线状，顶端有腺体。蒴果外被锈色柔毛。

【习性、分布、用途】耐阴植物，多生于山坡、丘陵等干旱地带。分布于广东、广西、福建等地。根入药，治风湿关节痛，消肿止痛。

23. 花叶木薯 *Manibot esculenta* cv. Variegata

【识别要点】直立灌木，有块根，根部肉质。叶掌状 3～7 深裂，裂片披针形，全缘，裂片中央有不规则的黄色斑块，叶柄较长，深红色。

【习性、分布、用途】喜温暖和阳光充足的环境，不耐寒，怕霜冻，耐半阴，栽培环境不宜过干或过湿。原产于美洲，现我国广泛栽培。用于观叶，布置阳台、庭园、花园。

图 8-1-159 鸡骨香

图 8-1-160 花叶木薯

24. 一品红 *Euphorbia pulcherrima*

【识别要点】常绿直立灌木。茎直立，全株有白色乳汁。单叶互生，卵状椭圆形、长椭圆形或披针形，绿色，边缘全缘或浅裂或波状浅裂，茎顶具红色苞叶 5～7 枚，狭椭圆形。花序数个聚伞排列于枝顶；总苞坛状，淡绿色，边缘齿状 5 裂，裂片三角形，无毛。蒴果，三棱状圆形。品种一品粉，苞片粉白色。

【习性、分布、用途】喜温，不耐湿，原产于中美洲，广泛栽培于热带和亚热带。中国绝大部分省区市均有栽培，常见于公园、植物园及温室中，供观赏。茎叶可入药，有消肿的功效，可治跌打损伤。

25. 草本一品红（猩猩草）*Euphorbia cyathophora*

【识别要点】常绿或半常绿灌木，茎直立而光滑，质地松软，髓部中空，全身具乳汁。单叶互生，卵状椭圆形至阔披针形，或羽状浅裂呈小提琴状。开花时枝顶的节间变短，上面簇生出红色的苞片，向四周放射而出，小花顶生在苞片中央的杯状花序内，雌雄同株异花，雌花单生于花序的中央，雄花多数，均无花被。蒴果圆形。

【习性、分布、用途】喜温暖干燥和阳光充足环境，不耐寒，怕霜冻，耐半阴，怕积水，宜在疏松肥沃和排水良好的腐质土壤中生长。原产于美洲热带地区。用于园林观赏。

26. 虎刺梅 *Euphorbia millii*

【识别要点】肉质灌木，茎肥大多汁有纵棱，上具硬刺，叶倒长卵形。花小，苞片鲜红色或橘红色，杯状花序。

【习性、分布、用途】喜光耐旱，各地园林有栽培。主要用于盆栽观赏或布置花坛。变种为小叶虎刺梅，枝叶较小，具刺，花较小。

27. 大叶铁海棠 *Euphorbia millii* var. *splendens*

【识别要点】肉质灌木。茎肥大多汁有纵棱，较粗壮，上具较长的硬刺。叶大，宽卵形。花较大，苞片黄色或橘红色，杯状花序。

【习性、分布、用途】喜光耐旱，各地园林有栽培。

图 8-1-161　一品红

图 8-1-162　草本一品红

图 8-1-163　虎刺梅

图 8-1-164　大叶铁海棠

28. 蜈蚣珊瑚 *Pedianthus tithymaloides* cv. Nana

【识别要点】常绿肉质小灌木，株高 10～30 cm。茎叶肥厚多肉，色泽翠绿，叶呈 2 列扁平排列，形似蜈蚣，姿态奇特，适合小盆栽。

【习性、分布、用途】性耐阴，耐高温又耐旱，生育适温 23～30℃。半日照或者荫蔽处均能生长。我国各地盆栽室内外美化，能吸滞尘埃，并可增加空气湿度和氧负离子含量，减少日光反射，降低气温。

29. 三棱火殃簕 *Euphorbia antiquorum* var. *polygoha*

【识别要点】常绿肉质灌木，株形如柱状仙人掌，常具有斑纹，乳汁丰富。茎常三棱状，偶有四棱状并存，高 3～5 m，直径 5～7 cm，上部多分枝；棱脊 3 条，薄而隆起，边缘具明显的三角状齿。叶互生于齿尖，少而稀疏，常生于嫩枝顶部，倒卵形或倒卵状长圆形，叶柄极短；托叶刺状，长 2～5 mm，宿存。花序单生于叶腋。蒴果扁球形。

【习性、分布、用途】不耐寒，耐旱，喜干燥壤土，北方冬季应置于室内莳养，南方可露地栽植，原产于印度，中国南北方均有栽培，分布于亚洲热带，可用作篱笆，既是绿色屏障，又可美化庭园。

图 8-1-165　蜈蚣珊瑚

图 8-1-166　三棱火殃簕

30. 三角霸王鞭 *Euphorbia trigona*

【识别要点】全株汗白色乳汁，有毒。分枝直立状，常密集成丛生长，3～4 棱，暗绿色至灰绿色。叶片钥匙形，叶基两侧各生一尖刺。夏秋季开花，花为单性。

【习性、分布、用途】喜阳光充足、温暖环境，耐干旱，畏积涝，喜排水良好的土壤。原产地为加蓬，我国各地均有盆栽。

31. 火殃勒 *Euphorbia neriifolia*

【识别要点】常绿肉质灌木。茎肉质四棱形，具刺，有时具斑纹，乳汁丰富。叶卵形，较大，绿色，全缘。蒴果三棱状扁球形；种子近球状，平滑。花果期全年。

【习性、分布、用途】喜热，原产于印度，中国南北方均有栽培，中国南方常作绿篱，并有逸为野生现象，北方多于温室栽培。分布于亚洲热带。

32. 狗尾红（红穗铁苋菜、刺毛铁苋菜、绿叶铁苋菜）*Acalypha hispida*

【识别要点】常绿灌木状草本，株高 0.5～3 m。单叶互生二列，叶卵圆形，长 12～15 cm，表面亮绿色，背面稍浅；叶缘有锯齿，两面有茸毛。穗状花序生于叶腋，呈圆柱状下垂，长 30～60 cm，鲜红色或暗红色；花小，无花瓣，单性；花期 2～11 月。

【习性、分布、用途】喜光，原产于亚洲热带地区，现热带、亚热带地区广泛栽培为庭园观赏植物，在中国北方通常作为温室盆花栽培，栽培有垂枝品种，多分枝，适合做悬挂花篮使用。

图 8-1-167　三角霸王鞭

图 8-1-168　火殃勒

33. 铁苋菜 *Acalypha australis*

【识别要点】一年生草本，高 0.2～0.5 m，小枝细长，被贴毛柔毛。叶膜质，长卵形。雌雄花同序，花序腋生。蒴果具 3 个分果，果皮具疏生毛及小瘤点。

【习性、分布、用途】喜光，常生在平原或山坡较湿润耕地和空旷草地，有时在石灰岩山疏林下。中国除西部高原或干燥地区外，大部分省区均有分布。全草或地上部分入药，具有清热解毒、利湿消积、收敛止血的功效。

图 8-1-169　狗尾红

图 8-1-170　铁苋菜

34. 小飞杨（千根草）*Euphorbia thymifolia*

【识别要点】一年生草本，全株具白色乳汁。茎纤细，基部多分枝，匍匐或披散，带紫红色，朝上一面常有毛。叶对生；叶柄短；托叶小，三角形；叶片长圆形或椭圆形，常带紫红色，先端圆，基部偏斜，边缘具不明显的锯齿，下面疏生细柔毛。花序单个或数个聚生于叶腋，蒴果小，卵状三棱形。

【习性、分布、用途】喜湿润环境，生于旷野、路边、草地、墙根湿润处。分布于福建、广东、海南、广西等地。全草可清热利湿解毒，有敛疮止痒的功效。

G42 蔷薇科 Rosaceae

（一）科的识别要点

常有枝刺及明显皮孔。单叶或复叶，常有托叶。花两性，整齐，4～5 基数；蔷薇花冠。梨果、核果、瘦果、蓇葖果、稀蒴果、聚合果等。

图 8-1-171 小飞杨

（二）代表植物

1. 粗叶悬钩子 *Rubus alceaefolius*

【识别要点】攀缘灌木，高达 5 m。枝被黄灰色至锈色茸毛状长柔毛，有稀疏皮刺。单叶，近圆形或宽卵形，顶端圆钝，稀急尖，基部心形，上面疏生长柔毛，并有囊泡状小凸起，下面密被黄灰色至锈色茸毛，沿叶脉具长柔毛，边缘不规则浅裂，常具羽状托叶，花序为腋生头状花序。果实近球形，直径达 1.8 cm，肉质，红色。

【习性、分布、用途】喜阴耐湿，产于我国长江以南各省，果实可供食用或酿酒。

2. 蛇莓 *Duchesnea indica*

【识别要点】多年生匍匐草本，有柔毛。复叶，小叶 3 枚。夏季开黄色花，花单生叶腋。果实为聚合的暗红色瘦果。花托至果期膨大呈头状，海绵质，红色。

【习性、分布、用途】喜湿，野生于山坡、路旁、沟边或田埂杂草中，全国各地都有分布。全草供药用，有清热解毒、活血化瘀、收敛止血作用。

图 8-1-172 粗叶悬钩子

图 8-1-173 蛇莓

3. 草莓 *Fragaria ananassa*

【识别要点】多年生草本。茎低于叶或近相等，密被开展黄色柔毛。叶三出，小叶具短柄，质地较厚，倒卵形或菱形，稀几圆形，顶端圆钝，基部阔楔形，侧生小叶基部偏斜，边缘具缺刻状锯齿，锯齿急尖。聚合果大，直径达 3 cm，鲜红色，宿存萼片直立，紧贴于果实；瘦果尖卵形，光滑。

【习性、分布、用途】草莓怕水渍、不耐旱，果实具有润肺生津、健脾和胃、利尿消肿等功效。草莓原产于南美洲，我国各地广泛栽培，含有特殊的浓郁水果芳香。

4. 金樱子 *Rosa laevigata*

【识别要点】常绿蔓性灌木，无毛。小枝除有钩状皮刺外，密生细刺。一回羽状复叶，小叶 3～5，椭圆状卵形，边缘有细锯齿，两面无毛，背面沿中脉有细刺；叶柄、叶轴有小皮刺或细刺；托叶线形，和叶柄分离，早落。花单生侧枝顶端，白色，花柄和萼筒外面密生细刺。果近球形，有细刺，顶端有长而外反的宿存萼片。

【习性、分布、用途】对土壤要求不严，宜生于阳坡，广泛分布于我国各省。果实含维生素 C、苹果酸、枸橼酸、鞣质、皂苷等。

图 8-1-174 草莓

图 8-1-175 金樱子

5. 车轮梅 *Rhaphiolepis indica*

【识别要点】常绿灌木，高可达 4 m，小枝幼时有毛。叶互生，革质，卵形或矩圆形，边缘有细钝锯齿，具叶柄。总状花序或圆锥花序，花梗密生锈色茸毛，花白色或淡红色。梨果球形，紫黑色。

【习性、分布、用途】分布在我国，耐寒性强，抗强风，花朵美丽，枝叶密生，能形成圆形紧密树冠，在园林中常作观花植物，果实可食用。

6. 深裂锈毛莓 *Rubus reflexus* Ker var. *lanceolobus*

【识别要点】藤状灌木，枝有皮刺，全株被茸毛。叶片心状宽卵形或近圆形，边缘 5～7 深裂，裂片披针形或长圆披针形。聚合果红色。

【习性、分布、用途】喜阴湿，生长在我国南部水沟边的疏林中或者海拔低的山谷中，果供食用。

图 8-1-176 车轮梅

图 8-1-177 深裂锈毛莓

7. 月季 *Rosa chinensis*

【识别要点】落叶灌木，主根细弱，须根发达。茎较细，常具钩状皮刺。一回奇数羽状复叶，小叶 3～5（7）片；叶面平滑，无皱折，两面均无毛；托叶大部分与叶柄合生。花色艳丽淡香。

【习性、分布、用途】喜光，分布于我国大部分省区，作切花。与康乃馨、菊花、剑兰合称为世界四大切花。

8. 玫瑰 *Rosa rugosa*

【识别要点】半常绿灌木，主根粗壮，木质坚硬。茎粗壮，常具钩状皮刺。一回奇数羽状复叶，小叶 5～9 片；叶面叶脉下凹明显，有皱褶，背面有刺毛；托叶大部分与叶柄合生。花色艳丽浓香。

【习性、分布、用途】喜光，分布于我国大部分省区，作切花。是城市绿化和园林的理想花木，适用作花篱，也是街道庭园绿化、花径花坛及百花园材料，可修剪造型，点缀广场草地、堤岸、花池，成片栽植花丛。玫瑰在花期可分泌植物杀菌素，杀死空气中大

图 8-1-178 月季

图 8-1-179 玫瑰

量的病原菌，有益于人们身体健康。长久以来，玫瑰在中国就象征着美丽和爱情，是中国传统的十大名花之一，素有“花中皇后”之美称。

9. 火棘 *Pyracantha fortuneana*

【识别要点】株高可达 3 m；侧枝短，先端成刺状，嫩枝外被锈色短柔毛。叶片倒卵形，边缘有钝锯齿。花期 4～5 月，伞房花序，花白色。果球形，深红色。

【习性、分布、用途】喜光，不耐寒，耐干旱，耐修剪，适应能力强；分布于我国黄河以南及广大西南地区；在庭园中做绿篱以及园林造景材料，在路边可以用作绿篱，是一种极好的春季看花、冬季观果植物。

10. 棣棠 *Kerria japonica*

【识别要点】株高 1～3 m，小枝绿色有棱角，柔软拱垂。单叶互生，卵状椭圆形，先端长尖，叶基圆形，叶缘有重锯齿，叶背有柔毛。花单生，着生在当年生侧枝顶端，花金黄色，直径 3～4.5 cm。

【习性、分布、用途】喜温暖湿润和半阴环境，耐寒性较差；我国黄河流域至华南、西南地区均有分布；可作基础种植及自然式花篱。

图 8-1-180 火棘

图 8-1-181 棣棠

G43 含羞草科 Mimosaceae

1. 含羞草 *Mimosa pudica*

【识别要点】多年生草本，高可达 1 m。茎圆柱状，具分枝，有散生、下弯的钩刺及倒生刺毛。托叶披针形，长 5～10 mm，有刚毛；二回羽状复叶，羽片和小叶触之即闭合而下垂；羽片通常 2 对，指状排列于总叶柄之顶端。头状花序球形。果长圆形，有刺毛。

【习性、分布、用途】喜温暖湿润，对土壤要求不严，在我国各地均可野生，株形散落，羽叶纤细秀丽，其叶片一碰即闭合，给人以文弱清秀的印象。

2. 猴耳环 *Pithecellobium clypearia*

【识别要点】乔木，高达 10 m。小枝有显明的棱角，疏生黄色短细柔毛。二回羽状复叶，羽片 4～6 对；叶轴常有腺体；小叶 6～16 对，对生，近不等的四边形，基部偏斜。头状花序排列成聚伞状或圆锥状，腋生或顶生；花具柄，白色或淡黄色。荚果条形，旋转呈环状，外缘呈波状。

【习性、分布、用途】喜温湿，分布于华南及浙江、福建、台湾、四川、云南。叶药用，可清热解毒。

图 8-1-182 含羞草

图 8-1-183 猴耳环

3. 亮叶猴耳环 *Pithecellobium lucidum*

【识别要点】灌木或小乔木，高 2～10 m。幼枝、叶柄、花序均被褐色短茸毛。二回羽状复叶，羽片 2～4 个；叶轴具腺体；小叶 4～10，互生，近于不等四边形、椭圆形或倒披针形，先端急尖或渐尖，基部楔形。头状花序排列成圆锥状，腋生或顶生；花无柄；花冠白色，荚果带形，弯曲为圆圈。花期 4～6 月，果期 7～9 月。

【习性、分布、用途】喜光和温湿环境，分布于我国南部各省林中，枝叶药用，种子和豆荚有毒。

4. 簕仔树 *Mimosa sepiaria*

【识别要点】常绿直立灌木，全株有刺，多分枝，高 2～4 m。小枝柔弱回折成“之”字形，有显眼的皮孔。叶互生，为二回羽状复叶，硬革质。花两性，头状花序腋生，花小，多而密集，黄色，极香。荚果膨胀成近圆筒状。花期 10 月。

【习性、分布、用途】喜光和湿润土壤，我国华南如广东、广西、海南一带常用作绿篱。

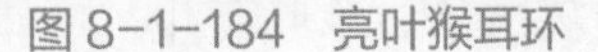

图 8-1-184 亮叶猴耳环

图 8-1-185 簕仔树

5. 美蕊花 *Calliandrahaematocephala*

【识别要点】半常绿灌木。幼叶淡红色，二回羽状复叶互生，羽片一对，小叶对生，小叶为披针形或歪长卵形，叶基偏斜。花红色，头状花序球形，雄蕊多数，花丝细长，丝绒状。荚果长条形。

【习性、分布、用途】喜肥，耐热，耐旱，不耐阴，耐剪，易移植。冬季休眠期会落叶或半落叶。主要分布于我国华南地区，花型雅致，适于大型盆栽或深大花槽栽植、修剪整型，用于美化庭园、校园、公园。

图 8-1-186A 美蕊花（花枝）

图 8-1-186B 美蕊花（果枝）

G44 苏木科 Caesalpiniaceae

1. 翅果决明 *Cassia alata*

【识别要点】常绿灌木，枝有纵棱。一回羽状复叶，叶柄及叶轴有狭翅，小叶 6～12 对，倒卵状长圆形。总状花序黄色，顶生或腋生，花梗甚长。荚果圆柱形，有翅。

【习性、分布、用途】喜光和湿润肥沃的酸性土，分布于我国华南地区，花色金黄灿烂，花期长，为美丽的观花树和行道绿化树。

2. 假老虎簕（华南云实）*Caesalpinia crista*

【识别要点】木质藤本，长可达 10 m 以上；树皮黑色，有少数倒钩刺。二回羽状复叶，叶轴上有黑色倒钩刺；羽片 2～3 对，有时 4 对，对生；小叶 4～6 对，对生，具短柄，革质，卵形或椭圆形，先端圆钝，有时微缺，基部阔楔形或钝，两面无毛，上面有光泽。总状花序复排列成顶生、疏松的大型圆锥花序；花芳香，黄色，荚果斜阔卵形。

【习性、分布、用途】喜阴湿环境。产于云南、贵州、四川、湖北、湖南、广西、广东、福建和台湾，生于海拔 400～1 500 m 的山地林中，印度、斯里兰卡、缅甸、泰国等有分布。用途不详。

3. 紫荆 *Cercis chinensis*

【识别要点】丛生灌木，株高 2～4 m，树皮和小枝灰白色。单叶互生，叶纸质，近圆形，叶基心形，全缘，叶脉明显，叶面光滑无毛。花紫红色或粉红色，4～8 朵簇生于老枝和主干上，先花后叶，花期 3～4 月。

【习性、分布、用途】喜光，稍耐阴，喜湿润，耐旱，耐修剪。原产于我国，在华东、中南、西南、华北等地区有分布。宜丛植于庭园、草坪中，也可作花篱。

4. 洋金凤（金凤花）*Caesalpinia pulcherrima*

【识别要点】半常绿大灌木或小乔木。枝光滑，绿色或粉绿色，散生疏刺。二回羽状复叶，羽片 4～8 对，对生，长 6～12 cm；小叶 7～11 对，长圆形或倒卵形，顶端凹缺，有时具短尖头，基部偏斜；小叶柄短。总状花序近伞房状，顶生或腋生，疏松，橙黄色；花瓣边缘皱波状，花丝红色远伸出花瓣外。荚果狭而薄，不开裂。

【习性、分布、用途】喜高温高湿气候，原产于西印度群岛，云南、广西、广东和台湾均有栽培，为热带地区有价值的观赏树木之一。

图 8-1-187 翅果决明

图 8-1-188 假老虎簕

图 8-1-189 紫荆

图 8-1-190 洋金凤

G45 蝶形花科 Fabaceae

1. 假花生 *Arachis duranensis*

【识别要点】多年生宿根草本，茎为蔓性，株高 10～15 cm，匍匐生长。一回羽状复叶互生，小叶两对，黄绿色，倒卵形。花为腋生，蝶形，金黄色，花期春季至秋季。

【习性、分布、用途】原产于亚洲热带及南美洲，有较强的耐阴性。对土壤要求不严，可用于园林绿地、公路的隔离带作地被植物。

2. 排钱草 *Desmodium pulchellum*

【识别要点】直立亚灌木，高 0.5～1.5 m，枝圆柱形，柔弱，被柔毛。三出复叶，具柄；叶片革质，顶端小叶长圆形，长 6～12 cm，侧生小叶比顶生小叶小约 2 倍，先端钝或近尖，基部近圆形，边缘略波状，上面绿色，无毛，或两面均有柔毛。总状花序顶生或侧生，长 8～30 cm，由多数伞形花序组成，每一伞形花序隐藏于 2 个圆形的叶状苞片内，形成排成串的铜钱，故名“排钱草”。

【习性、分布、用途】有较强的耐阴性，对土壤要求不严，分布于我国华南地区坡地、山林及沟边。民间用作祛风药、解毒药。

图 8-1-191 假花生

图 8-1-192 排钱草

3. 葫芦茶 *Desmodium triquetrum*

【识别要点】落叶小灌木，高 1～2 m，直立，多分枝，枝三棱形，棱上被粗毛，后变秃净。单叶互生，叶片卵状披针形至狭披针形，长 6～15 cm，宽 1～4 cm，先端急尖，基部浅心形或圆形，上面无毛，背面中脉和侧脉被长毛；叶柄具宽翅，形似葫芦（形如单身复叶）；托叶 2 枚，披针形，有纵脉。总状花序腋生或顶生。荚果条状长圆形。

【习性、分布、用途】喜温湿环境，分布于我国南部密林中，有解毒作用。

4. 猪屎豆 *Crotalaria pallida*

【识别要点】亚灌木状草本，高约 1 m。茎、枝被伏贴柔毛。三出复叶，顶生小叶最大，两侧小叶较小，顶端钝或微缺。总状花序，有花 20～50 朵；蝶形花冠，黄色，旗瓣上有紫红色条纹。荚果圆柱状，幼时被毛，熟时下垂，开裂后扭曲；成串生于植株顶端，成熟时逐渐由绿色转成黑褐色。

【习性、分布、用途】性喜光，分布于低海拔山野、路旁、荒地、干燥河床等向阳处所，产于中国福建、广东、云南、台湾，印度，非洲，马来西亚等地区。嫩叶和果实有毒。

图 8-1-193 葫芦茶

图 8-1-194 猪屎豆

5. 藤黄檀 *Dalbergia hancei*

【识别要点】攀缘状灌木，幼枝疏被白色柔毛。托叶细小早落；一回奇数羽状复叶互生，小叶片 9～12 枚，矩圆形或倒卵状长圆形，先端微凹，基部圆形或宽楔形，叶背灰白色。花白色。

【习性、分布、用途】喜阴湿环境，常生于山坡、溪边、岩石旁、林缘灌木丛或疏林中。安徽、江西、福建、广东、海南、广西、四川、贵州等省区均有分布。根单味煎服，治风湿关节痛等。

6. 鸡血藤 *Millettia dielsiana*

【识别要点】攀缘灌木，茎无毛，中心暗红色。小叶 3，阔椭圆形，长 12～20 cm，宽 7～15 cm，先端锐尖，基部圆形或近心形，上面疏被短硬毛，下面沿脉疏被短硬毛，脉腋间有髯毛。花多数，排列成大型圆锥花序，白色。荚果刀条状。

【习性、分布、用途】喜温湿，生长于海拔 2 500 m 的地区，多生长在溪沟、山坡杂木林与灌丛、谷地及路旁。分布在越南、老挝以及我国南部。用于风湿痹痛、手足麻木、肢体瘫痪、血虚萎黄的治疗。

7. 田菁 *Sesbania cannabina*

【识别要点】一年生灌木状草本植物，植株高 1～3 m，茎直立，无刺。叶初生时有茸毛，叶柄长 7～12 cm；偶数羽状复叶，小叶呈线状矩圆形，上面有褐色斑点，先端钝，有细尖，基部圆形。花黄色，多有紫色斑点，2～6 朵小花排列成疏松状总状花序，腋生。荚果长而狭，呈圆柱状条形。

【习性、分布、用途】喜高温高湿条件，分布于东半球热带，中国广东、海南、福建、浙江、江苏等地均见，多生于沿海冲积地带。是一种优良的夏季绿肥作物，也可作为饲料。

图 8-1-195 藤黄檀

图 8-1-196 鸡血藤

8. 野葛 *Pueraria lobata*

【识别要点】灌木状缠绕藤本，具肥厚的大块根。枝灰褐色，微具棱，疏生褐色硬毛。羽状三出复叶；托叶 2，卵状披针形，被褐色硬毛；顶生小叶倒卵形，长 10～13 cm，先端尾状渐尖，基部叶三角形，全缘 ，上面绿色，变无毛，下面灰色，被疏毛。总状花序簇生或呈圆锥花序。荚果长圆形，扁平，有毛。

【习性、分布、用途】喜高温高湿条件，生于草坡、路边或疏林中。我国除新疆、西藏外，其余地区均有分布。其根为清湿解毒的良药。

图 8-1-197 田菁

图 8-1-198 野葛

9. 假地豆 *Desmodium heterocarpon*

【识别要点】半灌木或小灌木，高 1～3 m。嫩枝有疏长柔毛。叶为羽状三出复叶，顶生小叶椭圆形至宽倒卵形，顶平钝，上面无毛，下面有白色长柔毛，侧生小叶较小；叶柄有柔毛；托叶披针形。圆锥花序腋生，花序轴有淡黄色开展长柔毛；花萼宽钟状，花冠紫色。荚果有毛。

【习性、分布、用途】对土壤适应性强，生长于山坡、水沟、草地各处，我国各地均有分布。药用，解毒。有水土保持作用。

10. 望江南（野扁豆）*Cassia occidentalis*

【识别要点】直立、少分枝的亚灌木或灌木，无毛。枝稍木质，有棱；根黑色。托叶膜质，卵状披针形，早落。花数朵组成伞房状总状花序，花长约 2 cm；花瓣黄色。荚果带状镰形，褐色种子间有薄隔膜。

【习性、分布、用途】喜温暖湿润和光充足环境，耐寒性差。分布于中国东南部、南部及西南部各省区，原产于美洲热带地区，现广布于全世界热带和亚热带地区。茎叶、荚果、种子均可入药，有清热利尿功效。

图 8-1-199 假地豆

图 8-1-200 望江南

11. 舞草 *Codariocalyx motorius*

【识别要点】直立小灌木，高达 1.5 m。茎单一或分枝，无毛。叶为三出复叶，顶生小叶长椭圆形或披针形，侧生小叶很小，长椭圆形或线形或有时缺。圆锥花序或总状花序顶生或腋生；花冠紫红色。荚果镰刀形。

【习性、分布、用途】喜阳光，生于丘陵旷野和灌木丛中，喜阳光耐旱，主要分布在中国、印度、尼泊尔、不丹、斯里兰卡。具有极高的观赏价值和药用保健价值，整株皆可入药。

图 8-1-201 舞草

12. 鸡骨草 *Abrus cantoniensis*

【识别要点】木质藤本，长达 1 m，常披散地上或缠绕其他植物上。主根粗壮，长达 60 cm。茎细，深红紫色，幼嫩部分密被黄褐色茸毛。一回偶数羽状复叶，小叶 7～12 对，倒卵状矩圆形或矩田形，膜质，几无柄，先端截形而有小锐尖，基部浅心形，上面疏生祖毛，下面被紧贴的粗毛，叶脉向两面凸起；托叶成对着生，线状披针形；小托叶呈锥尖状。总状花序腋生。荚果矩圆形。

【习性、分布、用途】喜温湿，生于山地或旷野灌木林边。分布于广东、广西等地。药用价值高，可清热祛湿。

13. 三点金 *Desmodium triflorum*

【识别要点】多年生草本，平卧，高 10～50 cm。茎纤细，多分枝，被开展柔毛；根茎木质。叶为羽状三出复叶，顶生小叶倒心形，先端平截略凹陷；侧生二小叶倒卵形托叶披针形，膜质，小叶纸质。花紫红色，单生或 2～3 朵簇生于叶腋。荚果扁平。

【习性、分布、用途】喜温湿环境，生于旷野草地潮湿处，我国南部地区分布。全草入药，有祛湿、消炎之效。

图 8-1-202 鸡骨草

图 8-1-203 三点金

G46 黄杨科 Buxaceae

黄杨（瓜子黄杨）*Buxus sinica*

【识别要点】株高 2～5 m，茎枝呈四棱。叶长椭圆形或卵形，革质，对生，钝头或顶上微凹缺。花簇生，雌雄同株。蒴果近球形，熟时裂为 3 瓣。春季开花。

图 8-1-204A 黄杨（枝叶）

图 8-1-204B 黄杨（植株）

【习性、分布、用途】性耐阴，耐干旱，喜光，喜湿润环境；分布于我国陕西、甘肃、湖北、四川、贵州、广西、广东、江西、浙江、安徽、江苏、山东各省区；适合作绿篱或庭园美化树种。

G47 蓝雪花科 Plumbaginaceae

1. 情人草（二色补血草）*Limonium bicolor*

【识别要点】高 60～100 cm，叶从生于基部，呈莲座状，匙形，初期为绿色，后叶变为红色。花序自茎部分枝，聚伞排成圆锥花序，疏松，开张，花枝长；花有粉红色、白色、粉白色等；花期 5～6 月。

【习性、分布、用途】耐寒性强，耐旱。可作花境材料，也可丛植观赏。切花可制成干花，是优良且常用的天然干花材料，可用于插花。

2. 勿忘我（补血草）*Lemonium sinensis*

【识别要点】多年生草木，茎直立或基部略平卧，被长柔毛。单叶互生，长椭圆形，无柄或基部叶有柄。单歧聚伞花序着生于枝顶，蓝色，喉部黄色，花期 4～6 月。小坚果 6～7 月果熟。

【习性、分布、用途】适生性强，我国滨海省区常用于春、夏季节的花坛、花境布置，亦可作切花。

图 8-1-205　情人草

图 8-1-206　勿忘我

3. 白花丹 *Plumbago zeylanica*

【识别要点】常绿半灌木，高 1～3 m，直立，多分枝。单叶互生，表面淡绿，质薄，长卵形。穗状花序通常含 25～70 枚花；苞片狭长卵状三角形至披针形；花萼先端有 5 枚三角形小裂片，花冠白色或微带蓝白色；子房椭圆形。蒴果长椭圆形，上有黏毛，淡黄褐色。

【习性、分布、用途】生于污秽阴湿处或半遮阴的地方。分布于中国、南亚和东南亚各国。为民间常用药，用以治疗风湿跌打。

4. 蓝花丹 *Plumbago auriculata*

【识别要点】常绿柔弱半灌木，上端蔓状或极开散，高约 1 m 或更长。叶薄，通常菱状卵形至狭长卵形。穗状花序含 18～30 枚花；总花梗短而呈头状；苞片线状狭长卵形，花冠淡蓝色至蓝白色。

【习性、分布、用途】喜光，在中国华南、华东、西南和北京常有栽培。原产于南非南部，现已广泛为各国引种作观赏植物。

图 8-1-207 白花丹

图 8-1-208 蓝花丹

G48 伞形花科 Umbelliferae

1. 圆币草 *Hydrocotyle verticillata*

【识别要点】多年生挺水或湿生草本，株高 5～15 cm。茎顶端呈褐色。沉水叶具长柄，着生于叶中央。叶片圆伞形，状如铜钱，叶面油绿富光泽，直径 2～4 cm，缘波状。花两性，伞形花序，小花白粉色，花期 6～8 月，其茎节明显每一节各长一枚叶，可一直延伸。

【习性、分布、用途】喜湿地，地下横走茎生长速度惊人，繁殖能力强。分布广，用于绿化水体。

2. 刺芹 *Eryngium foetidum*

【识别要点】多年生草本。茎绿色直立，有数条槽纹，上部有 3～5 歧聚伞式的分枝。叶着生在每一叉状分枝的基部，对生，无柄，边缘有深锯齿，齿尖刺状，顶端不分裂或 3～5 深裂。头状花序白色。果球形。

【习性、分布、用途】喜湿环境，我国各地栽培，可食用。

图 8-1-209 圆币草

图 8-1-210 刺芹

G49 芸香科 Rutaceae

1. 降真香 *Acronychia pedunculata*

【识别要点】常绿小乔木。树高 5～15 m，树皮灰白色至灰黄色，平滑，不开裂，内皮淡黄色，剥开时有柑橘叶香气，当年生枝通常中空。单叶对生或有时呈略不整齐对生，叶柄两端膨大，叶片椭圆形至长圆形，或倒卵形至倒卵状椭圆形，全缘，叶柄基部略增大呈叶枕状。花两性，黄白色。果序下垂，核果淡黄色，半透明，近圆球形而略有棱角。

【习性、分布、用途】喜温湿条件，产于华南地区，生于较低丘陵坡地杂木林中，为次生林常见树种之一，对于流感病毒有抑制作用。

2. 三椏苦 *Evodia lepta*

【识别要点】常绿灌木，枝叶有香味，有近对生而扩展的分枝。三出复叶，叶柄长 2.5～4 cm，小叶纸质，矩圆形，长 2.5～6 cm，被柔毛。花序柄短，花小，白色。果由 4 个分离的心皮所成。

【习性、分布、用途】喜高温高湿环境。分布于印度、菲律宾、日本、越南及中国南部。味苦，性寒，消热毒，治跌打、发热，为广东凉茶的主要成分。

图 8-1-211　降真香

图 8-1-212　三椏苦

3. 两面针 *Zanthoxylum nitidum*

【识别要点】木质藤本，茎、枝、叶轴下面和小叶中脉两面均着生钩状皮刺，粗大茎干上部的皮刺基部呈长椭圆形枕状凸起。一回羽状复叶，小叶对生，小叶 3～11 片，硬革质，阔卵形或近圆形，或狭长椭圆形，顶部长或短尾状，顶端有明显凹口，凹口处有油点，边缘有疏浅裂齿，齿缝处有油点，有时全缘；侧脉及支脉在两面干后均明显且常微凸起；中脉在叶面稍凸起或平坦，正面及背面具明显的针刺。花序腋生，花淡黄绿色。果红褐色。

【习性、分布、用途】喜温热，生于山地、丘陵、平地的疏林、灌丛中。我国南部各省均有分布。用于跌打损伤，治胃痛、牙痛。

4. 九里香 *Murraya microphylla*

【识别要点】灌木或小乔木，嫩枝密被短柔毛，被疣状油点，老枝无毛。一回奇数羽状复叶；小叶 7～11，互生或近对生，纸质或薄纸质，披针形或狭卵形，顶端渐尖或短渐尖，有时微凹，基部宽楔形或近圆形，两侧不对称，边有细小钝锯齿，无毛，密被乳头状腺点。花序顶生或腋生于枝条的上部，花多而密聚。浆果椭圆形至球形，暗红色。

【习性、分布、用途】喜湿热，产于广东、云南等省的湿润阔叶林中。花、叶可提取芳香油，园林用作观赏植物。

图 8-1-213 两面针

图 8-1-214 九里香

5. 柑橘 *Citrus reticulata*

【识别要点】小乔木，高可达 4～5 m，枝刺短小或无刺，小枝无毛。单身复叶，椭圆形至椭圆状披针形，先端钝尖，常微凹，全缘或有细锯齿，侧脉明显；叶柄近无刺。花黄白色，单生或 2～3 簇生叶腋。柑果扁球形，橙黄色或橙红色，果皮与果肉易于剥离。花期 4～5 月，果期 10～12 月。

柑类：果较大，径 5 cm 以上，果皮较粗糙而稍厚，剥皮稍难，如蕉柑、芦柑等。

橘类：果较小，径常小于 5 cm，果皮较薄而平滑，极易剥离，如红橘、蜜橘等。

【习性、分布、用途】喜光，适合肥沃偏酸性土，产于我国东南部，长江以南各地广泛栽培。观果及食用，为广东四大名果之一。

图 8-1-215 柑橘

图 8-1-216 柚子

此外常见的还有：

（1）柚子　单身复叶，枝叶具香味，叶轴翅较宽，具刺，果较大，果皮不易分离，中果皮纤维较厚，果熟后为黄色。

（2）橙　枝叶香味较淡，具短刺，叶轴翅极狭，果径 5 cm 左右，果皮与果肉不易分离。

（3）山小橘　枝叶有香味，无刺，叶轴无翅，果较小。

图 8-1-217　柠檬

6. 柠檬 *Citrus lemon*

【识别要点】常绿灌木或小乔木，枝少刺或近于无刺，嫩叶及花芽暗紫红色。叶片厚纸质，卵形或椭圆形。单花腋生或少花簇生。果椭圆形或卵形，果皮厚，通常粗糙，柠檬黄色，果汁酸至甚酸；种子小，卵形，端尖；种皮平滑，子叶乳白色，通常单或兼有多胚。花期 4～5 月，果期 9～11 月。

【习性、分布、用途】喜热，原产于东南亚，我国主要在长江以南栽植，柠檬因其味极酸，肝虚孕妇最喜食，故称益母果或益母子。柠檬中含有丰富的柠檬酸，因此被誉为“柠檬酸仓库”，果实汁多肉脆，有浓郁的芳香气。因为味道特酸，故只能作为上等调味料。

7. 簕党 *Zanthoxylum avicennae*

【识别要点】常绿灌木或小乔木，枝及叶密生爪状刺，各部无毛。一回奇数羽状复叶，小叶 11～21 片，常对生，斜卵形或斜长方形，两侧甚不对称，全缘中部以上有疏锯齿，叶面有明显的油点，叶轴有狭窄。花序顶生，花小而密集。果为分果，有明显的油点。

【习性、分布、用途】喜光，生于低海拔平地、坡地或谷地，多见于次生林中。分布于我国华南地区。根皮有祛风去湿、行气化痰、止痛等功效，治多类痛症，又作驱蛔虫剂。

图 8-1-218A　簕党（植株）

图 8-1-218B　簕党（果枝）

G50 桑科 Moraceae

1. 五指毛桃 *Ficus simplicissima*

【识别要点】常绿灌木，高 1～2 m，全株被黄褐色贴伏短硬毛，有乳汁。单叶互生；叶片长椭圆状披针形，纸质，常掌状 3～5 深裂，基部圆形或心形，叶缘具微波状锯齿或全缘，两面粗糙，基出脉 3～7 条，先端急尖或渐尖，叶柄长 2～7 cm；托叶早落而有环状托叶痕。隐头花序对生于叶腋或已落叶的叶腋间，球形。

【习性、分布、用途】喜湿，生于山林中或山谷灌木丛中，以及村寨沟旁。分布于福建、广东、海南、广西、贵州、云南等地。根药用，可治风热、感冒、水肿等。

2. 变叶榕 *Ficus variolosa*

【识别要点】常绿灌木，小枝节间短有环状托叶痕。叶薄革质，狭椭圆形，先端钝或钝尖，基部楔形，全缘，侧脉 7～11 对，与中脉略成直角展出；托叶长三角形，长约 8 mm。榕果成对或单生叶腋，球形，表面有瘤点。

【习性、分布、用途】喜温湿，适生于海拔 200～1 800 m 的地区，多生在溪边林下潮湿处，分布在越南，老挝，中国广东、江西、广西、福建等地。药用，可清热利尿，治跌打损伤。

图 8-1-219 五指毛桃

图 8-1-220 变叶榕

3. 薜荔 *Ficus pumila*

【识别要点】常绿攀缘或匍匐藤本，具不定根，常攀附于墙壁、岩石或树干部。枝叶有乳汁；小枝有棕色茸毛。叶革质，卵状椭圆形，网脉凸起，长 3～9 cm，顶端钝，表面无毛，背面有短毛，网脉明显，凸起呈蜂窝状。隐花果单生于叶腋，梨形或倒卵形，长约 5 cm，径约 3 cm，有短柄。花期 4～5 月，果 6 月，瘦果 9 月成熟，果熟期 10 月。

【习性、分布、用途】喜光。分布于中国华东、华南和西南，长江以南至广东、海南各省。亦见于日本、印度。成熟的隐花果在大别山区称“斋粑”，因能制作凉粉，皖南山区俗称“凉粉藤”。

4. 对叶榕 *Ficus hispida*

【识别要点】常绿灌木或小乔木，茎中空，有托叶痕，具白色乳汁，全株被短粗毛。单叶对生，少互生，全缘或有钝齿，顶端急尖或短尖，基部圆形或近楔形，表面粗糙，背面被灰色粗糙毛，侧脉 6～9 对；托叶 2 枚。聚花果球形，腋生或生于落叶枝上，成熟黄色，有毛。

【习性、分布、用途】喜温湿，我国各地均有分布。有一定的水土保持作用。

图 8-1-221　薜荔

图 8-1-222　对叶榕

5. 黄叶榕 *Ficus microcarpa* cv. Golden Leaves

【识别要点】常绿灌木，单叶互生，倒卵形枝至椭圆形，长 4～10 cm，革质，全缘，枝有托叶环痕，有白色乳汁，幼叶金黄色。花单性，雌雄同株，隐头花序。果实球形，熟时红色。

【习性、分布、用途】耐热、湿、贫瘠但不耐阴，我国各地园林应用广泛，常作行道树、园景树、绿篱树，也可作观叶、盆景树种，分蘖能力强，叶色金黄亮丽，易造型。

6. 圆叶榕 *Ficus microcarpa* var. *crassifolia*

【识别要点】常绿灌木，全株有白色乳汁，枝和干上常垂生气根，枝有托叶环痕。单叶互生，叶多为圆形，少阔椭圆形，先端钝或圆，革质或厚肉质，全缘，两面光滑亮绿。隐头花序单一或对生，生于叶腋，以枝端较多，成熟时鲜红色。

图 8-1-223　黄叶榕

图 8-1-224　圆叶榕

【习性、分布、用途】喜高温、湿润和阳光充足的环境，能抗强风，我国各地盆栽作庭园美化。

7. 乳斑榕 *Ficus benjaminia* cv.Variegata

【识别要点】常绿灌木，高 1～2 m，枝条下垂。叶互生，革质，阔椭圆形，具不规则的黄色斑块。

【习性、分布、用途】喜光，主要在我国华南地区草坪栽植观赏，或作园林绿化观叶。

8. 黑叶橡胶榕 *Ficus elastica* cv. Black

【识别要点】常绿灌木或小乔木，乳汁丰富。枝圆柱形，淡红色，具发达的红色顶芽。托叶线形红色，膜质，早落并留有环状托叶痕；单叶互生，叶柄粗壮，叶厚革质，宽椭圆形，表面深黑色有光泽，中脉红色，在叶背面显著凸起，脉侧纤细平行，边脉明显。

【习性、分布、用途】喜湿润环境，主要在我国华南地区盆栽观赏，或作园林绿化树。

图 8-1-225　乳斑榕

图 8-1-226　黑叶橡胶榕

G51 荨麻科 Urticaceae

1. 苎麻 *Boehmeria nivea*

【识别要点】常绿灌木，枝条纤维发达，密被粗毛。单叶互生，叶柄较长，托叶分生，钻状披针形，叶片草质，通常圆卵形或宽卵形，少数卵形，顶端骤尾尖，基部近截形或宽楔形，边缘在基部之上有牙齿，上面稍粗糙，疏被短伏毛，下面密被雪白色毡毛，三出脉。圆锥花序腋生。瘦果。

【习性、分布、用途】适生于沙壤或黏壤，生于山谷林边或草坡，是我国主要纤维纺织品用途的作物。

2. 雾水葛 *Pouzolzia zeylanic*

【识别要点】草本多年生，全株有短伏毛，或混有开展的疏柔毛。单叶对生，叶片草质，卵形或宽卵形，三出脉。花小，两性，呈团状伞形花序。瘦果小。

【习性、分布、用途】生于平地的草地上或田边，丘陵或低山的灌丛中或疏林中、沟边，我国南方各地均有分布。有一定的药用价值。

图 8-1-227　苎麻

图 8-1-228　雾水葛

3. 冷水花 *Pilea notata*

【识别要点】多年生草本，具匍匐茎，茎肉质，纤细，中部稍膨大。叶柄纤细，常无毛，稀有短柔毛；托叶大，带绿色。花雌雄异株，花被片绿黄色，花药白色或带粉红色，花丝与药隔红色。瘦果小，圆卵形，熟时绿褐色。

【习性、分布、用途】生于山谷、溪旁或林下阴湿处，海拔 300～1 500 m。分布于中国广西、广东，经长江流域中、下游诸省，北达陕西南部和河南南部；越南、日本亦有分布。冷水花是相当时兴的小型观叶植物，也可大面积绿化草坪。

4. 泡叶冷水花 *Pilea nummulariifollia*

【识别要点】为多年生草本植物，植株匍匐蔓延，分枝多而细，节处着地易生根。叶对生，圆形，径 2～3 cm，叶缘有齿；叶脉凹陷，脉间叶肉凸起，看上去呈泡泡状。花小、不明显。

【习性、分布、用途】喜半阴环境，喜高温多湿，生长适温 22～28℃。要求排水良好、疏松的腐殖质土壤，我国南部栽培作吊盆。

图 8-1-229　冷水花

图 8-1-230　泡叶冷水花

图 8-1-231 透明草

5. 透明草 *Pilea microphylla*

【识别要点】纤细小草本，无毛，铺散。茎肉质，多分枝，乳白色透明状，干时常变蓝绿色，密布条形钟乳体。叶很小，同对的不等大，倒卵形至匙形，上面绿色，下面浅绿色，干时呈细蜂巢状，钟乳体条形，上面明显，横向排列整齐；叶脉羽状；叶柄纤细。花果均细小团状排列。

【习性、分布、用途】生长于阴湿地石缝处，广泛分布于全球热带地区。有水土保持作用，也有一定的药用价值。

G52 苦木科 Simaroubaceae

鸦胆子 *Brucea javanica*

【识别要点】常绿灌木或小乔木，全株均被黄色柔毛。小枝具有黄白色皮孔。奇数羽状复叶互生，通常 7，小叶对生，卵状披针形，先端渐尖，基部宽楔形，偏斜，边缘具三角形粗锯齿，上面疏被、下面密彼伏柔毛，脉上尤密。聚伞状圆锥花序腋生，狭长。

【习性、分布、用途】适生于海拔 950～1 000 m 的石灰山疏林中。主要分布于福建、广东、广西、云南等地。有清热解毒、止痢之效。

图 8-1-232A 鸦胆子（幼苗）

图 8-1-232B 鸦胆子（果枝）

G53 鼠李科 Rhamnaceae

1. 雀梅藤 *Sageretia thea*

【识别要点】藤状或直立灌木，有刺状短枝。叶近对生，卵状椭圆形，叶面有光泽，具短柄。花小，两性，白色，簇生或成穗状花序。果为浆果状核果。

【习性、分布、用途】要求温暖，湿润，阳光充足，疏松、排水良好之土壤。产于我国各地密林中。温暖地区常用作绿篱及制作盆景，果甜可食，嫩叶代茶，根可供药用。

图 8-1-233 雀梅藤

2. 台湾青枣 *Zizyphus mauritiana*

【识别要点】落叶小乔木或灌木，枝条灰白色，呈“之”字形。托叶刺纤细尖锐，后脱落。单叶互生，叶表面绿色，背面灰白色，有细毛，基三出脉，全缘。花黄色，聚伞花序。核果。

【习性、分布、用途】喜光，不耐阴。原产于台湾，现分布广泛，我国各地栽培作果树或盆栽。

图 8-1-234A 台湾青枣（枝叶）

图 8-1-234B 台湾青枣（花枝）

G54 胡颓子科 Elaeagnaceae

胡颓子 *Elaeagnus pungens*

【识别要点】常绿攀缘状灌木。枝具深褐色刺，枝条密被锈色鳞片，老枝鳞片脱落，黑色，具光泽。单叶互生，叶革质，椭圆形或阔椭圆形，两端钝形或基部圆形，边缘微反卷或皱波状，上面亮绿色，背面银白色。

【习性、分布、用途】喜光，耐阴，耐干旱，耐盐碱，抗风强，生于山坡林地，主要分布于我国长江以南。果熟时味甜可食，根、叶、果实均供药用，还有一定的观赏价值。

G55 紫金牛科 Myrsinaceae

1. 鲫鱼胆 *Maesa perlarius*

【识别要点】常绿灌木。单叶互生，无托叶；边缘从中下部以上具粗锯齿，下部常全缘，幼时两面被密长硬毛，以后叶面除脉外近无毛，背面被长硬毛；中脉隆起，侧脉 7～9 对，尾端直达齿尖；叶柄长 7～10 mm，被长硬毛或短柔毛。总状花序或圆锥花序，腋生，花小白色。果球形。

【习性、分布、用途】喜光和湿润环境，产于四川（南部），贵州至台湾以南沿海各省、区，海拔 150～1 350 m 的山坡、路边的疏林。全株药用，可消肿去腐，有接骨的作用。

图 8-1-235 胡颓子

图 8-1-236 鲫鱼胆

2. 紫金牛 *Ardisia elliptica*

【识别要点】灌木，高约 2 m，小枝粗糙，无毛，有纵纹，被灰褐色鳞片。叶片略肉质，倒卵形至倒披针形，顶端渐尖，基部楔形，全缘，两面无毛，具不明显的腺点，中脉明显，侧脉极多，不明显，叶缘连成边脉。聚伞花序腋生，花粉红色至白色。果扁球形，肉质，熟时红色至紫黑色，具密集的小腺点，具钝 5 棱，稀棱不明显。

【习性、分布、用途】生长在海拔 430～1 500 m 的山谷、山坡林下以及阴湿的地方。主要分布于台湾，广西、广东有栽培。全株药用，消肿止痛，清热解毒。

3. 酸藤果 *Embelia oblongifolia*

【识别要点】攀缘灌木，有时伏地，高 1～2 m，枝有皮孔。叶柄长 2～6 mm；叶片坚纸质，椭圆形或倒卵形，长 3～5.5 cm，宽 1～2.5 cm，基部楔形，顶端极钝，少有微凹，全缘，侧脉不明显。总状花序腋生或侧生，有花 3～8 朵。果球形，细小，平滑或有纵皱缩条纹和少数腺点。

图 8-1-237 紫金牛

图 8-1-238 酸藤果

【习性、分布、用途】喜温湿环境，分布于江西、福建、广东、广西林地，越南也有。叶有酸味，可清凉止渴，味辛，亦可药用。

4. 白花酸藤果 *Embelia ribes*

【识别要点】灌木，高 90～120 cm，分枝，无毛，有时成蔓状。叶卵形至长椭圆形，长 5～7.5 cm，宽 2～2.5 cm，先端渐尖，基部圆形，全缘，无毛，下面常绿色带白色；叶柄长 5～7 mm，有狭边缘。圆锥花序顶生兼上部腋生，密被短柔毛；苞小；花极小，杂性。浆果球形。

图 8-1-239　白花酸藤果

【习性、分布、用途】喜温湿环境，分布于江西、福建、广东、广西林地，药用。

5. 朱砂根 *Ardisia crenata*

【识别要点】矮小灌木，具匍匐生根的根茎，幼嫩时被微柔毛。单叶互生，叶坚纸质，狭卵形，顶端渐尖，基部钝或近圆形，全缘，叶缘具不明显的腺点，叶面通常无毛，背面被细微柔毛，尤以中脉为多，具疏腺点，侧脉 10～13 对，平展，与中脉几成直角。伞形花序，单一着生于特殊侧生或腋生花枝顶端，花枝除花序基部具 1～2 叶外，其余无叶，有时全部无叶。浆果球形，直径 6～8 mm，鲜红色，具腺点。花期 5～6 月，果期 10～12 月。

【习性、分布、用途】对光线适应较强，产于我国西藏东南部至台湾，湖北至海南岛等地区，海拔 90～2 400 m 的疏、密林下阴湿的灌木丛中，现园林中用作盆景观赏，有“黄金万两”的美称。

图 8-1-240A　朱砂根（枝叶）

图 8-1-240B　朱砂根（果枝）

6. 虎舌红 *Ardisia mamillata*

【识别要点】常绿小灌木，具匍匐的木质根茎。叶互生密被暗红色的长柔毛，倒卵形，顶端尖或钝，边缘有不明显的疏圆齿及藏于毛中的腺点，两面暗红色，密生锈色或紫色糙伏毛，上面毛出自疣状凸起。伞形花序有花 7～15 朵，着生于叶腋下，花瓣粉红色或近白

图 8-1-241 虎舌红

色。浆果球形，鲜红色。

【习性、分布、用途】喜温湿，产于江西、广东、海南、湖南等地，生于海拔 500～1 200 m 的山谷、海边阴湿的阔叶林下，园林用作观果植物盆栽。

G56 马钱科 Loganiaceae

1. 灰莉 *Fagraea ceilanica*

【识别要点】灌木或小乔木，高 4～10 m，树皮与枝条灰白色。单叶对生，叶两面肉质光滑，椭圆形或倒卵形，革质全缘。二歧聚伞花序顶生，侧生小聚伞花序由 3～9 朵花组成，花大黄色，花瓣 5 枚，花近无柄。浆果，顶端具短喙。

【习性、分布、用途】喜温暖湿润环境，我国长江以南栽培作绿化观赏树。

2. 牛眼马钱 *Strychnos angustiflora*

【识别要点】藤状灌木。除花序被毛外，余均无毛，小枝常变态成为螺旋状曲钩，钩长 2～5 cm。单叶对生，全缘，圆形至卵状渐尖，基脉三出，老叶草质。聚伞花序小，顶生，三歧；花冠白色或淡黄色，有香味。浆果球形，径 2～3 cm，光滑，红色或橙红色。

【习性、分布、用途】喜阴湿环境，生于密林中，我国华南有分布。可药用。

图 8-1-242 灰莉

图 8-1-243 牛眼马钱

G57 报春花科 Primulaceae

1. 仙客来 *Cyclamen persicum*

【识别要点】块茎肉质，扁圆形。叶着生于块茎的中心部，心状卵圆形，表面有灰白色或浅绿色的斑块，背面暗红色；叶柄红褐色，肉质，细长。花单生，由块茎顶端抽出，花梗粗，红色，花瓣大，外面紫红色，里面乳白色，向上翻卷，花色丰富，花期 12～4 月。

【习性、分布、用途】喜温湿，不耐寒和高温，原产于地中海一带，现各地均有栽培，我国南方较多。花形奇特，花期正值春节前后，一般用于盆栽供节日布置装饰，也可作切花。

2. 报春花 *Primnla malacoides*

【识别要点】茎短，褐色。叶丛生于茎基部，为长圆形至卵圆形，边缘有浅波状裂或缺刻，叶面光滑，背有白粉，侧脉明显，具长叶柄。花梗自叶丛中抽出，伞形花序，花色丰富。

【习性、分布、用途】喜温热，适生于沟边、山谷、林缘等地，原产于我国云南，我国各地栽培，或盆栽观赏。

图 8-1-244 仙客来

图 8-1-245 报春花

G58 木犀科 Oleaceae

1. 扭肚藤 *Jasminum elongatum*

【识别要点】缠绕木质藤本，分枝众多，小枝微被毛，植株高 2～3 m。单叶对生，叶卵状披针形，长 3～7 cm，宽 1.5～3 cm，叶先端短尖或钝尖，基部浑圆，沿背脉上有柔毛；叶柄短。聚伞花序白色稠密，常于夏秋开花。

【习性、分布、用途】喜温湿，生于密林、山坡。分布于广东、广西、贵州，越南也有。为一种优良的庭园观赏花卉。

2. 茉莉 *Jasminum sambac*

【识别要点】常绿小灌木或藤本状灌木，高可达 1 m。枝条细长，小枝有棱角，有时有毛，略呈藤本状。单叶对生，光亮，宽卵形或椭圆形，叶脉明显，叶面微皱，叶柄短而向上弯曲，有短柔毛。初夏由叶腋抽出新梢，聚伞花序，顶生或腋生，有花 3～9 朵，通常 3～4 朵，花冠白色，极芳香。果实黑色，有种子 1 枚。大多数品种的花期 6～10 月，由初夏至晚秋开花不绝，落叶型的冬天开花，花期 11 月至翌年3 月。

【习性、分布、用途】性喜温暖湿润，在通风良好、半阴环境生长最好，原产于中国西部、印度、阿拉伯一带，现世界各地栽培观赏，花制茶。

3. 云南黄素馨（南迎春）*Jasminum esnyi*

【识别要点】常绿灌木。枝细长而直出或拱形，有棱角。叶对生，三出复叶，顶端 1 枚

图 8-1-246 扭肚藤

图 8-1-247 茉莉

较大，基部渐窄成一短柄，侧生 2 枚较小而无柄。花单生，花冠黄色，径 3.5～4 cm，花冠裂片 6 或稍多，呈半重瓣，较花冠筒长。

【习性、分布、用途】原产于云南，畏严寒。现在华南为优良的垂直绿化树种。

4. 光清香藤 *Jasminum lanceolarium*

【识别要点】大藤本，全部秃净。叶对生，三出复叶，小叶革质，卵圆形至椭圆形或披针形，长 5～10 cm，宽 3～5 cm，先端短尖，基部楔尖或浑圆，上面光亮，背有小斑点。聚伞花序顶生，3 歧状，分枝极多，多花；花白色，芳香。果椭圆形。

【习性、分布、用途】喜温湿，生于丛林或密林中，分布于印度及中国云南、西藏、四川等地区，药用，具清凉解湿作用。

图 8-1-248 云南黄素馨

图 8-1-249 光清香藤

G59 夹竹桃科 Apocynaceae

（一）科的识别要点

木本，枝叶多具白色乳汁。单叶对生或轮生，稀互生，叶缘常有边脉；无托叶。花两性，花冠漏斗状，子房上位。浆果、核果或蓇葖果。

（二）代表植物

图 8-1-250 长春花

1. 长春花 *Catharanthus roseus*

【识别要点】多年生宿根草本。单叶对生，长椭圆形，叶面光亮。茎略带紫红。花有紫红、桃红、白、白花红心等色，花冠高脚碟状，5 裂。几乎全年均可开花。

【习性、分布、用途】喜光，分布于热带地区，适合盆栽、花坛或药用。植株含长春花碱，有降低血压和抗癌作用，可治高血压和白血病。

2. 羊角拗 *Strophanthus divaricatus*

【识别要点】常绿野生灌木，有白色乳汁，枝叶光滑无毛。单叶对生，叶长矩圆形，全缘。聚伞花序顶生，花冠漏斗状，裂片延伸成长线状，黄色。果实长条形，顶尖如羊角。

【习性、分布、用途】生于密林，耐阴，是华南地区常见的一种野生灌木，全株有剧毒，中毒症状为心跳紊乱、呕吐腹泻。

图 8-1-251A 羊角拗（枝）

图 8-1-251B 羊角拗（果）

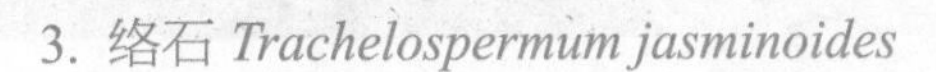

3. 络石 *Trachelospermum jasminoides*

图 8-1-252 络石

【识别要点】茎长达 10 m，借气生根攀缘，茎赤褐色，具乳汁，小枝被黄色柔毛。单叶对生，薄革质，全缘，营养枝的叶为披针形，花枝的叶呈椭圆形。聚伞花序腋生或顶生，花冠白色，高脚碟状，排成风车形，芳香。

【习性、分布、用途】喜光又耐阴，喜温暖湿润气候，耐干旱不耐水淹。我国东南部及黄河流域以南均有分布。宜植于树上或攀缘于墙壁、岩石上作垂直绿化，或作地被材料用。

G60 茜草科 Rubiaceae

（一）科的识别要点

木本或草本，无乳汁单叶对生或轮生，托叶各式，对生。花两性，萼筒与子房壁结合，子房下位。蒴果、浆果或核果。

（二）代表植物

1. 黄栀子（栀子花、水横枝）*Gardenia jasminoides*

【识别要点】常绿灌木。单叶对生，叶皱，托叶膜质。花单生，单瓣，白色。蒴果黄色，有纵棱。果为优质食用染料，晒干后入药，治肝炎。常栽植于花坛或草坪。

【习性、分布、用途】喜光，长江流域以南广布，不耐寒。为绿化、美化、香化的好材料。对有毒气体有一定抗性，亦可作街道、厂矿绿化。

2. 白蝉 *Gardenia jasminoides* var. *fortuniana*

【识别要点】与黄栀子的区别是：叶较小，叶面较平，叶先端圆钝；花大，重瓣；不结果。

【习性、分布、用途】不耐寒，喜光，长江以南分布，为绿化、美化及香化之佳品。

图 8-1-253 黄栀子

图 8-1-254 白蝉

3. 希茉莉 *Hamelia patens*

【识别要点】藤状灌木。枝叶紫红。单叶轮生，托叶线形，羽状脉。聚伞花序，花红色，花冠管状。观花灌木。

【习性、分布、用途】喜光，分布于热带，我国南方常栽培作观花灌木。

4. 龙船花（英丹花）*Ixora chinensis*

【识别要点】小灌木，高 20～30 cm。单叶对生。花红色鲜艳，花冠高脚碟状，橙红或鲜红，常组成聚伞花序。

【习性、分布、用途】喜光，分布广，主要在我国华南和西南一带。园林用作观赏，主要盆栽或作花篱观花。

主要品种或变种有：

（1）红龙船花　植株极矮小，花微红色。

（2）黄龙船花　花黄色。

（3）白龙船花　花白色，又称为白仙丹。

图 8-1-255　希茉莉

图 8-1-256　龙船花

5. 白马骨（满天星、六月雪）*Serissa serissoides*

【识别要点】直立小灌木，枝纤细，叶卵形至披针形，对生，花近无梗，花冠白色。花期夏至秋季。

【习性、分布、用途】性喜阳光，也较耐阴，耐旱力强，对土壤的要求不高。我国各地栽培用于盆景或园林绿化。

品种有：

（1）金边六月雪　叶边缘金黄色。

（2）重瓣六月雪　花重瓣。

图 8-1-257　金边六月雪

6. 红纸扇（红叶金花）*Mussaenda erythrophylla*

【识别要点】藤状灌木，高可达 2 m，枝叶花均密被棕色长柔毛。单叶对生或轮生。花萼 5 裂，红色，有一枚扩大成叶片状；花冠高脚碟状；聚伞花序红色。可供观赏。其品种粉纸扇，花序粉红色。

【习性、分布、用途】喜光，分布在我国华南和西南一带。园林用作观赏。

7. 玉叶金花（白纸扇）*Mussaenda pubescens*

【识别要点】藤状灌木，为一野生花卉。叶对生。花萼的 5 枚萼片中有 1 枚扩大成白色叶状，花冠金黄。可栽培作垂直绿化。

【习性、分布、用途】喜光，常生于我国江南各省的山林，山坡等地。园林用作观赏。

图 8-1-258 红纸扇

图 8-1-259 粉纸扇

8. 五星花 *Pentas lanceolata*

【识别要点】直立或略倾的亚灌木，高 30～70 cm，被毛。叶对生，两面被柔毛，卵形、椭圆形，顶端短尖。多歧聚伞花序密集，顶生；花无梗，花冠细长高脚碟状，紫红色，5 枚，呈五角星状排列，喉部被密毛，冠檐开展，直径约 1.2 cm。花期夏秋。

【习性、分布、用途】喜光和肥沃土壤，原产墨西哥、非洲热带和阿拉伯等地区，中国也广泛栽培。可用作篱垣，棚架绿化材料，还可作地被植物。

图 8-1-260 玉叶金花

图 8-1-261 五星花

9. 九节 *Psychotria rubra*

【识别要点】常绿灌木，高 1～2 m，有时小乔木状。枝圆柱状，节明显，稍膨大。单叶对生，纸质，矩圆形，全缘或有疏锯齿，顶端短渐尖或急尖，有时钝头，仅下面脉腋内簇生短毛，侧脉 7～11 对，网脉不明显；托叶膜质，红色，节上鞘状抱茎。聚伞花序顶生，多分歧，多花。核果球形，熟时红色。

【习性、分布、用途】耐阴植物，生于密林中，广布西南、华南，东至台湾。根叶药用，清热解毒。

10. 耳草 *Hedyotis auricularia*

【识别要点】多年生草本，高 30～100 cm。茎近直立或平卧，小枝密被短粗毛，幼时近四棱柱形，老时圆柱形，节上常生根。叶对生；叶柄长 2.7 mm，托叶膜质，被毛，合生成一短鞘，先端 5～7 裂成刚毛状；叶片近革质，披针形或椭圆形。聚伞花序密集成头状，腋生；无花梗；苞片披针形，花小。蒴果球形。

【习性、分布、用途】适应性强，我国华南和西南各地有分布，主治感冒发热。

图 8-1-262 九节

图 8-1-263 耳草

11. 日本耳草 *Hedyotis japonica*

【识别要点】与耳草不同在于茎较粗，近肉质，纵棱明显，叶较大，亮绿。余同耳草。

【习性、分布、用途】喜阴湿，生于山坡灌丛，原产于日本，我国华南和西南各地有分布，有水土保持作用。

12. 白花蛇舌草 *Hedyotis diffusa*

【识别要点】一年生披散草本，高 15～50 cm，根细长，分枝；茎略带方形或扁圆柱形，光滑无毛，从基部发出多分枝。单叶对生，其叶如蛇舌。花小，单生于叶腋，白色，结成球状。蒴果球形，细小。花期春季。

图 8-1-264 日本耳草

图 8-1-265 白花蛇舌草

【习性、分布、用途】生长田间湿地，分布于我国及日本等地。味苦、淡，性寒，主要功效是清热解毒、消痈散结、利尿除湿，对慢性阑尾炎有一定的疗效。

13. 鸡屎藤 *Paederia scandens*

【识别要点】蔓性草本，全株有异味。茎细长，蔓延，无毛，基部木质。单叶对生，茎节略膨大，有三角形的托叶。单叶对生，叶卵形、卵圆形，顶渐尖。聚伞花序白色，常腋生，花冠筒状，喉部具浅紫斑块。浆果球形。

【习性、分布、用途】生长于气候温热、阳光充足、潮湿的草地、田间、山坡及灌木丛中，生命力很强。广泛分布于秦岭南坡以南各省区及台湾。有清热、解毒、去湿、补血的功能，故民间叫“土参”。

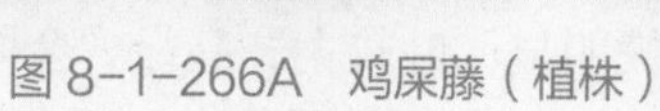

图8-1-266A 鸡屎藤（植株） 图8-1-266B 鸡屎藤（花枝）

14. 毛鸡屎藤 *Paederia cavaleriei*

【识别要点】与鸡屎藤区别在于其枝叶被密柔毛，叶较小。其余同上。

【习性、分布、用途】喜生于山谷草地或路旁、田边，我国南部广泛分布，全草入药。

15. 水杨梅 *Geum aleppicum*

【识别要点】落叶小灌木，高 1～1.5 m。小枝细长，红褐色，被柔毛；老枝无毛。叶互生；叶柄极短或无；托叶 2，与叶对生，三角形；叶纸质，叶片卵状披针形或卵状椭圆形，长 3～4 cm，宽 1～2.5 cm，先端渐尖，基部宽楔形，全缘，上面深绿色，无毛，下面淡绿色，侧脉稍有白柔毛。头状花序球形，顶生或腋生。蒴果球形。

【习性、分布、用途】喜温暖湿润和阳光充足环境，较耐寒，不耐高温和干旱，但耐水淹，以肥沃酸性的沙壤土为佳。原产于中国华南及西南地区，有解毒消肿、祛湿热泄泻等功效。

16. 狗骨柴 *Diplospora dubia*

【识别要点】灌木或小乔木，高达 4 m。除花萼及托叶被微柔毛外，全部无毛，枝条灰白色，节明显。单叶对生，叶柄长 5～8 mm；托叶长 5～8 mm，下部合生；叶片卵状长圆形、长圆形至披针形，长 6～13 cm，宽 2～6 cm，先端急尖或钝尖，基部宽楔形，干后呈黄绿色。聚伞花序。浆果球形，红色。

【习性、分布、用途】耐阴喜湿，生于密林下，分布于我国华南、西南地区，根供药用。

图 8-1-267 毛鸡屎藤

图 8-1-268 水杨梅

17. 粗叶木 *Lasianthus chinensis*

【识别要点】灌木，小枝圆柱形，幼嫩部分、叶下面、叶柄和花同被暗黄色的短茸毛。单叶对生，薄革质，矩圆形或矩圆状披针形，长 12～18 cm，顶端长渐尖，基部宽楔尖或钝，上面干后变黑色成黑褐色；叶柄长 6～10 mm，托叶小，三角形，顶端芒尖。花无梗，3～5 束生于叶腋。核果球形。

【习性、分布、用途】喜阴湿，分布于广东、福建和台湾，生于低海拔山谷溪畔或湿润疏林下。用途不详。

图 8-1-269 狗骨柴

图 8-1-270 粗叶木

18. 牛白藤 *Hedyotis hedyotidea*

【识别要点】多年生藤状灌木，高 3～5 m，触之粗糙，幼枝四棱形，密被粉末状柔毛。叶对生，有 4～6 条刺毛，叶片卵形或卵状披针形，基部阔楔形，上面粗糙，下面被柔毛，全缘，膜质。花序球形，腋生或顶生。蒴果近球形。

【习性、分布、用途】喜阴，常生于林下阴湿处，分布于我国南部。药用，治骨折筋伤、跌打损伤、风湿性关节炎和腰腿痛。

G61 五加科 Araliaceae

1. 常春藤（洋常春藤）*Hedera nepalensis* var. *sinensis*

【识别要点】有气生根，幼枝上被鳞片状柔毛。单叶互生，革质，叶卵形，具3～5浅裂，全缘，深绿色。伞形花序，花小，淡绿色。浆果球形。

【习性、分布、用途】喜温暖湿润环境，稍耐寒，稍耐阴，也能生长在全光照的环境中。集中分布于我国西南及华中、华南地区。适宜在庭院中用以攀缘假山、岩石，或在建筑阴面作垂直绿化材料，也可盆栽供室内绿化观赏用。

图8-1-271　牛白藤

2. 花叶常春藤 *Hedera nepalensis* cv. Gold

【识别要点】与常春藤相似，主要区别在于其叶表面具有黄色或花白色斑纹。

【习性、分布、用途】喜光，我国各地栽培作吊盆。

图8-1-272　常春藤

图8-1-273　花叶常春藤

3. 鸭脚木 *Schefflera octophylla*

【识别要点】常绿灌木，分枝多，枝条紧密。掌状复叶，小叶5～8枚，长卵圆形，革质，深绿色，有光泽。圆锥状花序，小花淡红色，浆果深红色。其园艺栽培品种花叶鹅掌柴，常绿灌木，叶较小，表面有花白色斑纹。

【习性、分布、用途】喜湿热，耐阴，是热带、亚热带地区常绿阔叶林常见的植物。原产于大洋洲，中国广东、福建以及南美洲等地的亚热带雨林。药用及水土保持。

图 8-1-274 鸭脚木

图 8-1-275 花叶鹅掌柴

G62 爵床科 Acanthaceae

（一）科的识别要点

草本、灌木或藤本。叶大多对生、全缘、无托叶。花两性，多穗状花序，苞片通常大，有时有鲜艳色彩，花冠二唇形，二强雄蕊，子房上位，中轴胎座。蒴果。

（二）代表植物

1. 金苞花（黄虾花）*Justicia chinensis*

【识别要点】常绿小灌木，叶对生，绿色。穗状花序顶生，金黄色的苞片紧密排列成四纵列，苞片卵形，花冠白色，唇形。

【习性、分布、用途】喜光，全年开花。各地盆栽观赏。

2. 虾衣花（狐尾木、麒麟吐珠）*Justicia brandegeeana*

【识别要点】常绿小灌木，全株被柔毛，嫩枝节部红紫色。叶对生，穗状花序先端稍下垂，苞片重叠着生，呈红褐色，形似龙虾（或形如狐尾）。

【习性、分布、用途】喜光，分布于华南，全年开花，盆栽观赏。

图 8-1-276 金苞花

图 8-1-277 虾衣花

3. 金脉爵床（黄脉爵床）*Sanchezia speciosa*

【识别要点】常绿灌木，茎具纵棱，单叶对生，叶宽大，叶有锯齿，叶脉羽状，金黄色。

【习性、分布、用途】喜湿，不耐阴，分布于我国长江以南，观叶植物。

4. 白网纹草 *Fittonia verschaffeltii*

【识别要点】草本，高达 50 cm。叶对生，全株有毛，叶卵形，网状脉白色。叶表面具有黄色或花白色斑纹。

【习性、分布、用途】喜湿耐阴，亚热带分布，常作盆栽观赏，室内布置，亦可作吊盆。

图 8-1-278 金脉爵床

图 8-1-279 白网纹草

5. 硬枝老鸦嘴 *Thunbergia erecta*

【识别要点】植株高 2～3 m，分枝多，枝条较柔软。幼茎四棱形，绿色至深褐色。叶具短柄，对生，卵形至椭圆状，纸质，腹面深绿色，背面灰绿色，全缘。花单生于叶腋，苞片绿色，萼极短隐藏于苞片内，花冠斜喇叭形，5 裂，花冠管弯曲，蓝紫色，喉管部为杏黄色。蒴果圆锥形。花期 1～3 月，8～11 月。

【习性、分布、用途】性喜高温，原产于热带地区，我国南方有栽培，作园林绿化，观花植物。

6. 狗肝菜 *Strobilanthes tetraspermus*

【识别要点】根须状，淡黄色。茎多分枝，折曲状，具 6 条钝棱，节膨大呈膝状。单叶对生，暗绿色或灰绿色，卵形或阔卵形，多皱缩或破碎。数个头状花序组成的聚伞花序生于叶腋，叶状苞片一大一小，倒卵状椭圆形。花冠二唇形。蒴果卵形，种子有小疣点。

【习性、分布、用途】喜光湿，分布于我国南部，生于草地、坡地，气微，味淡微甘，以叶多、色绿者为佳。

7. 宽叶十万错 *Asystasia chelonoides*

【识别要点】全草长可达 1 m，多切段。茎具纵棱，少分枝，节膨大。叶对生，皱缩，完整叶片披针形，长 6～12 cm，先端渐尖或长渐尖，基部楔形，具短柄。花白色。蒴果。

【习性、分布、用途】喜高温，生于热带亚热带湿润水边、草地、山坡。全株药用，清湿热，解毒。

图 8-1-280 硬枝老鸦嘴

图 8-1-281 狗肝菜

8. 驳骨丹 *Gendarussa vulgaris*

【识别要点】高草本，枝紫红色，幼枝四棱形，老枝条圆柱形；幼枝、叶下面、叶柄和花序均密被灰色或淡黄色星状短茸毛。单叶对生，节间膨大，叶长椭圆形，中脉凸出。花白色。蒴果。

【习性、分布、用途】性喜高温，原产于热带地区，我国南方有栽培，作园林绿化，观叶植物。

图 8-1-282 宽叶十万错

图 8-1-283 驳骨丹

9. 可爱花 *Eranthemum nervosum*

【识别要点】株高约 120 cm。叶对生，椭圆至卵形，叶脉明显。穗状花序顶生或腋生，长约 7.5 cm，通常合成为圆锥花序；花冠深蓝色、筒形，长约 3 cm。蒴果。

【习性、分布、用途】不耐寒，喜温热及阳光直射环境，宜疏松肥沃土壤，高温时须充分灌水。原产于印度，我国南方有栽培，花淡雅宜人，盆栽用于室内布置。

10. 蓝花草（翠芦莉）*Ruellia brittoniana*

【识别要点】灌木状草本，茎直立，节明显。单叶对生，叶条状披针形，新叶及叶柄呈紫红色，全缘或有浅锯齿，中脉明显，顶渐尖。花单生于叶腋，蓝紫色，花冠漏斗状，波浪状，具放射状条纹。蒴果长条形。

【习性、分布、用途】适应性强，耐高温，对光照要求不严，原产于墨西哥，我国主要在华南地区栽培作观花植物。

图 8-1-284 可爱花

图 8-1-285 蓝花草

11. 大花芦莉 *Ruellia elegans*

【识别要点】高 40～80 cm，茎略具棱。单叶对生，椭圆状披针形，叶面略卷，有细毛。花红色，单生或呈聚伞状，花冠二唇形，花期 4～10 月。

【习性、分布、用途】喜温暖，抗风，耐寒。原产于巴西，世界各地均有栽培。室内盆栽或露地草坪成片栽培，是良好的观花植物。

12. 红网纹草 *Fittonia verschaffeltii*

【识别要点】植株匍匐状，有细毛。单叶对生，卵形，翠绿色，叶脉呈红色网状，显眼明目。

【习性、分布、用途】喜温暖湿润环境，世界各地均有栽培。植株娇小别致，活泼典雅，可悬挂于室内观赏，是理想的室内观叶植物。

13. 红苞花（鸡冠爵床、鸡冠红、红楼花）*Odontonema strictum*

【识别要点】多年生草本，株高 60～120 cm。叶卵状披针形或卵圆状，叶面有波皱，对生，先端渐尖，基部楔形。聚伞花序顶生，红色；花期秋、冬季。

【习性、分布、用途】喜温热，原产于中美洲。盆栽装饰阳台、卧室或书房，也可植于庭园墙垣边或公园、绿地的路边。

14. 大花老鸦嘴 *Thunbergia grandflora*

【识别要点】常绿攀缘大型藤本，茎粗壮，长达 7 m 以上，全株茎叶密被粗毛。叶厚，

图 8-1-286　大花芦莉　　　　图 8-1-287　红网纹草

单叶对生，长 12～18 cm，阔卵形，具 3～5 条掌状脉，类似瓜叶，叶缘有角或浅裂，叶柄无翅。花大，腋生，有柄，多朵单生下垂成总状花序，具叶状苞片 2 枚，初合生，后一侧开裂成佛焰状苞片，有微毛；花萼退化，花冠漏斗状，浅蓝色。蒴果下部近球形，上部具长喙，开裂时似乌鸦嘴。花期 7～10 月，果期 8～11 月。

【习性、分布、用途】性喜温暖湿润及阳光充足的环境，不耐寒，稍耐阴，喜排水良好、湿润的沙质壤土，分枝能力强，广布于热带亚热带。用于绿化大型棚架，中层建筑。

图 8-1-288　红苞花　　　　图 8-1-289　大花老鸦嘴

15. 赤苞花 *Megaskepasma erythrochlamys*

【识别要点】常绿灌木，高可达 3 m。枝有棱。单叶对生，叶片宽椭圆形，黄绿色，表面光滑，叶脉明显。花序顶生，苞片红色，颜色由浅红色至深红色甚至红紫色，花冠二唇状。通常开花 2 天后凋落，但赤红色苞片花后仍可维持约 2 个月，因此具有很高的观赏价值。

【习性、分布、用途】性喜高温，可在全日照、半日照条件下生长，适合排水良好。疏松肥沃的沙质土壤，由于生长迅速、花期持久且长势强健，赤苞花已逐渐成为我国南方地区优良的观赏花卉。

图 8-1-290A　赤苞花（枝叶）

图 8-1-290B　赤苞花（花）

图 8-1-291　白鹤灵芝

16. 白鹤灵芝 *Rhinacanthus nasutus*

【识别要点】灌木，高 1～2 m，枝扁圆柱形，灰绿色，有纵沟。单叶对生，叶常皱缩，绿褐色，卵形、椭圆形或长圆披针形，有短柄。花单生或 2～3 朵排成小聚伞花序，花冠管延长，2 唇形，白色。蒴果长椭圆形，种子 4 枚或少数。

【习性、分布、用途】适宜生长在海拔 500 m 左右的疏林及灌丛中，我国广东、广西有分布，全株药用，可降火祛燥。

G63 玄参科 Scrophularicaeae

1. 母草 *Lindernia crustacea*

【识别要点】草本，根须状，高 10～20 cm，常铺散成密丛。多分枝，枝弯曲上升，微方形有深沟纹，无毛。叶片三角状卵形或宽卵形，顶端钝或短尖，基部宽楔形或近圆形，边缘有浅钝锯齿。花紫色。

【习性、分布、用途】生于湿处草地，分布于秦岭、淮河以南以及云南以东各省区，热带、亚热带广布。有药用价值。

2. 蒲包花 *Calceolaria herbeohybrida*

【识别要点】全株具绒毛。叶对生，卵形或卵状椭圆形，全缘，叶尖钝圆。伞形花序，花冠唇形，上层较小，前伸，下层膨胀呈现荷包状，向下弯曲，花色以黄色为多，且具橙褐色斑点，此外还有乳白色、淡黄色、赤红色等。蒴果，花期 5～12 月，以 3～5 月开花最佳。

【习性、分布、用途】喜光，喜湿润，原产于南美，现我国南方用于盆栽观赏，常用于室内布置。

图 8-1-292　母草

图 8-1-293　蒲包花

3. 天使花（香彩雀）*Angelonia salicariifolia*

【识别要点】多年生草本，全株密被细毛。枝条稍有黏性，枝叶有油腺，具异味。单叶对生，叶狭长形，叶缘呈浅缺刻。花腋生，花冠唇形，花期长，全年开花，以春、夏、秋季最为盛开，花色有紫色、淡紫色、粉红色、白色等。蒴果。

【习性、分布、用途】性喜高温多湿，原产于南美，现我国南方栽培布置花坛、花台，亦可作水生植物栽培美化水体环境。

4. 爆仗竹 *Russelia equisetiformis*

【识别要点】常绿半灌木状草本，枝叶纤细，下垂，分枝多，小枝轮生，节明显。叶细小，多退化。圆锥花序红色，花冠管状，顶端略二唇形，开花繁茂、花色鲜红，大串下垂俨如炮仗，颇为壮观。

图 8-1-294　天使花

图 8-1-295　爆仗竹

【习性、分布、用途】性喜高温高湿，原产于中美洲，我国各地栽培，花色持久而红艳，形如爆竹，是阳台理想的垂挂绿化植物，可应用于阳台花池、坝顶、坡边等处的绿化栽培。

5. 野甘草 *Scoparia dulcis*

【识别要点】多年生草本或亚灌木，全株无毛。茎直立，有分枝，下部木质化。叶小，对生，披针形至椭圆形或倒卵形，先端短尖，基部渐狭而成一短柄，边缘有锯齿。花小，多数，白色，单生或成对。蒴果卵状至球形。

【习性、分布、用途】喜阴耐湿。分布于广东、广西、云南；原产于美洲热带，现在蔓延分布于全球热带；生荒地、路旁。有清肺止咳、清热利湿的功效。

6. 夏堇（蓝猪耳）*Torenia fournieri*

【识别要点】一年生草本，植株低矮，整齐而紧密，多分枝。茎四棱形，光滑。叶对生。花二唇状，上唇浅紫色，下唇深紫色，基部渐浅，喉部有醒目的黄色斑点。栽培种有桃红色、深桃红色及紫色等。花期6～9月。

【习性、分布、用途】喜高温，耐炎热，不耐寒；喜光，耐半阴，耐旱。原产于亚洲热带，各地有栽培。夏季花坛的良好材料，也可盆栽观赏。

图8-1-296 野甘草

图8-1-297 夏堇

G64 苦苣苔科 Gesneriaceae

1. 非洲紫罗兰 *Saintpaulia ionantha*

【识别要点】矮小草本花卉。肉质叶基生，卵圆形，缘具浅锯齿，两面密布粗毛。花梗自叶间抽生，总状花序，小花蝶形，花色红、紫、白各色。花期春秋季。

【习性、分布、用途】喜温暖湿润环境。原产于非洲，现世界各地均有栽培，花、叶皆美，花期长，是温室盆栽小型观花植物。

2. 袋鼠花 *Columunea lobata*

【识别要点】茎蔓生，纤细，密被红褐色茸毛。叶深绿色，卵形，对生，叶背有紫红色的斑块。花形如袋鼠，花期9月至翌年5月。

【习性、分布、用途】喜温暖湿润环境。世界各地均有栽培。为室内盆栽悬吊花卉。

图 8-1-298 非洲紫罗兰

图 8-1-299 袋鼠花

3. 鲸鱼花 *Columnea microcalyx*

【识别要点】多年生常绿草本植物，蔓生。茎纤细，密被红褐色茸毛。叶深绿色，卵形，对生。单花生于叶腋，橘红色，喉部黄色；花形好像张开的鲨鱼大嘴；花期 9 月至翌年 5 月。

【习性、分布、用途】喜湿，原产于马来西亚、哥斯达黎加及中、南美洲等地。它们常以附生性蔓藤的姿态贴附树木悬垂而下，园林中用作吊盆。

4. 毛萼口红花 *Aeschynanthus radicans*

【识别要点】附生性常绿蔓生藤本植物。叶对生，卵形、椭圆形或倒卵形，革质或稍带肉质，全缘，中脉明显，侧脉隐藏不显，叶面浓绿色，背浅绿色。花腋生或顶生成簇，花冠红色至红橙色；花萼筒状，黑紫色被绒毛，待长至约 2 cm 时，花冠才从萼口长出，筒状，鲜艳红色，如同口红一般故名。

【习性、分布、用途】喜温湿环境，主要分布于热带亚热带地区，我国南方栽培作吊盆。

图 8-1-300 鲸鱼花

图 8-1-301 毛萼口红花

G65 菊科 Asteraceae

（一）科的识别要点

多为草本。叶常互生，无托叶。头状花序单生或再排成各种花序，外具一至多层苞片组成的总苞；花两性，稀单性或中性，极少雌雄异株；花萼退化，常变态为毛状、刺毛状或鳞片状，称为冠毛；花冠合瓣，管状、舌状或唇状；雄蕊 5，着生于花冠筒上；花药合生成筒状，称聚药雄蕊。瘦果。

（二）代表植物

1. 藿香蓟（胜红蓟）*Ageratum conyzoides*

【识别要点】一年生草本。基部多分枝，丛生状，全株具毛。叶对生，卵形至圆形。头状花序小，聚伞状着生枝顶，小花筒状，无舌状花，蓝或粉白。与之相似的有假臭草，但叶较大，叶裂较深。分布于草地，水沟等阴湿处。

【习性、分布、用途】不耐寒、忌炎热，喜阳光充足。原产于中南美洲，华北、华东地区栽培较多。宜为花坛、花丛、花群或边缘种植，也可作地被栽培。

图 8-1-302 藿香蓟

图 8-1-303 假臭草

2. 革命菜 *Gynura crepidioides*

【识别要点】高 50～120 cm，具纵条纹，光滑无毛，上部多分枝。单叶互生，叶片长圆状椭圆形，先端渐尖，边缘有重锯齿或有时基部羽状分裂，两面近无毛。头状花序多数，排成圆锥状聚伞花序；总苞圆柱形，顶端有短簇毛；花全为筒状两性花，粉红色。瘦果被毛；冠毛丰富，白色。花果期 9～11 月。

【习性、分布、用途】广泛分布于我国南部的山地、沟边、路旁，曾为红军充饥野菜，故命名为“革命菜”。

3. 野苦荬 *Cichorium endivia*

【识别要点】一年生或二年生草本植物。根圆锥状，垂直直伸，有多数纤维状的须根。茎直立，单生，高 40～150 cm，有纵条棱或条纹，全部茎枝光滑无毛。基生叶羽状深裂，长椭圆形或倒披针形。头状花序黄色。

【习性、分布、用途】喜光，全球分布，为食用野茶，有消炎作用。

4. 加拿大蓬 *Erigeron canadensis*

【识别要点】草本，茎具纵条纹。叶条状披针形，无叶柄，叶互生，两面被硬毛，基生叶和下部茎生叶倒披针形，全缘或具有少数下尖齿，基部渐狭成叶柄。头状花序密集成伞房状或圆锥状。瘦果细小。

【习性、分布、用途】喜阳光，原产于北美洲，现广泛分布于中国各地，为主要杂草。

图 8-1-304　革命菜

图 8-1-305　野苦荬

5. 鬼针草 *Bidens bipinnata*

【识别要点】一年生草本，茎直立，高 30～100 cm，钝四棱形，无毛或上部被极稀疏的柔毛，基部直径可达 6 mm。茎下部叶较小，3 裂或不分裂，通常在开花前枯萎，三出复叶，小叶 3 枚，两侧小叶椭圆形或卵状椭圆形，有时偏斜，不对称，具短柄，边缘有锯齿、顶生小叶较大。花序白色。瘦果顶有硬刺 2～4 条，刺有倒毛，常借此附着于动物毛皮上或人衣服上远播他处。

【习性、分布、用途】喜光湿，广泛分布于我国各地，为主要路边杂草。为民间草药。

图 8-1-306　加拿大蓬

图 8-1-307　鬼针草

6. 一点红 *Emilia sonchifolia*

【识别要点】茎直立，株高 10～30 cm，有分枝，柔弱、粉绿色，光滑无毛或被疏毛。叶互生，无柄，常抱茎；下部叶卵形，边缘具钝齿；上部叶较小，全缘或有细齿，叶背常为紫红色。头状花序在茎或枝顶排列成疏散的伞房状花序，花序有长柄；花紫红色，全为两性管状花。瘦果长圆柱形。

【习性、分布、用途】广泛分布于我国各省的草地、沟旁、田间。全株药用，具消炎止肿作用。

7. 苍耳 *Xanthium sibiricum*

【识别要点】一年生草本，高可达 1 m，根纺锤状，分枝或不分枝。茎直立不枝或少有分枝，下部圆柱形，径 4～10 mm，上部有纵沟，被灰白色糙伏毛。叶三角状卵形或心形，近全缘，或有 3～5 不明显浅裂，顶端尖或钝，基部稍心形或截形，与叶柄连接处呈相等的楔形，边缘有不规则的粗锯齿，有三基出脉。瘦果具刺状黏毛，种子细小。

【习性、分布、用途】喜光，耐阴。原产于美洲和东亚，广布于欧洲大部、北美部分地区和中国各地，生于山坡、草地、路旁。全株都有毒，以果实特别是种子毒性较大。其种子在我国民间俗称“苍耳子”，误食易呕吐。

图 8-1-308 一点红

图 8-1-309 苍耳

8. 波斯菊（大波斯菊、秋英）*Cosmos bipinnatus*

【识别要点】一年生草本，细茎直立，分枝较多。单叶对生，二回羽状全裂，裂片狭线形。头状花序着生在细长的花梗上，顶生或腋生；舌状花 1 轮，花瓣尖端呈齿状，有白、粉、深红色，筒状花黄色。花期夏、秋季。

【习性、分布、用途】喜温暖，不耐寒，忌酷热；喜光，耐干旱瘠薄；可自播繁衍。原产于墨西哥，各地均有栽培。良好的地被花卉，也可作花丛、花境、花群，基础种植以及切花。

9. 向日葵 *Helianthus annuus*

【识别要点】一年生草本，粗壮茎直立，被白色粗硬毛。叶通常互生，心状卵形或卵圆形。头状花序，极大，直径 10～30 cm，单生于茎顶或枝端，常下倾，花序边缘舌状花黄色，花序中部管状花棕色或紫色。瘦果。花期 8～9 月。

【习性、分布、用途】性喜温暖，耐旱。原产于北美洲，各地有栽培。高型品种可作花境应用，矮型品种可做花坛、盆栽，也可作切花。

10. 瓜叶菊 *Pericallis hybrida*

【识别要点】多年生作一、二年生栽培，分为高生种和矮生种。全株被微毛。叶片大，形如黄瓜叶，绿色光亮。花顶生，头状花序多数聚合成伞房花序，花色丰富，除黄色其他颜色均有，还有红白相间的复色，花期 1～4 月。

图 8-1-310　波斯菊

图 8-1-311　向日葵

【习性、分布、用途】不耐寒，喜冬季温暖、夏季凉爽，忌炎热。原产于北非。良好的盆栽花卉，温暖地区作花坛花卉。

11. 万寿菊（臭芙蓉）*Tagetes erecta*

【识别要点】一年生草本，茎光滑粗壮，绿色。叶对生，羽状全裂，具有特殊气味。头状花序单生，花序梗顶端棍棒状膨大，中空；舌状花黄色或暗橙色；有长爪，边缘常皱曲。栽培品种极多。自然花期 6～10 月。

【习性、分布、用途】喜温暖、阳光充足的环境，耐寒，耐旱。原产于墨西哥，现遍布各地。常作花坛、花丛或花境栽培。

图 8-1-312　瓜叶菊

图 8-1-313　万寿菊

12. 孔雀草 *Tagets patula*

【识别要点】与万寿菊相似，但其植株矮小，舌状花黄色，基部各具紫斑。

【习性、分布、用途】同万寿菊。

13. 百日草（百日菊）*Zinnia elegans*

【识别要点】一年生草本，茎直立而粗壮。叶对生，全缘，基部稍心形抱茎，两面粗糙。头状花序单生枝顶，梗较长，中空；舌状花颜色多样，管状花黄色或橙色。花期6～10月，花形变化多端。

【习性、分布、用途】喜温暖，不耐寒，喜阳光，耐干旱，耐瘠薄。原产于墨西哥，我国普遍栽培。是常见的花坛、花境材料，也可盆栽及作切花。

图 8-1-314 孔雀草

图 8-1-315 百日草

图 8-1-316 皇帝菊

14. 皇帝菊（美兰菊）*Melampodium paludosum*

【识别要点】多年生作一年生栽培，多分枝。叶对生，边缘具锯齿。顶生头状花序，花黄色，花径约 2 cm，花形似雏菊。花期从春至秋季。

【习性、分布、用途】喜强光照，耐高温，适应性强。原产于北美，各地园林均有栽培。适宜花坛、花钵、盆花及大面积种植。

15. 薇甘菊 *Mikania micrantha*

【识别要点】多年生草本植物或灌木状攀缘藤本，平滑至具多柔毛。茎圆柱状，有时管状，具棱。叶薄，淡绿色，卵心形或戟形，渐尖，茎生叶大多箭形或戟形，具深凹刻，近全缘至粗波状齿或牙齿，长 4.0～13.0 cm，宽 2.0～9.0 cm。圆锥花序顶生或侧生，复花序聚伞状分枝；头状花序小，花冠白色，喉部钟状，具长小齿，弯曲。瘦果黑色，表面分散有粒状突起物；冠毛鲜时白色。

【习性、分布、用途】原产于南美洲和中美洲，现已广泛传播到亚洲热带地区。是有害杂草，对果树、园林树木的绞杀作用大，有“植物杀手”之称。

16. 一枝黄花 *Solidago decurrens*

【识别要点】茎直立。单叶互生。头状花序小而多数，聚生成圆锥花序；舌状花黄色，一轮，筒状花也为黄色。花期 7～9 月。

图 8-1-317A　薇甘菊（枝叶）

图 8-1-317B　薇甘菊（花枝）

【习性、分布、用途】生长势强健，要求阳光充足。我国华东、西南有分布。多丛植或栽于台阶两侧，亦可作切花。

17. 紫背菜 *Gynura bicolor*

【识别要点】株高 30～40 cm，茎直立，有时呈蔓性，紫红色。单叶互生，叶柄短，叶卵圆形，叶缘具锯齿，有时羽状浅裂，表面亮绿色，背面呈紫红色。头状花序黄色。

【习性、分布、用途】喜光，抗性强。我国南方有分布，主要用于盆栽观叶或作食用。

图 8-1-318　一枝黄花

图 8-1-319A　紫背菜（叶正面）

图 8-1-319B　紫背菜（叶背面）

18. 芙蓉菊 *Crossostephium chinense*

【识别要点】丛生小灌木，茎稍木质。叶多而密，互生，叶聚生枝顶，密被灰色细毛，两面灰白色，叶细卵形，全缘，有时三浅裂。头状花序黄色。

【习性、分布、用途】喜光，耐热，不耐寒。分布于我国中南部，主要盆栽室内外观叶。

19. 大丽花 *Dahlia pinnata*

【识别要点】多年生球根类植物，块根肉质纺锤状，形似地瓜。茎中空，直立。单叶对生，一至二回羽状裂，有时呈三出叶状。花红色，头状花序顶生，大而艳丽，外轮为舌状花，中央为筒状花，花期夏至秋季，观赏期长。

【习性、分布、用途】喜凉爽气候，不耐寒，忌积水，喜阳光。原产于墨西哥高山地区，我国各地园林有栽培，可用于花坛、花境布置，也是重要的切花。

图 8-1-320 芙蓉菊

图 8-1-321 大丽花

20. 五月艾 *Artemisia indica*

【识别要点】多年生草本，有时呈半灌木状，全株有浓烈的香气。茎高 80～150 cm，具棱，多分枝；茎、枝、叶上面及总苞片初时被短柔毛，后脱落无毛，叶背面被蛛丝状毛，一至二回羽状全裂或深裂。头状花序黄色。

【习性、分布、用途】喜光，产于我国中、低海拔地区路旁、林缘、坡地，具祛风止痒的作用。

21. 假蒿 *Kuhnia rosmarnifolia*

【识别要点】一、二年生高草本植物，全株直立，常绿或秋冬叶变黄。茎直立，具条纹，全株有香味。叶为二回羽状深裂或全裂，裂片细条形。头状花序细小，白色，生于近枝顶部。

【习性、分布、用途】我国南方有栽培，喜湿热，为檀香的寄主植物。

22. 白花蟛蜞菊 *Eclipta prostrata*

【识别要点】一年生草本，高 10～60 cm，全株被白色糙伏毛。茎直立或倾卧，着土后节上易生根。叶对生，叶柄极短或近无柄；叶片披针形，基部楔形，全缘或稍有细锯齿，两面均被白色粗毛。茎叶折搓后渐呈蓝黑色。头状花序有梗，腋生或顶生，花杂性；外围 1～2 层为舌状花，中央为筒状花，白色。瘦果扁，细小。

【习性、分布、用途】喜湿润，生于我国大部分地区的水沟、田边、草地，全株可供药用。

23. 三裂叶蟛蜞菊 *Widelia trifolia*

【识别要点】多年生匍匐状蔓生草本，茎枝可高达 60 cm 以上，蔓延生长，覆盖性很强，所以常被栽培来装饰庭园。叶型分单裂或三裂，叶缘有锯齿，叶对生，厚革质，卵状

图 8-1-322 五月艾

图 8-1-323 假蒿

披针形，两侧有刚毛。头状花黄色，单生于茎顶，舌状花短而宽，仅数片，鲜黄，腋生，具长柄，花期极长，几乎全年见花。瘦果有棱，先端有硬冠毛。

【习性、分布、用途】喜光和温湿，生长快，分布广泛，是一种生长快、覆盖面积大作为地被植物栽植的多年生草本植物。

图 8-1-324 白花蟛蜞菊

图 8-1-325 三裂叶蟛蜞菊

24. 非洲菊 *Gerbera jamesonii*

【识别要点】宿根草本，全株具细毛。叶基生，羽状浅裂或深裂，裂片边缘具疏齿，花梗自叶丛抽生，头状花序高出叶丛，舌状花一至数轮，花色丰富。

【习性、分布、用途】喜光和湿润，全球分布，主要作为切花或盆栽观赏。

25. 东风草 *Blume amegacephala*

【识别要点】攀缘状草质藤本或基部木质。茎圆柱形，多分枝，长 1～3 m 或更长，基部径 5～10 mm，有明显的沟纹，被疏毛或后脱毛，节间长 6～12 cm，小枝节间长 2～4 cm。下部和中部叶有长达 2～5 mm 的柄，叶片卵形、卵状长圆形或长椭圆形，长 7～10 cm，宽 2.5～4 cm，基部圆形。头状花序黄色组成大型的圆锥花序。瘦果小。

【习性、分布、用途】喜阴，产于中国华南、西南地区及浙江、江西、福建、台湾、湖南。全草祛风除湿，活血调经。用于感冒、风湿关节痛、跌打肿痛、产后浮肿、血崩、月经不调。

图 8-1-326 非洲菊

图 8-1-327 东风草

26. 斑鸠菊 *Vernonia esculenta*

【识别要点】草质藤本高 3～4 m，小枝被灰白色密柔毛。叶互生，纸质，卵状椭圆形，卵状披针形或披针形，全缘，叶面有乳头状突起，叶背被灰白色短柔毛。头状花序多数，在枝顶排成宽复伞房状花序，花筒状，淡紫色，花期春夏。

【习性、分布、用途】喜温暖、湿润、阳光充足，要求疏松、肥沃土壤。不耐寒，也不耐干旱。原产于我国西南各地。根茎有毒，叶药用。

27. 刘寄奴 *Herba artemisiae*

【识别要点】多年生草本，植株有香气。常具匍匐茎，单生或少数，具纵棱，中上部分枝，斜向上贴向茎部；茎、枝初时微有短柔毛，后脱落。叶纸质，一至二回羽状全裂，上面浓绿色，近无毛，被白色腺点及小凹点，干后常成黑色，背面除叶脉外密被灰白色绵毛，基生叶与茎下部叶卵形或宽卵形。花白色。

图 8-1-328 斑鸠菊

图 8-1-329 刘寄奴

【习性、分布、用途】喜阴湿，主产于江苏、浙江、江西等地。它具有疗伤止血、破血通经、消食化积、醒脾开胃的功效。它可用于治疗急性黄疸型肝炎、牙痛、慢性气管炎、口腔炎、咽喉炎、扁桃体炎、肾炎、疟疾；外用治疗眼结膜炎、中耳炎、疮疡、湿疹、外伤出血。

28. 田艾 *Anaphalis sinica*

【识别要点】茎直立，疏散或密集丛生，高 20～50 cm，细或粗壮，通常不分枝或在花后及断茎上分枝，被白色或灰白色棉毛，全部有密生的叶。下部叶在花期枯萎；中部叶长圆形，具侧脉向上渐消失的离基三出脉；莲座状叶被密棉毛，顶端钝或圆形。头状花序多数。

【习性、分布、用途】适生于田间草地潮湿地以及低山或亚高山灌丛、草地、山坡和溪岸，产于我国北部、中部、东部及南部。可作艾饼。

29. 地胆头 *Elephantopus scaber*

【识别要点】多年生直立草本，根状茎平卧或斜升。茎直立，稍粗糙，密被白色贴生长硬毛；基部叶莲座状排列，匙形或倒披针状匙形，长 5～18 cm，宽 2～4 cm，顶端圆钝，或具短尖，基部渐狭成宽短柄，边缘具圆齿状锯齿； 茎生叶少数而小，倒披针形或长圆状披针形，向上渐小，全部叶上面被疏长糙毛，下面密被长硬毛和腺点。花白色，头状花序多数，在茎或枝端组成束生的团球状复头状花序。

【习性、分布、用途】喜阴湿，生于山谷、村边及路旁。分布在中国南方各省，特别在广东、广西和福建多见。药用，可清热祛湿。

图 8-1-330　田艾

图 8-1-331　地胆头

30. 菊花 *Chrysanthemum morifolium*

【识别要点】株高 60～150 cm，直立，基部半木质化，分枝多，小枝绿色可带灰褐色。单叶互生，叶片变化大，叶表面有腺毛，分泌一种菊叶香气。头状花序单生或数个聚生茎顶，边缘为舌状花，色彩丰富，单性不孕，中间为筒状花，两性可结实。瘦果小。

【习性、分布、用途】适应性强，喜阳光。原产于我国，现世界各地广泛栽培，是我国的传统名花，主要用于盆栽观赏，也可作切花栽培。

主要品种：

按花期分，有早菊（9～10 月）、秋菊（11 月）、晚菊（12 月）。

按花径大小分，有大菊、中菊、小菊。

按花型变化分，有平瓣类、匙瓣类、管瓣类、桂瓣类等。

31. 佛珠 *Senecio rowleyanus*

【识别要点】茎蔓性悬垂或匍匐土面生长。叶肉质，圆球形至纺锤形，叶中心有一条透明纵纹，尾端有微尖状突起。

【习性、分布、用途】喜湿润环境，原产于南非，我国华南与西南作吊盆植物观赏。

图 8-1-332A 菊花（花红色）

图 8-1-332B 菊花（花黄色）

图 8-1-332C 菊花（花卉展览）

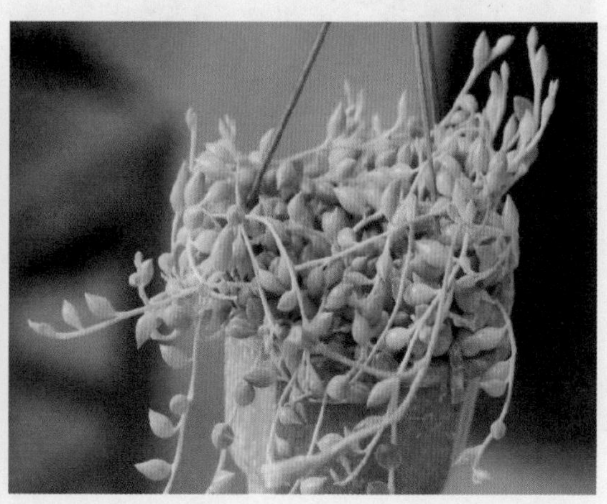

图 8-1-333 佛珠

32. 蛇鞭菊 *Liatris ligulistylis*

【识别要点】宿根草本，地下具黑色块茎。叶互生，条形，全缘，下部叶较上部大。头状花序排列呈密穗状，长约 60 cm，花紫红色，自基部向上开花。

【习性、分布、用途】喜光，耐寒，耐热，喜湿润，原产于美国东部，我国各地可作切花布置。

33. 南非叶（桃叶斑鸠菊）*Vernonia amygdalina*

【识别要点】多年生灌木状高草本，幼枝有细毛。单叶互生，叶宽阔椭圆形，边缘有细锯齿，羽状脉，中脉在叶背面突出。极少开花结果。

【习性、分布、用途】喜湿润环境，原产于南非，从马来西亚、新加坡移植到我国，无性繁殖生长能力强，在我东南沿海地区被称为“将军叶”，俗称“苦茶”。有清热解毒、降血压的功效。

图 8-1-334 蛇鞭菊

图 8-1-335 南非叶

34. 金盏菊（金盏花）*Calendula officinalis*

【识别要点】二年生草本。全株被白色茸毛。单叶互生，全缘，基生叶有柄，上部叶基抱茎。头状花序单生茎顶，舌状花淡黄色至深橙红色，筒状花，黄色或褐色。品种较多。花期春季。

【习性、分布、用途】喜冷凉，忌炎热，较耐寒。喜阳光充足。原产于南欧和北非，现各地都有栽培。春季花坛常用花卉，也可盆栽观赏。

图 8-1-336 金盏菊

G66 龙胆科 Gentianaceae

洋桔梗 *Eustoma grandiflorum*

【识别要点】多年生植物，株高 30～100 cm。单叶对生，阔椭圆形至披针形，几无柄，叶基略抱茎；叶表蓝绿色。花色丰富，有单色及复色、花瓣单瓣与双瓣之分。

【习性、分布、用途】喜石灰岩土，原生于美国南部至墨西哥之间的石灰岩地带，现广泛栽培，是国际上十分流行的盆花和切花种类之一。

图 8-1-337A 洋桔梗（盆栽）

图 8-1-337B 洋桔梗（切花）

图 8-1-338 鸳鸯茉莉

G67 茄科 Solanaceae

1. 鸳鸯茉莉（二色茉莉、丁香茉莉）*Brunfelsia brasiliensis*

【识别要点】木本，高达 1 m。叶互生，全缘，花冠高脚碟状，初开时蓝紫色，渐变淡蓝色至白色，微香。

【习性、分布、用途】喜光，分布于热带亚热带地区，花美丽可供观赏。

2. 乳茄（五代同堂、五指茄）*Solanum mammosum*

【识别要点】株高 1 m 左右，全株被细茸毛，有皮刺。叶对生，阔卵形，叶缘浅裂。花淡紫色。幼果淡紫色，倒梨形，成熟时黄色或橙黄色，通常在基部有 1～5 个乳头状突起。

图 8-1-339A 乳茄（植株）

图 8-1-339B 乳茄（果实）

【习性、分布、用途】喜温湿环境，分布于亚热带地区，我国南部主要用于盆栽观赏，亦可作切花。

3. 龙葵 *Solanum nigrum*

【识别要点】一年生草本，高 30～60 cm。茎直立，上部多分枝，稀被白色柔毛。叶互生，卵形，长 2.5～10 cm，宽 1.5～5.5 cm，全缘或具波状齿，先端尖锐，基部楔形或渐狭至柄，叶柄长达 2 cm。浆果球形，直径约 8 mm，熟时黑色。

【习性、分布、用途】喜湿，适宜生长于河旁沟边，我国长江以南有分布。供药用和食用。

4. 水茄 *Solanum torvum*

【识别要点】高 1～3 m，小枝、叶下面、叶柄及花序梗均被星状毛。小枝疏生基部宽扁的皮刺，皮刺淡黄色或淡红色，长 2.5～10 mm。叶卵形至椭圆形，长 6～9 cm，宽 4～11 cm，先端尖，基部心形或楔形，两边不相等，边缘 5～7 浅裂或波状，下面灰绿，密被具柄星状毛；脉有刺或无刺；叶柄长 2～4 cm，具 1～2 枚皮刺或无刺。花白色，浆果球形，黑色，有宿存线形花柱，有宿存萼。

【习性、分布、用途】喜湿，适宜生长于河旁沟边，我国长江以南有分布。供药用，祛湿。

图 8-1-340　龙葵

图 8-1-341　水茄

5. 矮牵牛（碧冬茄）*Petunia hybrida*

【识别要点】全株被黏毛。茎常倾卧。叶卵形，全缘，近无柄，上部对生，下部多互生。花色丰富，花冠漏斗状，先端波状浅裂，四季开花。

【习性、分布、用途】可盆栽，是花坛、花境摆设的良好材料，适合夏花坛及自然式布置。

6. 冬珊瑚（吉庆果）*Solanum pseudocapsicum*

【识别要点】多年生直立分枝的小灌木，多分枝呈丛生状，茎半木质化。叶互生，椭圆形或披针形，大小不等，枝叶稠密，冠形整齐。浆果红色，球形，供观赏。

【习性、分布、用途】喜光，分布广泛，我国各地栽培观赏。

图 8-1-342 矮牵牛

图 8-1-343 冬珊瑚

7. 五色椒（观赏椒、朝天椒）*Capsicum frutescens* var. *cerasiforme*

【识别要点】多年生草本，常作一年生栽培。单叶互生，卵形。花白色，单生于叶腋。果实直立或稍倾出，浆果，成熟过程由绿转白、黄、橙、紫、蓝等色，果形有卵形、圆球形、扁球形等。

【习性、分布、用途】喜湿，我国各地盆栽观赏，亦可作花坛布置。

8. 茄子 *Solanum melongena*

【识别要点】草本或亚灌木植物，高达 1 m。小枝多紫色，老时毛脱落。叶卵形或长圆状卵形，长 6～18 cm，先端钝，基部不对称，浅波状或深波状圆裂，侧脉 4～5 对，叶柄长 2～4.5 cm。花多单生，稀总状花序。果形状大小变异极大，色泽多样。

【习性、分布、用途】适应性强，原产于阿拉伯，我国各省栽培食用。

图 8-1-344 五色椒

图 8-1-345 茄子

9. 木本夜来香（洋素馨）*Cestrum nocturnum*

【识别要点】藤状灌木，小枝被短柔毛。叶对生，卵状长圆形或宽卵形，全缘，基部心形凹陷，叶具短茸毛，有长柄，先端有小尖。花簇生于叶腋，有短柄，黄绿色，芳香，尤其在夜间。花期 5～9 月。

【习性、分布、用途】喜光，分布于长江以南，适宜栽于庭园内和盆栽，其花既可欣赏，又香味扑鼻，还可供食用和药用。

图 8-1-346A　木本夜来香（枝条）

图 8-1-346B　木本夜来香（花枝）

10. 番茄（西红柿）*Solanum lycopersicum*

【识别要点】一年生或多年生草本植物，体高 0.6～2 m，全体生黏质腺毛，有强烈气味，茎易倒伏。叶羽状复叶或羽状深裂。花序总梗长 2～5 cm，常 3～7 朵花，花萼辐状，花冠辐状。浆果扁球状或近球状，肉质而多汁液，种子黄色。花果期夏秋季。

【习性、分布、用途】适应性强，原产于南美洲，中国南北方广泛栽培。番茄的果实营养丰富，具特殊风味。可以生食、煮食，加工番茄酱，汁或整果罐藏。

图 8-1-347　番茄

G68 旋花科 Convolvulaceae

1. 五爪金龙（番仔藤、掌叶牵牛）*Ipomoea cairica*

【识别要点】多年生缠绕草质藤本，全体无毛，老时根上具块根。茎细长，有细棱，有时有小疣状突起。叶掌状 5 深裂或全裂，裂片卵状披针形、卵形或椭圆形，中裂片较大，两侧裂片稍小，具小短尖头，全缘或不规则微波状，基部 1 对裂片通常再 2 裂。聚伞花序，花蓝紫色，花冠漏斗状。蒴果球形。

【习性、分布、用途】适生于排水良好的平地、山地路边灌丛、向阳处，有很强的攀爬能力。原产于非洲，现我国南部有分布，为一种有害杂草。全株或根具医药功效，可凉血活血，壮筋骨；主治跌打损伤、骨折。

2. 牵牛花 *Ipomoea cairica*

【识别要点】蔓生一年生草本。叶大，互生，叶片 3 裂，中央裂片特大，两侧裂片有时浅裂。花大，花冠漏斗状，有平、皱、裂等瓣形，花色丰富，花期 7～9 月。

【习性、分布、用途】喜阳光充足，原产于热带，现栽培于我国华南、华东、西南地区，主要作垂直绿化植物。

图 8-1-348 五爪金龙

图 8-1-349 牵牛花

G69 车前科 Plantaginaceae

图 8-1-350 车前

车前（车前草、车轮草）*Plantago asiatica*

【识别要点】二年生或多年生草本，须根多数，根茎短，稍粗。叶基生呈莲座状，平卧、斜展或直立；叶片薄纸质或纸质，宽卵形至宽椭圆形，弧状平行脉。穗状花序细圆柱状，3～10 个，直立或弓曲上升；花序梗有纵条纹，疏生白色短柔毛。蒴果。

【习性、分布、用途】喜湿，生于草地、沟边、河岸湿地、田边、路旁或村边空旷处，海拔 3～3 200 m。我国各省有分布，朝鲜、俄罗斯（远东）、日本、尼泊尔、马来西亚、印度尼西亚也有。全草可药用，具有利尿、清热、明目、祛痰等功效。

G70 冬青科 Ilexaceae

1. 毛冬青 *Ilexpubescens*

【识别要点】常绿灌木或小乔木，小枝纤细，近四棱形，灰褐色，密被长硬毛，具纵棱脊，无皮孔，有明显的叶痕。单叶互生，叶柄红褐色，有槽，叶片纸质或膜质，椭圆形或长卵形，边缘具疏而尖的细锯齿或近全缘，叶面绿色，背面淡绿色，主脉在叶面平坦或稍凹陷，背面隆起，在叶面不明显，背面明显。花序簇生于叶腋内。果球形，红色。

【习性、分布、用途】喜阴湿，生于密林中，我国南方广布，可清热解毒、祛湿。

2. 梅叶冬青 *Ilex asprella*

【识别要点】灌木，高达 3 m，有长枝及短枝，长枝纤细，小枝光滑无毛，绿色具明显的皮孔，干后褐色。叶卵状椭圆形或卵形，互生，膜质或纸质，表面绿、深绿至黄绿色，背面浅绿色，背有细腺点，基部宽楔形，先端渐尖成尾状，具细锯齿状叶缘，中脉上部稍凹下。伞形花序，花白色。核果球形黑色。

【习性、分布、用途】耐阴，我国各地均有分布，生于密林，荒山绿化。

图 8-1-351 毛冬青

图 8-1-352 梅叶冬青

G71 唇形科 Lamiaceae

（一）科的识别要点

草本，植物体含芳香油。茎方形。单叶对生或轮生，无托叶。花冠唇形，5 裂，雄蕊 4 枚，二强雄蕊。坚果。

（二）代表植物

1. 彩叶草（洋紫苏）*Plectranthus scutellarioides*

【识别要点】全株有毛，茎四棱，基部稍木质化。叶卵形，对生，边缘有锯齿，表面绿色，有紫色斑纹，色彩斑斓。总状花序顶生，唇形花冠。

【习性、分布、用途】喜温湿，全球分布。为常见的花坛布置材料，尤其适合于毛毡花坛。

2. 一串红（西洋红）*Salvia splendens*

【识别要点】多年生草本，常作一年生栽培。茎基部多木质化，茎四棱，节处常为紫红色。叶对生，卵形，先端渐尖，边缘有锯齿。总状花序顶生，花冠、花萼同色，有鲜红、白、粉、紫等色，唇形花冠。

【习性、分布、用途】喜温湿，全球分布。常用作花丛式花坛、花境主体材料，在北方也是重要的国庆用花材料。

与之相似的有一串紫，花紫色，有别于一串红，供观赏。

图 8-1-353 彩叶草

图 8-1-354 一串红

3. 风轮菜 *Clinopodium gracile*

【识别要点】纤细草本植物。茎匍匐生长，被倒向短柔毛。基部叶圆形，边缘具疏圆齿，其余叶均为卵形。轮伞花序或密集于茎端成短总状花序，疏花，花萼管状。小坚果卵球形，褐色，光滑。花期 6～8 月，果期 8～10 月。

【习性、分布、用途】喜湿，生于沟边草地，我国长江以南分布。入药，治感冒头痛、中暑腹痛等症。

4. 广防风 *Anisomeles indica*

【识别要点】多年生草本，高 1～2 m。茎四棱形，粗壮，直立，具浅槽，密被白色贴生短柔毛，粗壮，枝叶有香味。单叶对生，叶阔卵圆形，长 4～9 cm，宽 2.5～6.5 cm，先端急尖或短渐尖，基部截状阔楔形，边缘有不规则的牙齿，草质，上面榄绿色，被短伏毛，下面灰绿色，有极密的白色短绒毛。轮伞花序，具短柄或近无柄。花粉红色，瘦果。

【习性、分布、用途】喜温热，生于热带亚热带的草地、路边，全草入药。

图 8-1-355 风轮菜

图 8-1-356 广防风

5. 薄荷 *Mentha haplocalyx*

【识别要点】多年生草本，高 30～60 cm，全株具薄荷特有的香味。茎直立，下部数节具纤细的须根及水平匍匐根状茎，茎四棱形，具纵沟，上部有柔毛，下部毛脱落，多分枝。单叶对生，叶片长圆状披针形，长 3～5（7）cm，宽 0.8～3 cm，先端锐尖，侧脉 5～6 对。轮伞花序腋生，花冠淡紫色。果球形。

【习性、分布、用途】喜温湿，原产于欧洲，我国各地均有栽培，品种多。药用，是一种芳香植物。

6. 金不换 *Ocimum basilicum*

【识别要点】一年生直立草本，全体芳香，高 20～70 cm。茎四方形，上部多分枝，表面通常紫绿色，被柔毛。叶对生，卵形或卵状披针形，长 2～6 cm，宽 1～3.5 cm，先端急尖或渐尖，基部楔形，边缘有疏锯齿或全缘，下面有腺点，叶柄长 0.7～2 cm。轮伞花序顶生，呈间断的总状排列。

【习性、分布、用途】喜湿，我国南部栽培，是有名的香料植物。可食用与药用。

图 8-1-357 薄荷

图 8-1-358 金不换

7. 猫须草 *Clerodendranthus spicatus*

【识别要点】多年生草本，茎直立，四棱形，高 1～1.5 m。叶对生，卵形或卵状长圆形，边缘有粗锯齿，齿端有小尖突。总状花序白色，二强雄蕊，花丝长丝状伸出花冠，形如猫须而得名。

【习性、分布、用途】生于林下潮湿处，我国华南地区广为栽培，可观赏与药用，清凉消炎。

8. 溪黄草 *Rabdosia serra*

【识别要点】多年生草本。根茎肥大，粗壮，有时呈疙瘩状，向下密生纤细的须根。茎直立，高达 1.5（2）m，钝四棱形，具四浅槽，有细条纹，带紫色，基部木质，近无毛，向上密被倒向微柔毛，上部多分枝。单叶对生，卵圆形，边缘具粗大锯齿，有黄色腺点，两面均有细毛。聚伞花序组成圆锥花序。坚果。

【习性、分布、用途】喜湿润环境，常成丛生于山坡、路旁，分布于我国大部分省区。我国民间俗称土黄连等，具有清热利湿、退黄祛湿、凉血散瘀的功效，用于治疗急性黄疸型肝炎。

图 8-1-359 猫须草

图 8-1-360 溪黄草

图 8-1-361 斑种草

G72 紫草科 Boraginaceae

斑种草 *Bothriospermum chinense*

【识别要点】一年生草本，根细长，不分枝。茎数条丛生，直立或斜升，由中部以上多分枝，斜升或近直立，有倒贴的短糙毛。单叶互生，叶细卵形，有粗毛。花白色，花期 4～6 月。

【习性、分布、用途】喜湿，生长于荒地、路边、丘陵草坡、田边、向阳草甸。为中国所特有物种，属非人工引种栽培，有药用价值，可入药。

G73 萝摩科 Asclepiadaceae

（一）科的识别要点

草本或木本，有白色有乳汁。单叶对生，无托叶。花两性，常为伞形花序，聚伞花序。朔果。

（二）代表植物

1. 莲生桂子（马利筋）*Clepisa curassavica*

【识别要点】高达 1 m。叶对生，有乳汁，叶条状披针形。伞形花序，花梗较长，花冠紫红或橙红，反折，副花冠裂片兜状、直立、黄色。果条形。

【习性、分布、用途】喜光，分布于亚热带及我国南部，花供观赏。

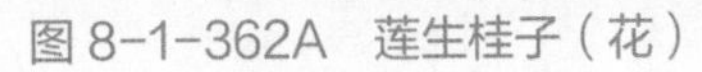

图 8-1-362A 莲生桂子（花）

图 8-1-362B 莲生桂子（果实）

2. 气球果（钉头果）*Gomphocarpus fruticosus*

【识别要点】高达 1 m，有白色乳汁。单叶对生，叶条形，有毛。果球形，果外密被刺状毛，形似气球，故名气球果。

【习性、分布、用途】喜温湿，分布于热带地区，果可供观赏及作插花用。

图 8-1-363 气球果

G74 马鞭草科 Verbenaceae

（一）科的识别要点

木本或草本，小枝常四棱。单叶或复叶，对生，无托叶。花冠近唇形，二强雄蕊，子房上位，每室 1～2 胚珠。核果或浆果。

（二）代表植物

1. 马缨丹 *Lantana camara*

【识别要点】多年生蔓性灌木，通常有短而下弯的细刺和柔毛。叶具臭味，卵形或心脏形，对生，边缘有小锯齿。头状花序，稠密，花色变化大，有黄、橙黄、红、粉红等色，5～9 月开花。

【习性、分布、用途】喜温湿，我国南方常栽植于墙旁、陡坡。

2. 蔓马缨丹 *Lantana montevidensis*

【识别要点】蔓性灌木，枝下垂，被柔毛，长 0.7～1 m。叶卵形，长约 2.5 cm，基部突然变狭，边缘有粗牙齿。头状花序直径约 2.5 cm，具长总花梗；花长约 1.2 cm，淡紫红色；苞片阔卵形，长不超过花冠管的中部。花期为全年。

【习性、分布、用途】原产于南美洲。各热带地区均有栽培，作垂直绿化主要绿化挡土墙壁，花供观赏。

图8-1-364 马缨丹

图8-1-365 蔓马缨丹

图8-1-366 鬼灯笼

3. 鬼灯笼 *Clerodendrum fortunatum*

【识别要点】直立灌木，幼枝密被短柔毛。叶对生，长椭圆形至倒卵状披针形，全缘或波状，表面疏被短柔毛，背面密生黄色小腺点。聚伞花序腋生，着花3～9朵，花萼红紫色，花冠淡红色或白略带紫色。浆果状核果近球形，深蓝绿色。花果期6～11月。

【习性、分布、用途】喜温湿，分布于我国华南西南密林中，主治发热、咽喉肿痛，清湿热。

4. 白花龙吐珠 *Clerodendrum thomsonae*

【识别要点】直立灌木，茎节明显。单叶对生，叶卵圆形，三出脉。二歧聚伞花序，花萼白色，五裂，花冠红色，高脚碟形，二强雄蕊。坚果。品种红花龙吐珠，其花萼红色以区别之。

【习性、分布、用途】喜光，分布于我国亚热带地区，作观花灌木。

5. 状元红 *Clerodendrum japonicum*

【识别要点】灌木，高1～4 m，枝青绿色，有细毛。单叶对生，叶柄较长，叶片圆心形，顶端尖或渐尖，基部心形，边缘有疏短尖齿，表面疏生伏毛。花红色，由二歧聚伞花序组成顶生，大而开展的圆锥花序。果球形，蓝黑色。

【习性、分布、用途】喜高温、湿润、半荫蔽的气候环境，喜土层深厚的酸性土壤。分布于我国南部。具消湿止肿、清热等功效。

6. 大叶紫珠 *Folium callicarpae*

【识别要点】常绿灌木，全株有密集的白色茸毛。单叶对生，叶多卷曲、皱缩，易破碎，展平后长椭圆形至椭圆状披针形，长15～30 cm，宽5～11 cm，先端渐尖，边缘有锯齿，上面有短柔毛，下面密被灰白色茸毛。果实近球形，鲜时紫色，光滑，径约2 mm。花

图 8-1-367　白花龙吐珠

图 8-1-368　红花龙吐珠

期 5～7 月，果期 8～11 月。

【习性、分布、用途】生于平地、山坡、溪边、林中或灌丛。分布于浙江东南部、江西南部、福建、台湾、广东、广西及云南东南部。叶供药用，气微，味微苦，消炎止血。

7. 裂叶美女樱 *Verbena bipinnatifida*

【识别要点】全株茎叶有细毛，多年生草本植物，茎具匍匐性。叶对生，羽状细裂呈丝状。花顶生，数十朵着生茎顶成伞形花序，小花浓紫色。

【习性、分布、用途】喜光，不耐阴，分布于我国南部，为园林中常用的观花植物。

图 8-1-369　状元红

图 8-1-370　大叶紫珠

图 8-1-371　裂叶美女樱（盆栽植物）

G75 柳叶菜科 Onagraceae

1. 倒挂金钟 *Fuchsia hybrida*

【识别要点】株高 60～150 cm，茎纤弱光滑，褐色，小枝细长，稍下垂弯曲，晕红或紫色。单叶对生或三叶轮生，光滑，椭圆形，叶面绿色中有紫色条纹。花生于枝上部叶腋，具长梗而下垂，花瓣紫色或白色，红色。花期 1～6 月。

【习性、分布、用途】喜凉爽气候，不耐炎热高温。原产于美洲，我国各地均有栽培。花色艳丽，花形奇特，花期很长，为我国常见的盆栽观花植物。

2. 草龙 *Ludwigia hyssopifolia*

【识别要点】一年生直立草本，基部常木质化，常 3 或 4 棱形，多分枝，幼枝被微柔毛。叶披针形至线形，先端渐狭或锐尖，基部狭楔形，在近边缘不明显环结，下面脉上疏被短毛。花淡黄色。蒴果。

【习性、分布、用途】喜阴湿环境，生于田间沟溪等阴湿处，分布热带、亚热带地区。为田间有害杂草，可作药用，有清热解毒的功效。

图 8-1-372 倒挂金钟

图 8-1-373 草龙

图 8-1-374 猪笼草

G76 猪笼草科 Nepenthaceae

猪笼草 *Nepehthes mirabilis*

【识别要点】草本食虫植物。叶互生，长椭圆形，全缘，中脉延长为卷须，末端有一小叶笼，上有小盖，笼内能分泌一种黏液和消化液以吸引和消化昆虫。总状花序。

【习性、分布、用途】不耐寒，在高温环境下生长良好。我国广东等地有分布，形态奇特，适合悬挂，用于点缀室内。

任务 2　单子叶植物识别

【任务描述】

单子叶植物多为草本，少数为乔木状草本，识别有一定的困难。本任务主要介绍了华南地区单子叶植物常见科的代表植物的形态特征、习性、分布和用途。

【任务要求】

识别常见的单子叶植物 150 种以上。

多为草本，稀为木本植物，须根系。茎内维管束散生，通常无形成层，茎常无年轮。叶多具平行脉。花部常为 3 基数。种子子叶 1 枚。

G1 鸭跖草科 Commelinaceae

1. 紫鸭跖草（紫竹梅）*Setcreasea purpurea*

【识别要点】茎肉质紫红色，半蔓性匍匐，多分枝，节部易生根。叶抱茎而生，披针形，具叶鞘，紫红色。花生于枝顶。花期 5～10 月。

【习性、分布、用途】喜温湿，世界各地有栽培。盆栽观赏，可布置花台、花池。

2. 紫背万年青（大蚌花）*Rhoeo discolor*

【识别要点】具短茎。叶剑形，重叠，抱茎，叶面青绿色，背面紫红色。花白色，较小，其苞片合生如蚌壳，故名“蚌花”。花期 5～10 月。

【习性、分布、用途】喜温湿和阳光充足的环境，世界各地均有栽培。株形秀丽，四季常青，是优美的盆栽观叶植物，适于室内装饰或会场布置，也可作草坪地被植物。

图 8-2-1　紫鸭跖草

图 8-2-2　紫背万年青

3. 小蚌花 *Rhoeo spathecea*

【识别要点】多年生草本。叶小而密生，叶背淡紫红色，叶簇密集，叶簇生于短茎，剑形，硬挺质脆，叶面绿色，叶背紫色。花序腋生于叶的基部，佛焰苞呈蚌壳状，淡紫色，花瓣 3 片。与大蚌花不同在于其植株较矮小，叶较小。

【习性、分布、用途】喜光及潮湿环境，在荫蔽处叶面呈淡绿色，叶背淡紫红，强光下叶面渐转浑红，叶背紫红。世界各地栽培，成株较小，以观叶为主，属于观叶植物。

4. 吊竹梅 *Zebrina pendula*

【识别要点】茎蔓性，具紫斑。叶互生，具叶鞘，卵状椭圆形，叶背紫红，叶表面具两条银白色的条纹，中脉及叶缘具紫色的条纹。花紫红色，常年开花。

【习性、分布、用途】喜温湿，耐阴。世界各地均有栽培。可作吊盆观赏，亦可作草坪地被布置，为优美的观叶植物。

图 8-2-3　小蚌花　　　　图 8-2-4　吊竹梅

5. 水竹草 *Zebrina discolor*

【识别要点】多年生匍匐草本。茎稍肉质，叶青绿，抱茎而生，具叶鞘，互生，卵状长椭圆形，青绿色。花簇生于 2 枚顶生、苞片状的叶内，花瓣紫红色。蒴果。其栽培品种为斑叶水竹草，叶背紫红，叶上表面具两列银色条纹，中肋及两侧叶缘具紫红色或银白色条纹。

【习性、分布、用途】喜潮湿环境，原产于墨西哥，多生于阴湿草坪，可作地被植物。

6. 鸭跖草 *Commelina communis*

【识别要点】一年生匍匐草本。叶披针形至卵状披针形，互生。花序顶生或腋生，雌雄同株，花瓣上面两瓣为蓝色，下面一瓣为白色，花苞呈佛焰苞状，绿色，雄蕊有 6 枚。

【习性、分布、用途】适生于阴湿环境，产于云南、四川、甘肃以东的南北各省区，全株可药用。

G2 百合科 Liliaceae

（一）科的识别要点

多年生草本，通常具鳞茎。叶对生或互生。花两性，辐射对称；花被 6，两轮多离生；雄蕊与花被同数，子房上位。蒴果或浆果。

图 8-2-5　水竹草

图 8-2-6　鸭跖草

（二）代表植物

1. 天门冬 *Asparagus densiflouus*

【识别要点】多年生灌木状草本，老枝呈半木质，拱形下垂，绿色，分枝力强，小枝变态呈针叶状，扁平，线形。叶退化呈鳞片状或刺，不明显。总状花序。浆果球形，红色。其栽培品种武竹（篷莱松），茎枝细长，柔软弯曲，叶状枝较宽。

【习性、分布、用途】喜温湿的环境，不耐寒。世界各地均有栽培，装饰性强，可分栽用于花坛、会场布置，也是常见的切花材料。

2. 文竹 *Asparagus plumosus*

【识别要点】蔓性草本。茎细，圆柱形，绿色，丛生多分枝。叶状枝两侧水平展开，呈云片状。花小，白色，有香气。浆果球形。

【习性、分布、用途】喜温暖湿润的环境，不耐强光。世界各地均有栽培。纤细秀丽，青翠欲滴，可常年室内摆放，用于盆栽观赏，也可作切花材料。

图 8-2-7　天门冬

图 8-2-8　文竹

图8-2-9 一叶兰

3. 一叶兰（蜘蛛抱蛋）*Aspidistra clatior*

【识别要点】根状茎粗壮横生。单叶基生，有长柄，坚硬，挺直，长椭圆状披针形，顶部渐尖，深绿色而有光泽。花单生。其栽培品种洒金蜘蛛抱蛋，叶柄直立，坚硬，叶表面具金黄色的斑点。

【习性、分布、用途】喜阴湿温暖环境，我国南方各省重要的室内观叶植物、盆栽。

4. 吊兰 *Chlorophytum comosum*

【识别要点】茎半蔓性。单叶基生，条形细长，鲜绿色。自叶丛中抽生走茎，伸出气根并生新株。花着生于走茎上，白色。

【习性、分布、用途】喜温暖湿润及半阴环境。我国各地均有栽培。常见的室内盆栽观叶植物，常置于架上或吊盆观赏，为室内垂直绿化的极好材料，用于装饰窗台、墙壁等。

常见的吊兰属植物还有：

（1）金边吊兰 var. *marginatum* 叶缘金黄色。

（2）银边吊兰 var. *alba* 叶缘银白色。

（3）金心吊兰 var. *mediopictum* 叶中央金黄色。

图8-2-10 吊兰

图8-2-11 金边吊兰

5. 吉祥草 *Reineckia carnea*

【识别要点】地下具匍匐根状茎，地上具匍匐枝。叶丛生，广线形至线状披针形，基部渐狭成柄，具叶鞘，深绿色。穗状花序紫红色，低于叶丛。浆果球形。

【习性、分布、用途】喜温暖，稍耐寒。我国各地园林均有栽培，可作林下地被栽培，也可盆栽。

6. 沿阶草 *Ophiopogon japonicus*

【识别要点】具细长的地下茎，须根较粗。叶丛生线形，先端渐尖，叶面粗糙，革质。

图 8-2-12　银边吊兰

图 8-2-13　金心吊兰

花葶自叶丛中抽出，有棱，总状花序顶生，较短，花白色。花期 8～9 月。

【习性、分布、用途】耐寒力强。各国园林均有栽培。在南方多栽于建筑物台阶两侧，北方常栽于通道两侧，是极好的观叶及镶边植物。

图 8-2-14　吉祥草

图 8-2-15　沿阶草

7. 假金丝马尾 *Ophiopogon bodinieri*

【识别要点】多年生常绿草本。地下有根状茎，多年生植株可抽生匍匐茎。须根可膨大成块根。叶基生，长线形，绿色，叶边缘或中间有白色纵纹，叶缘条状斑纹较宽。花葶比叶短，总状花序，花白色、紫色、淡紫色或淡绿白色，花期夏季。果紫黑色。

【习性、分布、用途】喜阴湿环境，原产于南美，现我国广泛用于布置地被。叶色美观，为优良的观叶植物，常用作地被植物观赏，也适合林缘、路边、山石边或水岸边丛植或片植。

8. 麦冬 *Liriope spicata*

【识别要点】根状茎粗短，须根发达。叶丛生，窄条带状，稍革质，中脉突出，深绿色。花序从叶丛中抽出，总状花序，花淡紫或白色。花期 8～9 月。

【习性、分布、用途】喜阴湿环境。我国广为栽培，终年常绿，是良好的地被植物及花坛的镶边材料。

图 8-2-16 假金丝马尾

图 8-2-17 麦冬

9. 山菅兰 *Dianella ensifolia*

【识别要点】多年生草本植物，株高 0.3～0.6 m。叶线形，2 列基生，革质。花序顶生，花青紫色或绿白色。浆果紫蓝色，球形，成熟时犹如蓝色宝石。

【习性、分布、用途】喜半阴或光线充足环境，喜高温多湿，对土壤条件要求不严，生于向阳山坡地、裸岩旁及岩缝内，生于海拔 1 700 m 以下的林下、山坡或草丛中。分布于我国南部山区，根可入药，主治拔毒消肿，外用治痈疮脓肿、癣、淋巴结结核、淋巴结炎。

10. 银边山菅兰 *Dianella ensifolia* cv. White Variegated

【识别要点】多年生草本。叶丛生，长带状，边缘有淡黄色斑纹。圆锥状花序生自基部，直立，花黄色。为山菅兰的栽培品种。

【习性、分布、用途】喜光线充足环境，我国南方城市用于布置林下地被。

图 8-2-18 山菅兰

图 8-2-19 银边山菅兰

11. 风信子（洋水仙）*Hyacinthus oientalis*

【识别要点】鳞茎球形。叶 2～6 枚，基生，带状披针形，叶先端圆钝，有光泽。花葶中空，高出叶丛，总状花序密生上部；小花斜伸或下垂，钟状，花色蓝紫、白等各色；花期 2～4 月。

【习性、分布、用途】喜冬季温暖湿润，夏季凉爽干燥的环境，世界各国均有栽培，以荷兰最多。为重要球根植物，可作为早春花坛、花境材料。亦可盆栽观赏布置室内，或作切花。

12. 郁金香 *Tulipa gesneriana*

【识别要点】鳞茎卵球形，被棕褐色鳞毗。叶阔披针形，常直伸，边缘具波纹。花单生茎顶，大型，直立杯状，各色，花期 3～4 月。

【习性、分布、用途】喜冬季温湿环境，耐寒性强，不耐热，在欧洲广泛分布，特别是荷兰为生产中心。可作花坛、花境布置材料或作切花。

图 8-2-20　风信子

图 8-2-21　郁金香

13. 百合（铁炮百合）*Lilium longiflorum*

【识别要点】鳞茎球形，黄白色，抱合紧密。叶多数，互生，披针形。花单生或 2～4 朵生于短花梗上，平伸或稍下垂，蜡白色，具浓香，花期 2～4 月。

【习性、分布、用途】喜温暖而不耐寒，要求光照强烈，世界各地广泛栽培。为重要的球根花卉，宜大片纯植或丛植于草坪边缘、花坛、花境，是名贵的切花，可作插花材料。

14. 芦荟 *Aloe arborescens*

【识别要点】常绿肉质植物，茎节较短，直立。叶肥厚多汁，披针形，幼时二列状排列，长成后叶片呈莲座状着生，叶缘具排列均匀的短刺。总状花序自叶丛中抽生，花橙黄色。

【习性、分布、用途】喜温暖干燥环境，不耐寒，耐旱力强。我国华南地区分布较广，可盆栽观赏，亦可药用，是优良的保健植物。

其品种有：

（1）不夜城芦荟　叶肉质亮绿色，具锯齿。

（2）条纹十二卷（锦鸡尾） 叶背面横生白色瘤状凸起，叶形如锦鸡尾巴而得名。

图 8-2-22 百合

图 8-2-23 芦荟

图 8-2-24 不夜城芦荟

图 8-2-25 条纹十二卷

G3 菝葜科 Smilacaceae

1. 菝葜 *Smilax china*

【识别要点】攀缘状灌木，疏生刺，具粗而厚且不规则的块根。叶互生，有卷须，叶薄革质或纸质，卵圆形或圆形、椭圆形，三出脉，基部宽楔形至心形，下面淡绿色，较少苍白色，有时具粉霜。花单性，雌雄异株，伞形花序。浆果红色。

【习性、分布、用途】常生于山坡密林、河谷或山坡。分布于中国长江以南各地和日本。可入药，药用价值高。

2. 土伏苓 *Smilax glabra*

【识别要点】攀缘灌木，茎光滑，无刺。根状茎粗厚、块状，粗 2～5 cm。叶互生，具狭鞘，常有纤细的卷须 2 条，叶片薄革质，狭椭圆状披针形至狭卵状披针形，三出脉，先端渐尖，基部圆形或钝，下面通常淡绿色。伞形花序单生于叶腋。浆果红色具白粉。

【习性、分布、用途】常生于山坡密林、河谷，分布于我国南部。可入药，药用价值高。

图 8-2-26　菝葜　　图 8-2-27　土伏苓

G4 天南星科 Araceae

（一）科的识别要点

草本，少藤本。具块茎，多有乳状汁液。叶基生或互生，基部具鞘。花小，肉穗花序常具大型佛焰苞，常无花被，子房下位。果为浆果。

（二）代表植物

1. 红掌 *Anthurium andrianum*

【识别要点】株高 50～70 cm。叶鲜绿色，自基部抽生，长椭圆状心形。肉穗花直立，黄色，具大型红色心脏形的佛焰苞，有光泽；现有深红、淡红、粉绿等色。

【习性、分布、用途】喜温暖多湿环境，不耐寒。世界各地均有栽培，是国际上新兴的观赏植物，观叶观花均可，盆栽室内外布置，也可作切花。

2. 白掌（白鹤芋）*Spathiphyllum kochii*

【识别要点】多年生草本，无茎或茎短小。叶长圆形或近披针形，具明显的中脉和叶柄，深绿色。花佛焰苞大而显著，高出叶面，白色或微绿色，肉穗花序乳黄色。

【习性、分布、用途】喜湿润环境生长，原产于美洲热带地区，世界各地广泛栽培。开花时十分美丽，不开花时亦是优良的室内盆栽观叶植物，是新一代的室内盆栽花卉；可以过滤室内废气，对氨气、丙酮、苯和甲醛都有一定的清洁功效；还可以用作切花。

3. 火鹤花 *Anthurium scherzerianum*

【识别要点】多年生附生常绿草本植物。叶革质丛生，长圆披针形，先端尖，基部圆形。根肉质，节间短，叶长椭圆状心脏形。佛焰苞直立开展，肉穗花序无柄，圆柱形，先端黄色，下部白色，螺旋状扭曲。

图8-2-28 红掌

图8-2-29 白掌

【习性、分布、用途】喜温暖湿润环境，耐阴，不耐寒。原产于印度，我国南部有分布，观花、盆栽或温室栽培。

4. 广东万年青（亮丝草）*Aglaonema modestum*

【识别要点】茎直立有分枝，节间明显。叶互生，柄长，基部扩大呈鞘状，先端渐尖。肉穗花序腋生，具白色的佛焰苞，短于叶柄。花期秋季。

【习性、分布、用途】喜温暖湿润环境，耐阴，不耐寒。原产于印度，我国南部有分布，叶色苍翠，四季常青，是良好的盆栽温室观叶植物。

图8-2-30 火鹤花

图8-2-31 广东万年青

常用的同属植物：

（1）白马王子 *A. commutatum* 又称白柄万年青，叶柄白色。

（2）白肋万年青 *A. pictum* 叶中脉白色。

（3）斜纹万年青 *A. eommutatum* cv. San 叶面有深绿色的斜纹供观赏。

（4）黛粉万年青 *A. pictum* var. *alba* 叶大，表面粉白色，边缘为绿色。

（5）银皇后万年青 *A. crispum* 叶椭圆状披针形，叶表面具银白色斑纹。

图 8-2-32 白马王子

图 8-2-33 斜纹万年青

图 8-2-34 黛粉万年青

图 8-2-35 银皇后万年青

5. 花叶万年青 *Dieffenbachia picta*

【识别要点】茎粗壮直立，节间短。叶较大，宽卵形，深绿色，具光泽，有多数不规则白色或淡黄色的斑块，叶柄粗，具长鞘。

【习性、分布、用途】喜高温高湿，原产于巴西，主要用于室内外盆栽观叶。

6. 海芋 *Alocasia macrorhiza*

【识别要点】地下具肉质根茎，地上茎粗壮。叶大而质薄，盾状着生于茎顶，叶柄长有宽叶鞘。肉穗花序，佛焰苞黄色。

【习性、分布、用途】要求高温高湿环境。世界各地有分布，为大型观叶植物，常在草坪一侧栽植。

7. 黑叶观音莲 *Alocasia amazonica*

【识别要点】多年生草本，茎短缩，常有 6～4 枚叶。叶箭形盾状，长 30～40 cm，宽

图 8-2-36　花叶万年青

图 8-2-37　海芋

10～20 cm，先端尖锐、有时尾状尖；叶柄长，浅绿色，叶缘有 5～7 个大型齿状缺刻；主脉三叉状，侧脉直达缺刻；叶浓绿色，叶脉银白色，叶缘周围有一圈极窄的银白色环线，十分醒目，叶背紫褐色。

【习性、分布、用途】喜阴湿，分布于热带地区，我国南方盆栽观赏。

8. 滴水观音 *Alocasia macrorrhizos*

【识别要点】多年生草本，地下具根状茎。叶基生，叶柄长，上有沟槽，叶阔卵形，叶基心形，顶尾尖，叶面深绿色。

【习性、分布、用途】喜湿热，为热带和亚热带常见观赏植物。有药用价值，球茎和叶可以药用，其叶汁入口会中毒，根茎有毒。

图 8-2-38　黑叶观音莲

图 8-2-39　滴水观音

9. 红粉佳人 *Caladium bicolor*

【识别要点】多年生常绿草本植物。叶盾状箭形或心形，色泽美丽，变种极多。佛焰苞绿色，上部绿白色，呈壳状；肉穗花序。

【习性、分布、用途】喜高温多湿气候，原产于南美亚马逊河流域，叶表面具各式花纹，在热带地区盆栽观赏。

10. 绿巨人（绿巨人万年青）

【识别要点】高 100～130 cm，茎叶粗壮。佛焰花序腋生，花序苞初开时为白色，后转为绿色长勺状，长 30～35 cm，宽 10～13 cm，芳香。成年植株每年开 1～3 枝花，每枝花可开放 20～25 天。花期 4～7 月，花后不易结实。

【习性、分布、用途】喜湿润环境，主要分布于我国南部，盆栽观赏。

图 8-2-40　红粉佳人

图 8-2-41　绿巨人

11. 龟背竹 *Monstera deliciosa*

【识别要点】多年生木质藤本或攀缘性常绿灌木。茎绿色，粗壮。叶柄粗壮，绿色；叶片大，轮廓心状卵形，厚革质，表面发亮，上有大小不一的孔洞，淡绿色，背面绿白色。

【习性、分布、用途】喜湿环境，主要分布于热带亚热带地区，观赏绿化。

12. 迷你龟背竹 *Monstera obliqua*

【识别要点】其与龟背竹的主要区别在于体型较小，叶小型，常有小型的孔洞。

【习性、分布、用途】喜湿，华南盆栽观赏。

图 8-2-42　龟背竹

图 8-2-43　迷你龟背竹

13. 合果芋（白蝴蝶）*Syngonium podophllum*

【识别要点】茎呈蔓性，节部常有气生根。单叶互生，叶片薄而呈戟形，老叶三深裂，叶片上常有各种白色斑块。

【习性、分布、用途】适应性强，喜湿润气候。我国华南地区露地栽培，叶色美丽，叶形奇特，是良好的室内盆栽植物。

14. 春羽（羽裂喜林芋）*Philodendron selloum*

【识别要点】茎呈蔓性。叶大而厚，有光泽，长圆形，呈粗大羽状深裂，基部心形，叶柄坚挺而细长。佛焰苞不明显。

【习性、分布、用途】喜温湿，不耐寒。为盆栽大型观叶植物，适于宾馆、厅堂或荫棚下布置。

图 8-2-44 合果芋

图 8-2-45 春羽

15. 小天使 *Philodendron selloum*

【识别要点】多年生草本。叶柄长，叶较小，羽状深裂，中脉突出，裂片披针形。

【习性、分布、用途】喜半阴和温暖潮湿的环境下生长，生长适温在 20～30℃，主要盆栽于我国南部，是室内主要的观叶植物。

图 8-2-46A 小天使（植株）

图 8-2-46B 小天使（叶）

16. 绿宝石 *Philodendron gloriosum*

【识别要点】大型藤本，茎蔓性，粗壮。叶大型，叶柄粗而长，有沟槽，全缘，深绿色，叶基心形，有光泽，顶渐尖。其品种红宝石，大型藤本，叶柄紫红色，叶背红色。盆栽观赏。

【习性、分布、用途】耐半阴，忌强光。我国广为栽培，盆栽攀附于柱廊，室内装饰，也可作墙壁或立柱绿化。

17. 绿萝（黄金葛）*Scindapsus aurens*

【识别要点】茎蔓性，长可达数米，多分枝，节处有气根。单叶互生，叶片心形，光亮而呈嫩绿色，具不规则黄斑。佛焰苞淡黄色。变种花叶绿萝（var. *macrofolium*），叶面具花色黄斑，有大叶和小叶两种。

【习性、分布、用途】耐半阴，忌强光。我国广为栽培，盆栽攀附于柱廊，可作室内装饰，也可作墙壁或立柱绿化。

图 8-2-47　红宝石

图 8-2-48　绿萝

图 8-2-49　大叶花叶绿萝

图 8-2-50　小叶花叶绿萝

18. 大漂 *Pistia stratiotes*

【识别要点】漂浮植物，具丛生须根，叶黄绿色，莲座状。

【习性、分布、用途】喜光湿，生于南方流动水域或湖泊，可美化水体。

19. 麒麟尾 *Epipremnum pinniatum*

【识别要点】大型攀缘草本。茎圆柱形，粗壮，多分枝。气生根具发达的皮孔，平伸，紧贴于树皮或石面上。叶柄长 25～40 cm，上部有膨大关节，叶鞘膜质，叶片薄革质，幼叶狭披针形或披针状长圆形，基部浅心形，成熟叶宽的长圆形，基部宽心形，羽状全裂，裂片线形。

【习性、分布、用途】性喜温暖湿润，较耐旱，也能适应光照较少的环境。主产于华南地区。主要作垂直绿化，绿化墙壁和树干。

图 8-2-51 大漂

图 8-2-52 麒麟尾

20. 金钱树 *Zamiaculcas zamiifolia*

【识别要点】茎基部膨大成球状。叶椭圆形，羽状螺旋着生在肥大的内质茎上，像一串串铜钱而得名，叶墨绿色，富有光泽。

【习性、分布、用途】喜暖热，耐干旱，忌强光，不耐寒。我国南方广泛栽培。叶形美观，叶色常绿，是很好的观叶植物。盆栽布置室内客厅。

21. 马蹄莲 *Zantedeschia aethiopica*

【识别要点】株高 70～100 cm。具有肥大的肉质块茎。叶基生，叶片翠绿，箭形，大而舒展，叶柄粗而长。巨大的佛焰苞洁白无暇，长可达 15 cm；开花时花梗伸长，肉穗花序金黄色，直立于佛焰苞中央，上部着生雄花，下部着生雌花；花期春秋。果肉质。

图 8-2-53 金钱树

图 8-2-54 马蹄莲

【习性、分布、用途】喜温湿，全球分布。叶片翠绿，花苞片洁白硕大，宛如马蹄，形状奇特，是国内外重要的切花花卉，用途十分广泛。

22. 心叶蔓绿绒（心叶喜林芋）*Philodendron erubescens*

【识别要点】蔓性藤本，气生根极发达粗壮。叶柄长而粗壮，叶心形，叶两面深绿色，枝叶披垂，顶稍尾尖。

【习性、分布、用途】喜湿润环境，耐寒又耐热，在我国中南部各省广泛栽培。布置室内，大方清雅，富热带雨林气氛，是很好的观叶植物。

23. 斑叶石菖蒲 *Acorus latarinowii*

【识别要点】高 10～20 cm。叶生于短茎上，基部扁平如扇，叶细线形，有光泽，有乳白色纵斑，基部排列成圆或半圆形，叶片向上开张。

【习性、分布、用途】性耐阴，分布于我国南部，为优雅的室内案头摆饰，亦耐湿，可当水草类放入水族箱内装饰美化。

图 8-2-55 心叶蔓绿绒

图 8-2-56 斑叶石菖蒲

G5 姜科 Zingiberaceae

1. 花叶艳山姜 *Alpinia zerumbei*

【识别要点】根茎横生，肉质。枝叶具浓香，叶革质，有短柄，叶面深绿色，并有金黄色的纵斑纹，斑块，富有光泽。圆锥花序下垂。

【习性、分布、用途】喜高温多湿环境，不耐寒。叶片宽大，色彩迷人。花香诱人，是一种极好的观叶植物，用于点缀庭园或树荫。

2. 艳山姜 *Alpinia galanga*

【识别要点】株高可达 3 m。茎叶有香味，单叶互生，二列，叶柄基部鞘状抱茎，叶片披针形，基部渐狭，边缘具短柔毛，两面均无毛。圆锥花序呈总状式，下垂。果球形。

【习性、分布、用途】喜湿热，原产于中国东南部至西南部各省区，亚洲热带广布。药用。

3. 沙姜 *Kaempferia rotunda*

【识别要点】多年生低矮草本植物，根茎块状，单生或数枚连接，芳香。叶通常贴近地面生长，近圆形，无毛或于叶背被稀疏的长柔毛，无柄。

图 8-2-57A 花叶艳山姜（植株）

图 8-2-57B 花叶艳山姜（花序）

图 8-2-58A 艳山姜（花枝）

图 8-2-58B 艳山姜（果枝）

图8-2-59 沙姜

【习性、分布、用途】喜湿润环境。分布于中国台湾、广东、广西、云南等省区，南亚至东南亚地区亦有，常栽培供药用或调味用。

4. 黑姜 *Alpinia japonica*

【识别要点】多年生草本，有香味，高达 1 m。叶基生，成丛，叶柄长，有沟槽，叶阔椭圆状披针形，羽状侧脉近平行。花序生于茎基部，白色。

【习性、分布、用途】喜温湿环境，我国南方有栽培，药用。

5. 姜花 *Hedychium coronarium*

【识别要点】地下茎块状横生而具芳香，形若姜。叶长椭圆状披针形，上表面光滑，下表面具长毛，无叶柄，叶脉平行。花序顶生，密穗状，有大型的苞片。蒴果椭圆，3 瓣裂，种子红棕色，其上有红色假种皮。

【习性、分布、用途】喜温湿，我国广布，适宜在公园花台、绿化带、草坪、假山及水池旁边种植。室内盆栽，既可赏花，又可闻香，怡情养性。根茎还可药用，有温中散寒、止痛消食之功效。

6. 闭鞘姜 *Costus specious*

【识别要点】多年生草本，株高 1～3 m，基部近木质，茎节明显，顶部常分枝，旋卷。叶片长圆形或披针形，长 15～20 cm，宽 6～10 cm，顶端渐尖或尾状渐尖，基部近圆形，叶背密被绢毛。穗状花序顶生，红色。

【习性、分布、用途】适宜水分充足肥沃的土壤上生长，我国华南分布较多，观赏与药用。

图 8-2-60A 黑姜（植株）

图 8-2-60B 黑姜（花）

图 8-2-61 姜花

图 8-2-62 闭鞘姜

G6 竹芋科 Marantaceae

1. 水竹芋 *Thalia dealbata*

【识别要点】挺水草本。叶互生，卵状披针形，叶色青绿，全缘。复总状花序，小花多数，花冠淡紫色，全株有白粉。花期 5～8 月。

【习性、分布、用途】喜温暖水湿、阳光充足的气候环境，不耐寒。世界各地均有分布。株形美观，叶色翠绿，是水景绿化的好材料，适于水池湿地美化。

2. 双线红斑竹芋 *Calathea sanderiana*

【识别要点】多年生草本。具根茎，茎通常不分枝或稀分枝。叶基生或茎生，叶片呈长椭圆形，叶面侧脉具两条平行淡黄色的条纹而得名。

【习性、分布、用途】喜温暖湿润和光线明亮的环境，不耐寒，也不耐旱，怕烈日。原产于巴西，现在世界各地栽培作观叶植物。

图 8-2-63 水竹芋

图 8-2-64 双线红斑竹芋

3. 孔雀竹芋 *Calathea makoyana*

【识别要点】株高 20 cm。基生叶，密集丛生，叶片卵状椭圆形，薄革质，呈金属光泽，沿主脉两侧分布羽状的暗绿色斑纹，左右交互排列，形如孔雀开屏的尾羽而得名，叶背紫红色。

【习性、分布、用途】喜温暖，不耐寒。世界各地栽培。叶色美丽，观赏价值较高，是重要的室内外盆栽观叶植物。

4. 饰叶肖竹芋 *Calathea cornate*

【识别要点】株高 60 cm。叶丛生，较长，近椭圆形，叶面墨绿色，有桃红色的斑纹，叶背淡红色。

【习性、分布、用途】喜温湿，耐阴。世界各地栽培。叶观赏价值较高，是重要的室内外盆栽观叶植物，常用于装饰办公室、会议室、树坛、花坛等。

图 8-2-65 孔雀竹芋

图 8-2-66 饰叶肖竹芋

5. 紫背竹芋 *Calathea insignis*

【识别要点】株高可达 80 cm。叶柄较长，顶关节状，叶椭圆状披针形，叶缘波状，光滑，表面淡绿色，有淡绿色的羽状斑纹，叶背紫红色。

【习性、分布、用途】喜温湿，耐阴。世界各地栽培。叶观赏价值较高，是重要的室内外盆栽观叶植物，常用于装饰树坛、草地。

6. 玫瑰竹芋（彩虹竹芋）*Calathea relopicta*

【识别要点】高达 50 cm。叶大，叶柄坚硬直伸，叶缘周围有一圈黄白色的斑纹，背面紫红色。

【习性、分布、用途】喜温湿，耐阴。世界各地栽培。叶观赏价值较高。

图 8-2-67　紫背竹芋

图 8-2-68　玫瑰竹芋

7. 箭羽竹芋 *Calathea insignis*

【识别要点】株高可达 100 cm，叶片斜立，表面具深绿色的羽状条纹，形似箭羽，故名。头状花序。

【习性、分布、用途】喜湿，原产于巴西。观赏价值高，给人凉爽清新的感受。

8. 银斑竹芋 *Ctenanthe oppenheimiana*

【识别要点】株高达 60 cm。叶基生，具紫色长叶柄，近叶基为绿色，叶片椭圆形，端具突尖，叶银白色，叶脉两侧为绿色，叶背紫色，叶面具银白色的斑块。

【习性、分布、用途】喜湿，我国南部盆栽或草地布置。观赏价值高，给人凉爽清新的感受。

图 8-2-69　箭羽竹芋

图 8-2-70　银斑竹芋

9. 波浪竹芋 *Calathea rufeibarba*

【识别要点】多年生草本，具根茎，枝叶密集丛生。枝条、叶柄、叶背均有棕色细毛。叶基稍歪斜，叶片倒披针形或披针形，叶面绿色，富有光泽，中脉黄绿色，叶背、叶柄均为紫色，叶缘及侧脉均有波浪状起伏故得名。

【习性、分布、用途】喜温暖湿润和光线明亮的环境，不耐寒，也不耐旱，怕烈日，原产于热带美洲雨林中。我国引种栽培作观叶植物。

10. 豹斑竹芋（二色竹芋）*Maranta bicolor*

【识别要点】具块状茎。叶长椭圆形，叶面粉绿色，中肋两侧叶脉间有褐红色的斑纹，形如豹斑而得名，叶背叶柄淡紫色。

【习性、分布、用途】喜高温，世界各地有栽培，为重要的小型观叶植物。叶形优美，叶色多变，是室内外装饰的理想材料。

图 8-2-71 波浪竹芋

图 8-2-72 豹斑竹芋

G7 石蒜科 Amaryllidaceae

（一）科的识别要点

具鳞茎、根状茎或块茎。叶多数基生，多少呈线形，全缘或有刺状锯齿。花单生或排列成伞形花序，花两性，辐射对称，花被片 6 枚，2 轮，雄蕊通常 6，子房下位，3 室，中轴胎座。蒴果。

（二）代表植物

1. 水鬼蕉 *Hymenocallis americana*

【识别要点】具鳞茎。叶剑形，多直立，鲜绿色。花葶扁平，花白色，无梗，呈伞状着生，有芳香。

【习性、分布、用途】喜光，不耐寒。我国南方多栽培。花叶均美，阴地植物，用于花境，片植，我国南方多植于水旁、池边及湖周草地。

2. 君子兰 *Clivia miniata*

【识别要点】株高 30～50 cm，基部为假鳞茎。叶基生，二列交互叠生，宽带形，革质，全缘，叶尖圆，深绿色，有光泽。花葶自叶丛中抽生，直立，粗壮，伞形花序，花色橙黄，花期 6～10 月。

【习性、分布、用途】喜温湿环境，不耐寒。为重要的观叶，原产于南非。世界各地均有栽培。观花植物，宜于室内盆栽装饰。

图 8-2-73 水鬼蕉

图 8-2-74 君子兰

3. 红花文殊兰 *Crinum asiaticum*

【识别要点】鳞茎长圆柱形。叶多数密生，呈莲座状排列，条状披针形或阔披针形，具纵脉。花葶自叶腋抽出，伞形花序，花红色具芳香，花期 7～9 月。其变种文殊兰，其花为白色；云南文殊兰，叶较宽大，花白色。

【习性、分布、用途】喜温湿，冬季休眠，夏季需遮阳栽培。原产于印度，我国广东、台湾、福建有分布。宜作厅堂，会场布置，暖地可在建筑物附近及路旁丛植。

图 8-2-75 红花文殊兰

图 8-2-76 文殊兰

4. 朱顶红 *Hippeastrum vittatum*

【识别要点】鳞茎球形，较大。叶 6～8 枚，与花同时或先花抽出，带状条形。花葶自叶丛外侧抽生，中空而粗壮；花 2～4 朵，大型，平伸或稍下垂，颜色以红色居多，也有白粉各色；花期春夏季。园林常见的品种白肋朱顶红，叶条形，中肋银白色。

【习性、分布、用途】要求温暖湿润而半阴的环境。世界各国均有栽培。宜作盆栽观赏，也可作切花或布置花坛、花境。

5. 葱兰 *Zephyranthes candida*

【识别要点】鳞茎圆锥形。叶基生，狭线形，稍肉质，具纵沟。花葶中空，稍高于叶；花单生，白色，无筒，具膜质苞片；花期 7 月至 11 月初。

【习性、分布、用途】喜温湿，不耐寒，各地广为栽培。株丛低矮而紧密，花期较长，是适宜花坛边缘和阴地的地被植物，也可作盆栽观赏。

图 8-2-77　云南文殊兰

图 8-2-78　朱顶红

图 8-2-79　白肋朱顶红

图 8-2-80　葱兰

6. 韭兰（风雨花）*Zephyranthes carinata*

【识别要点】叶扁平线状，形如韭菜叶，基部具紫红晕。花具明显筒部，粉红或玫瑰红。与之相似的为黄垂筒花，叶较长，基生，花较小，筒状。

【习性、分布、用途】喜温湿，不耐寒。我国各地均有栽培。可盆栽观花。

7. 水仙 *Narcissus tazetta* var. *chinensis*

【识别要点】鳞茎卵球形。叶狭长带状，丛生。花葶于叶丛中抽出，高出叶丛，中空，

图 8-2-81A　韭兰（植株）

图 8-2-81B　韭兰（花）

图 8-2-82　黄垂筒花

图 8-2-83　水仙

伞房花序生于花葶顶端，花白色，芳香，中心具鲜红色杯状副花冠。春节期间开花。

【习性、分布、用途】喜冷湿，不耐热。我国传统名花。在春节期间水养盆栽于室内外观赏。

8. 粉叶石蒜 *Lycoris radiata*

【识别要点】鳞茎近球形，直径 1～3 cm，秋季出叶，叶基生，常成丛，狭带状，两面有白粉，顶端钝，中脉在背面凸出，叶表面具粉白色的中脉带。

【习性、分布、用途】喜阴湿，常野生于阴湿山坡和溪沟边。分布于中国多地，具有较高的园艺价值。

图8-2-84　粉叶石蒜

9. 网球花 *Haemanthus multiflorus*

【识别要点】多年生草本，鳞茎扁球形。叶自鳞茎上方短茎抽出，3～6 枚，椭圆形至矩圆形，长达 30 cm，全缘。花葶先叶抽出，绿色带紫色斑点，伞形花序顶生，圆球状，花序径约 15 cm，小花 30～100 朵，血红色，花期 5～6 月。

【习性、分布、用途】喜温湿，不耐热，亦不耐寒。原产于非洲，我国云南有野生，现各地引种作室内观赏。

图 8-2-85A 网球花（枝叶）

图 8-2-85B 网球花（花序）

图 8-2-86 水塔花

G8 凤梨科 Bromeliaceae

1. 水塔花 *Billbergia pyramidalis*

【识别要点】叶片呈莲座状排列，矩状带形，较宽，呈绿色，叶缘具稀锯齿。苞片粉、橙各色，花期 9～10 月。

【习性、分布、用途】喜温湿环境。我国南方各地有栽培。花叶俱美，是重要的温室盆栽观赏植物。

2. 果子蔓（红星凤梨）*Guzmania lingulata*

【识别要点】株高 30 cm，叶莲座状着生成筒状，叶带形，向外弯曲，叶基部内折成槽，翠绿色，有光泽。伞房花序，具大型鲜红色或黄色的苞片。常年开花。

【习性、分布、用途】喜充足的阳光和水分。我国各地有栽培。可供盆栽观赏，室内装饰。

3. 菠萝 *Ananas comosus*

【识别要点】茎短，叶多数，莲座状排列，剑形，顶端渐尖，全缘或有锐齿，腹面绿色，背面粉绿色，边缘和顶端常带褐红色，生于花序顶部的叶变小，常呈红色。花序于叶丛中抽出，状如松球；苞片基部绿色，上半部淡红色，三角状卵形；萼片宽卵形，肉质，顶端带红色；花瓣长椭圆形，端尖，上部紫红色，下部白色。聚花果肉质。花期夏季至冬季。

图 8-2-87A 果子蔓（红色）

图 8-2-87B 果子蔓（黄色）

【习性、分布、用途】喜温热，中国福建、广东、海南、广西、云南有栽培。原产于美洲热带地区，为著名热带水果之一。

常见的凤梨科植物还有：

（1）姬凤梨 *Cryptanthus acaulis* 叶长条形，粉红色，有锯齿，莲座状。

（2）粉菠萝 *C. fasciata* 叶莲座状，有白粉，花粉红。

（3）火炬凤梨 *C. poelmannii* 叶莲座状，穗状花序紧密，形如“火炬”而得名。

（4）金边凤梨 *Ananas cornosus* cv. Variegatusa 叶长条状披针形，边缘金黄色，锯齿具刺。

（5）虎斑凤梨 *A.* sp. 叶两面具紫红色虎皮状斑纹。

（6）火剑凤梨 *A. comosus* 叶长带形，穗状花序扁平呈剑状，红色。

（7）铁兰 *Tillandsia cyanea* 叶放射状基生，斜伸而外供，条形，硬革质，叶色浓绿，基部具紫褐色的条纹。花葶高出叶丛，穗状花序椭圆形，扁平，苞片二裂，粉红色。

图 8-2-88 菠萝

图 8-2-89 姬凤梨

图 8-2-90 粉菠萝

图 8-2-91 火炬凤梨

图 8-2-92 金边凤梨

图 8-2-93 虎斑凤梨

图 8-2-94 火剑凤梨

图 8-2-95 铁兰

G9 美人蕉科 Cannaceae

图8-2-96 美人蕉

美人蕉 *Canna indica*

【识别要点】株高 1 m 以上，有球茎，地上茎绿色。单叶互生，叶长椭圆状，两面绿色。总状花序着花疏散，花较小，雄蕊瓣化，鲜红色，唇瓣橙黄色，具红色斑点。花期 4～5 月。

【习性、分布、用途】性强健，适应性强，各地园林有栽培。可布置花境、园林丛植或庭院栽植，也可大片自然栽植。

品种有：

（1）金脉美人蕉 cv. Gold 叶脉呈金黄色。花多黄色。

（2）紫叶美人蕉 cv. Purpurl 叶片紫红色。

图 8-2-97 金脉美人蕉

图 8-2-98 紫叶美人蕉

G10 鸢尾科 Iridaceae

1. 射干 *Belamcanda chinensis*

【识别要点】地下茎短而坚硬。叶剑形，扁平而扇状互生，被白粉。二歧状聚伞花序顶生，花橙红，花被有红色斑点，花期 7～8 月。

【习性、分布、用途】性强健，耐寒性强。我国各地有栽培。可作花坛、花境等配置，是良好的切叶材料。

2. 美丽鸢尾 *Iris loctorum*

【识别要点】地下具根状茎，粗壮。叶剑形，丛生，基部重叠抱成二列，叶丛中常产生走茎，走茎顶生新枝。花葶从叶丛中抽出，高与叶等长，花篮紫色，花期 6～8 月。

【习性、分布、用途】耐寒性强，喜光照充足，喜肥沃土壤。分布于我国与日本。常用于布置花坛、花池、花境及水池湖畔，亦可作切花。

图 8-2-99 射干

图 8-2-100 美丽鸢尾

3. 唐菖蒲（剑兰）*Gladiolus hybridus*

【识别要点】根茎短肥，植株高大，健壮。叶剑形，抱茎，基部二列状。花葶与叶几等长，蝎尾状聚伞花序，花有红、粉红、黄等色。

【习性、分布、用途】适应性强，喜光。世界各地均有分布，常作切花。为世界著名的四大切花之一，也可作插花材料。

4. 小苍兰 *Freesia hybrida*

【识别要点】多年生球根花卉。叶剑形或线形，质硬，略弯曲，黄绿。花亭直立，单歧聚伞花序，花偏生一侧，花多为黄色，亦有白、紫各色，有芳香味。

【习性、分布、用途】性喜光，要求阳光充足，原产于南非及热带非洲，因其丰富色彩和开花的浓香而深受园艺爱好者的欢迎，中国各地多露天栽培，作切花。

图 8-2-101 唐菖蒲

图 8-2-102 小苍兰

G11 龙舌兰科 Agavaceae

1. 虎尾兰 *Sansevieria trifasciata*

【识别要点】叶直立，厚革质，自根际发出，带状披针形，扁平，基部略呈圆筒状，两面具白色或深绿色相间的横带状斑纹。花葶高，花白色至淡绿色。

【习性、分布、用途】抗逆性强，生长强健。喜温湿环境。我国云南、广东常露地栽培。为常见的盆栽观叶植物，室内装饰、温室栽培均可。

常用的变种有：

（1）金边虎尾兰 var. *laureneii*　叶缘带金黄色。

（2）短叶虎尾兰 var. *hahnii*　株矮小，叶片短，深绿色具淡绿色横纹。

（3）金边短叶虎尾兰 cv. Golden　株矮小，叶片短，叶缘金黄色。

图 8-2-103　虎尾兰

图 8-2-104　金边虎尾兰

图 8-2-105　短叶虎尾兰

图 8-2-106　金边短叶虎尾兰

2. 娃娃朱蕉 *Cordyline fruticosa*

【识别要点】植株矮小，茎干直立。叶片短而密生，深紫红色，边缘有一条深红色镶边；叶披针状椭圆形，顶端渐尖，基部渐狭。圆锥花序顶生。

【习性、分布、用途】喜温湿。分布于我国南方，株形美观，叶色秀丽，为常见的庭园绿化和室内外盆栽观赏的佳品。

3. 太阳神（密叶朱蕉）*Cordyline compacta*

【识别要点】常绿灌木状草本，无分枝。叶片密集轮生，排列整齐，绿色，边略卷，排列紧密；无叶柄，长椭圆披针形，长 20～40 cm，宽 4～8 cm；莲座状排列。

【习性、分布、用途】喜阴湿环境，我国及热带地区作室内绿化装饰的珍品，可置于窗台、茶几和书桌等处观赏。

图 8-2-107　娃娃朱蕉

图 8-2-108　太阳神

4. 银纹龙血树（银纹龙血）*Dracaena deremensis*

【识别要点】灌木状草本。叶带形，簇生于茎顶，细软，平行纵脉具银白色或淡黄色的条纹。花白色。

【习性、分布、用途】喜湿润环境，热带分布，现多栽培作绿化观叶植物。

5. 朱蕉 *Cordyline fruticosa*

【识别要点】多年生常绿灌木。茎直立。有叶痕，叶披针形。叶色变化大，常见的为彩叶朱蕉，其叶边缘紫红色，叶片间夹杂几条不规则的红、紫、黄、绿色等深浅不同的条纹色彩。其品种白叶朱蕉，叶表面具白色彩纹。

【习性、分布、用途】喜湿润环境，我国华南地区进行室内美化，观赏效果极佳。

6. 五彩千年木 *Dracaena marginata*

【识别要点】茎干直立，圆柱形，挺直，亭亭玉立。叶片细长，长条状带形，叶面有多条彩色纵纹，叶色清新明媚。

【习性、分布、用途】耐旱、耐阴，也耐强光，生长缓慢，华南地区庭园栽培或盆栽作室内植物 。

7. 龙舌兰 *Agave americana*

【识别要点】大型肉质草本，无茎或具短茎。叶片厚、坚硬、倒披针形，灰绿色；莲座式排列，较大的叶子经常向后反折，叶基部表面凹，背面凸，至叶顶端形成明显的沟槽；叶顶端有 1 枚硬刺，叶缘具向下弯曲的疏刺。品种金边龙舌兰，叶缘金黄色；银边龙舌兰，叶缘银白色。

图 8-2-109 银纹龙血树

图 8-2-110 朱蕉

图 8-2-111 彩叶朱蕉

图 8-2-112 白叶朱蕉

【习性、分布、用途】喜热，耐干旱，分布于热带亚热带地区。叶片坚挺美观、四季常青，热带栽培观赏。

8. 富贵竹 *Dracaena sanderiana*

【识别要点】多年生常绿灌木，茎直立，节明显，形如竹秆。叶螺旋状互生，长披针形，全缘，鞘状抱茎，叶色浓绿。品种有天使竹，叶深绿色，大而密，顶尖；金心富贵竹，叶中脉金黄色。

【习性、分布、用途】喜湿，原产于非洲，我国大量引入盆栽。

9. 金心巴西铁 *Dracaena fragrans*

【识别要点】常绿小乔木，株高可达 4 m。茎干直立。叶簇生，长椭圆状披针形，鲜绿色，具光泽，沿中脉有金黄色条纹。穗状花序，黄绿色。其栽培种为螺纹铁，叶炳卷曲，螺旋状排列。

【习性、分布、用途】适生于水分充足、土壤肥沃的酸性土，我国南方各省有栽培。

图 8-2-113 五彩千年木

图 8-2-114 龙舌兰

图 8-2-115 金边龙舌兰

图 8-2-116 银边龙舌兰

图 8-2-117 富贵竹

图 8-2-118 天使竹

图 8-2-119　金心富贵竹

图 8-2-120　金心巴西铁

10. 荷兰铁（象脚丝兰）*Yucca elephantipes*

【识别要点】常绿木本植物，在原产地株高可达 10 m，盆栽的株高多为 1～2 m。茎干粗壮、直立，褐色，有明显的叶痕，茎基部可膨大为近球状。叶窄披针形，着生于茎顶，末端急尖，革质，坚韧，全缘，绿色，无柄。

【习性、分布、用途】耐旱耐寒，对土壤要求不严，以稍肥的腐殖土为好，原产于北美，我国各地引栽。

图 8-2-121　螺纹铁

图 8-2-122　荷兰铁

11. 丝兰 *Yucca smalliana*

【识别要点】常绿大灌木，茎短。叶近莲座状簇生，长带状，稍坚硬，顶渐尖。花近白色，秋季开花。

【习性、分布、用途】性强健，容易成活，耐寒。原产于北美洲，现温暖地区广泛作露地栽培。

12. 龙血树 *Dracaena angustifolia*

【识别要点】常绿小灌木，高可达 4 m，皮灰色。叶无柄，密生于茎顶部，厚纸质，宽条形或倒披针形，基部扩大抱茎，近基部较狭窄，中脉背面下部明显，呈肋状。顶生大型圆锥花序长达 60 cm，1～3 朵簇生，花白色、芳香。浆果呈球形。

【习性、分布、用途】喜高温多湿，不耐寒，喜排水良好营养丰富的土壤，主要分布于热带地区，我国各地栽培绿化。

图 8-2-123 丝兰

图 8-2-124 龙血树

图 8-2-125 雷神

13. 雷神 *Agave potatorum*

【识别要点】植株矮小，叶片短而宽，叶缘金黄色，有稀疏肉齿，齿端生黄色或红色短刺，叶顶端有 1 枚短刺。

【习性、分布、用途】喜温暖干燥和阳光充足环境，适应性强，较耐寒，略耐阴，怕水涝。以排水良好、肥沃的沙壤土为好。原产于墨西哥中南部，我国各地栽培观赏。

14. 百合竹 *Dracaena reflexa*

【识别要点】多年生常绿灌木，株高可达 9 m，长高后茎干易弯斜。丛生，多分枝。叶松散成簇生长，叶片线形或披针形，全缘，叶色碧绿而有光泽，叶缘有金黄色纵条纹。花序单生或分枝，小花白色。其品种为金边百合竹，叶缘金黄色。

【习性、分布、用途】耐阴性强，适合盆栽，是华南地区高级的室内装饰植物。茎叶可水培，也可作插花的高级材料。

G12 芭蕉科 Musaceae

1. 地涌金莲 *Musella lasiocarpa*

【识别要点】植株丛生，具横向根状茎。假茎矮小，基部有宿存的叶鞘。叶片长椭圆

图 8-2-126 百合竹

图 8-2-127 金边百合竹

形，先端锐尖，基部近圆形，两侧对称，有白粉。花序直立，直接生于假茎上，密集如球穗状，苞片干膜质，黄色或淡黄色。浆果三棱状卵形。

【习性、分布、用途】喜高温多湿气候，原产于云南，现华南有栽培，地涌金莲被佛教寺院定为“五树六花”之一，也是傣族文学作品中善良的化身和惩恶的象征。云南民间还利用其茎汁解酒、解毒，制作止血药物。

2. 香蕉 *Musa nana*

【识别要点】大型草本。叶从根状茎发出，由叶鞘下部形成高假秆；叶长圆形至椭圆形，10～20 枚簇生茎顶。穗状花序下垂，由假杆顶端抽出，花多数，淡黄色。果序弯垂，结果 10～20 串，50～150 个。植株结果后枯死，由根状茎长出的吸根继续繁殖，每一植株可活多年。

【习性、分布、用途】喜湿润气候，原产于亚洲东南部，台湾、海南、广东、广西等地区栽培为果树，为我国南方四大水果之一。

图 8-2-128 地涌金莲

图 8-2-129 香蕉

3. 芭蕉 *Musa basjoo*

【识别要点】草本多年生。叶片长圆形，先端钝，基部圆形或不对称，叶面鲜绿色，有光泽；叶柄粗壮，长达 30 cm。花序顶生，下垂；苞片红褐色或紫色；雄花生于花序上部，雌花生于花序下部。浆果三棱状。园林中常用的芭蕉科植物还有红花蕉（*Musa uranoscopus*），穗状花序直立，红色。

【习性、分布、用途】喜湿，原产于琉球群岛，中国秦岭淮河以南可以露地栽培，多栽培于庭园及农舍附近。

图 8-2-130 芭蕉

图 8-2-131 红花蕉

G13 仙茅科 Hypoxidaceae

大叶仙茅（地棕）*Curculigo orchioides*

【识别要点】根状茎近圆柱状，粗厚，直生。叶基生成丛，叶柄长而直立，叶线形、线状披针形或披针形，顶端长渐尖，基部渐狭成短柄或近无柄，两面散生疏柔毛或无毛，表面具平行纵脉多条。

【习性、分布、用途】适生于土壤肥沃、阴湿处，分布于我国长江流域。药用植物，具有补肾助阳、益精血、强筋骨和行血消肿的作用，现栽培用于绿化林下阴湿处。

G14 旅人蕉科 Stretlitziaceae

1. 斑旅蕉 *Heliconia illustris*

【识别要点】株高 30～70 cm，成株丛生。叶卵状披针形，莲座状排列，主脉淡黄色，有乳黄色斑纹，叶面初时绿色，后转为红棕色，叶背酒红色，叶柄橙红色，具黑色斑点。

【习性、分布、用途】性耐阴，我国南方庭园美化或盆栽，或作室内装饰植物。

2. 鹤望兰（天堂鸟，极乐鸟花）*Strelitzia reginae*

【识别要点】高达 1～2 m，根粗壮肉质，茎不明显。叶丛生，两侧排列，革质，长椭圆形或长椭圆状披针形，长 20～50 cm，叶柄比叶片长 2～3 倍，有沟。花葶自叶丛中抽生，与叶近等长，蝎尾状花序，花形奇特，宛如仙鹤翘首远望。花期长，主要为秋季。

【习性、分布、用途】喜温暖湿润环境，较耐寒。我国各地均有栽培。大型盆栽植物，用于室内外装饰，也可作切花。

图 8-2-132　大叶仙茅

图 8-2-133　斑旅蕉

3. 旅人蕉 *Ravenala madagascariensis*

【识别要点】多年生大型乔木状草本，干不分枝。叶成两纵列排于茎顶，呈窄扇形，叶长椭圆形。蝎尾状聚伞花序腋生，总苞白色，船形。

【习性、分布、用途】喜光，喜高温多湿气候。叶硕大奇异，姿态优美。富有热带风光。适宜在公园、风景区栽植观赏。

4. 蝎尾蕉（火鸟蕉）*Heliconia bihai*

【识别要点】常绿高大型草本，株高达 1 ~ 5 m。叶长椭圆形，端尖，具长叶柄，叶面绿色，主脉苍白色，侧脉隆起。穗状花序下垂，苞片二列状着生，硬质，船形，深红色；小花黄绿色，簇生于苞片腋部。园林中常用的该科植物还有黄鸟赫蕉（*Heliconia psittacorum*），花黄色，苞片二列状，舟形，花序直立。

【习性、分布、用途】原产于巴西，喜湿润气候，为珍贵的切花。

图 8-2-134　鹤望兰

图 8-2-135　旅人蕉

图 8-2-136 蝎尾蕉

图 8-2-137 黄鸟赫蕉

G15 兰科 Orchidaceae

（一）科的识别要点

附生或腐生草本，茎基部常膨大形成肉质假鳞茎。花两性，花被 6 枚，两侧对称，中央 1 枚花瓣特化形成唇瓣，常处于下方；雄蕊与雌蕊结合成合蕊柱，雄蕊 1 或 2，花粉结合成花粉块，子房下位。种子微小。

（二）代表植物

1. 文心兰 *Oncidium hybridum*

【识别要点】根白色肉质。叶片集生，线形，叶缘具细锐齿，叶脉明显。花葶直立，花黄色，花瓣上有褐色斑纹，有香气。花期 2～3 月。

【习性、分布、用途】喜湿润环境。我国南部有分布。盆栽，可做切花，布置室内，香气宜人。

2. 蝴蝶兰 *Phalaenopsis amabilis*

【识别要点】为附生兰类，假鳞茎短。叶卵状椭圆形，质厚。花葶长，呈拱形，着生花多，花呈蝴蝶状。花期 2～4 月。

图 8-2-138 文心兰

图 8-2-139 蝴蝶兰

【习性、分布、用途】喜高温、高湿环境，耐阴。为热带兰中的珍品，分布于我国南部。有“兰中皇后”的美誉，可盆栽观赏，也用于切花。

3. 石斛兰 *Dendrobium nobile*

【识别要点】假鳞茎纺锤状丛生。叶纸质，矩圆形，顶端 2 圆裂。总状花序，具花 1～4 朵；花大、半垂，白色或粉红色，花被顶端带有紫色，唇瓣具短爪，唇盘有一紫色斑块，十分美丽。

【习性、分布、用途】喜温湿，原产于中国长江以南和亚洲其他热带地区，现已引种到世界各地作盆栽花卉。已培育出许多园艺品种，其花朵更大而艳丽，可作切花或盆栽观赏。

图 8-2-140　石斛兰

4. 大花惠兰 *Cymb idium*

【识别要点】附生草本。假鳞茎狭椭圆形至狭卵形，大部分包藏于叶基之内。叶 4～8 枚，带形，先端急尖。花葶从假鳞茎下部穿鞘而出，外弯或近直立，长 45～60 cm；总状花序具 7～14 朵花，花有红、黄、白及粉红等色。

【习性、分布、用途】喜湿润环境，原产于印度，我国南部地区引栽作观赏花卉。

图 8-2-141A　大花惠兰（红色花）

图 8-2-141B　大花惠兰（黄色花）

G16 雨久花科 Pontederiaceae

1. 梭鱼草 *Monochoria korsakowii*

【识别要点】挺水植物。叶柄绿色，圆筒形，叶片光滑，呈橄榄色，倒卵状披针形，叶基生广心形，先端渐尖。穗状花序蓝紫色，花期 6～8 月。

【习性、分布、用途】喜温暖、阳光充足的环境。主要分布于我国南部。株形挺拔秀丽，可成片栽植于池塘水景，花、叶具较高的观赏价值。

2. 水葫芦 *Iichhounia crassipes*

【识别要点】漂浮植物，须根发达，悬垂水中，茎极短。叶丛生而直伸，倒卵状圆形，鲜绿色而有光泽，叶柄长，中下部膨胀呈葫芦状绵质气囊。花紫色，花期 6～8 月。

【习性、分布、用途】喜气候温暖、阳光充足的环境，生长快，适应性强，我国广泛栽培。叶色光亮，叶柄奇特，花色美丽，具较强的净化污水的能力。是美化环境、净化水源的良好材料。

图 8-2-142　梭鱼草

图 8-2-143　水葫芦

G17 薯蓣科 Dioscoreaceae

图 8-2-144　大薯

大薯 *Winge dyam*

【识别要点】缠绕藤本。地下块茎呈掌状、棒状或圆锥形，表面棕色或黑色，断面白色、黄色或紫色。茎基部四棱形，有翅，叶腋内有形态大小不同的侧芽。单叶，基部的叶互生，中部以上叶对生，叶卵状心形至心状矩圆形，顶端尾状，基部宽心形，两面无毛，有时压干后，叶边缘向内卷褶。雄花淡绿色，构成狭的圆锥花序，雌花为简单的穗状花序。

【习性、分布、用途】喜湿润土壤，分布广泛，我国长江流域有栽培，块茎供食用。

G18 灯心草科 Juncaceae

灯心草 *Juncus effusus*

【识别要点】多年生草本水生植物。秆丛生直立，圆筒形，实心有白色的髓。茎基部具棕色，退化呈鳞片状鞘叶。穗状花序顶生。蒴果黄褐色。

图 8-2-145 灯心草

【习性、分布、用途】常生长于潮湿多水的环境中，分布于热带亚热带地区。其茎髓或全草入药，具有清热、利水渗湿之功效，可用于淋病、水肿、心烦不寐、喉痹、创伤等症。

G19 禾本科 Poaceae

（一）科的识别要点

草本或木本状。地上茎秆多为圆筒形，稀扁平或方形；节明显，节间中空，少实心。单叶互生，二列状，叶可分成叶鞘、叶片、叶舌、叶耳四部分。花常两性，由多数小穗排成各式花序，小花由外稃、内稃、浆片、雄蕊和雌蕊组成。颖果。

（二）代表植物

1. 狗尾草 *Setaria viridis*

【识别要点】一年生草本植物，根为须状，秆直立或基部膝曲，高 10～100 cm，基部径达 3～7 mm。叶鞘松弛，无毛或疏具柔毛或疣毛，边缘具较长的密绵毛状纤毛。穗状花序形如狗尾而得名。

【习性、分布、用途】生于海拔 4 000 m 以下的荒野、道旁，全球分布，为旱地作物常见的一种杂草，有祛风明目、清热利尿的作用。

2. 淡竹叶 *Lophatherum gracile*

【识别要点】多年生草本植物。具发达的根状茎，须根中部可膨大为纺缍形肉质块根，黄白色。叶披针形。圆锥花序。颖果椭圆形。

【习性、分布、用途】喜阴湿，生于山坡林下阴湿处。分布于长江以南各省区。根药用，有清凉、解热、利尿及催产之效。

图 8-2-146 狗尾草

图 8-2-147 淡竹叶

3. 鼠尾粟 *Sporobolus fertilis*

【识别要点】多年生草本，须根长而粗，秆直立，丛生，高 25～120 cm，基部径 2～4 mm，质较坚硬，平滑无毛。叶鞘疏松裹茎，基部者较宽，平滑无毛或其边缘稀具极短的纤毛。圆锥花序常紧缩呈线形，有时间断，或稠密近穗形，长 7～44 cm，宽 0.5～1.2 cm，分枝稍坚硬，直立，与主轴贴生或倾斜。

【习性、分布、用途】喜湿润，在我国各地草地、田间野生。

4. 牛筋草 *Eleusine indica*

【识别要点】一年生草本，根系极发达，秆丛生，基部倾斜，高 10～90 cm。叶鞘两侧压扁而具脊，松弛，无毛或疏生疣毛。穗状花序 2～7 个指状着生于秆顶。

【习性、分布、用途】喜湿，分布广泛，生于田间、草地。

图 8-2-148 鼠尾粟

图 8-2-149 牛筋草

5. 高粱 *Sorghum bicolor*

【识别要点】一年生草本。秆较粗壮，直立，基部节上具支撑根。叶鞘无毛或稍有白粉；叶舌硬膜质，先端圆，边缘有纤毛；叶片线形至线状披针形，长 40～70 cm，宽 3～8 cm，先端渐尖，基部圆形或微呈耳形，表面暗绿色，背面淡绿色或有白粉，两面无毛，边缘软骨质，具微细小刺毛，中脉较宽，白色。圆锥花序疏松，暗棕色。颖果淡红色。

【习性、分布、用途】喜温、喜光作物，抗旱，抗涝，耐盐碱，原产于热带，为世界重要粮食作物，亦可药用及酿酒。

6. 甘蔗 *Saccharum officinarum*

【识别要点】一年生或多年生宿根草本植物。秆直立，粗壮多汁，表面常被白粉。叶互生，边缘具小锐锯齿。圆锥花序大型，由多数长圆形小穗组成。

【习性、分布、用途】甘蔗为喜温、喜光作物，分布于热带亚热带，我国栽培作粮食作物。

7. 细叶结缕草（台湾草）*Zoysia lenuifolia*

【识别要点】秆直立，茎纤细，匍匐茎发达。叶线状内卷，革质，较细密，似毯。穗状花序的小穗披针形。

【习性、分布、用途】喜光，耐湿热，耐旱，不耐寒。我国东部分布较多，为细叶型草坪园林植物，用于布置公园、居住区的草坪。

图 8-2-150　高粱

图 8-2-151　甘蔗

8. 大叶油草 *Axonopus compressus*

【识别要点】具长匍匐枝，节上可生根，密生灰白色柔毛。叶片阔条形，先端钝，亮绿色。

【习性、分布、用途】喜湿润环境，我国广东、海南、台湾有分布。可用于草坪、护坡。

图 8-2-152　细叶结缕草

图 8-2-153　大叶油草

9. 粽叶芦 *Thysanolaena maxima*

【识别要点】多年生丛生草本，茎直立粗壮，质硬。叶片披针形，具横脉，顶端渐尖，基部心形，具短柄。一年有春夏或秋季两次花果期。

【习性、分布、用途】喜阴，生于山坡、山谷或树林下和灌丛中。主产于台湾、广东、广西、贵州。秆可作篱笆或造纸，叶可裹粽，花序用作扫帚，栽培作绿化观赏用。

10. 粽叶狗尾草 *Setaria palmifolia*

【识别要点】多年生草本。秆直立或基部稍膝曲，具毛，少数无毛，上部边缘具较密而长的纤毛，毛易脱落，下部边缘薄纸质，无纤毛。单叶互生，叶鞘抱茎，叶片纺锤状宽披针形，长 20～59 cm，宽 2～7 cm，先端渐尖，基部窄缩呈柄状，近基部边缘有细毛，具纵深皱褶，两面有毛。穗状花序直立。

【习性、分布、用途】喜阴湿，生于山坡密林中，原产于非洲，我国各省均有分布。

图 8-2-154 粽叶芦

图 8-2-155 粽叶狗尾草

11. 芦竹 *Arundo donax*

【识别要点】多年生高草本，具发达根状茎，秆粗大直立，坚韧，节间明显，常生分枝。叶鞘长于节间，无毛或颈部具长柔毛；叶舌截平，先端具短纤毛；叶片扁平，上面与边缘略粗糙，基部白色，抱茎，叶缘金黄色。圆锥花序极大型，分枝稠密，斜升；背面中部以下密生长柔毛，两侧上部具短柔毛。颖果细小黑色。花果期 9～12 月。

【习性、分布、用途】喜水湿，适生于河岸道旁、沙质壤土上。原西班牙，我国南方各地均有引种栽培分布，作庭园或河岸绿化。

图 8-2-156 芦竹

12. 紫叶狼尾草 *Pennisetum alopecuroides*

【识别要点】多年生草本。秆直立，丛生，在花序下密生柔毛。叶鞘光滑，两侧压扁，叶舌具长约 2.5 mm 纤毛；叶片长线形，紫红色，先端长渐尖，基部生纤毛。圆锥花序较长，弯曲似狼尾，白色或紫红色。果长圆形。

【习性、分布、用途】适生于海拔 50～3 200 m 的田岸、荒地、道旁及小山坡上。中国自东北、华北经华东、中南及西南各省区均有分布。现用作园林绿化。

13. 竹叶草 *Arm grass*

【识别要点】多年生草本。秆斜向延伸，质坚硬似小竹，基部各节长根，多节，节上有髯毛。单叶互生，叶片披针形至卵状披针形，被毛，叶鞘较节间短，疏被长毛。花序呈总状排列，小穗紫色。颖果椭圆形。

【习性、分布、用途】适生于疏林下的阴湿处，我国华南和西南有分布，民间作草药用，有清热利湿功效，亦可作水土保持。

图 8-2-157 紫叶狼尾草

图 8-2-158 竹叶草

G20 莎草科 Cyperaceae

（一）科的识别要点

多年生或一生生草本，茎实心，常三棱形，无节，花序以下不分枝。叶常 3 列，长条形，叶鞘闭合。花小，排成小穗再组成各式花序。每朵小花通常具 1 苞片，花被完全退化为鳞片或刚毛状；雄蕊 3，子房上位。果为瘦果或坚果。

（二）代表植物

1. 莎草（茎三棱，三棱草）*Cyperus rotundus*

【识别要点】多年生草本。根状茎，高 50 cm 左右。茎三棱形，具纵棱。叶基生或秆生，披针形。穗状花序集成多样的花序，花两性或单性，雌雄同株。果实为小坚果，三棱形或球形。

【习性、分布、用途】喜温暖、阴湿环境，不耐寒。分布于温暖地区的森林及草原湖泊边缘。

2. 水蜈蚣 *Cyperus pulmata*

【识别要点】多年生草本，高 10～45 cm，散生。根状茎匍匐，被褐色鳞片，有节，节上生秆。秆纤弱，扁三棱形，平滑。花序近球形或卵状球形，着生有多而密的小穗，下面有向下反折的叶状苞片 3 枚，鳞片卵形。小坚果长圆形，表面密具微凸起的细点。花期 5～7 月。果期 7～10 月。

【习性、分布、用途】喜温暖、阴湿环境，不耐寒。分布于温暖地区的森林及草原湖泊边缘。

图 8-2-159 莎草

图 8-2-160 水蜈蚣

3. 旱伞草（风车草）*Cyperus alternifolius*

【识别要点】茎直立丛生，三棱形，无分枝。叶退化成鞘状，包裹茎秆基部，总苞片叶状，披针形，伞形着生于枝顶。穗状花序聚集成伞形状。花期 6～7 月。

【习性、分布、用途】喜温暖、阴湿环境，不耐寒。分布于温暖地区的森林及草原湖泊边缘。苞片叶状，园林中是配置水池、溪岸、喷泉的好材料。

4. 纸莎草 *Cyperus papyrus*

【识别要点】挺水植物。地上部分直立，茎稍粗，具纵棱。叶褐色，鞘状基生。聚伞花序顶生，稍下垂，总苞叶状，顶生，带状披针形，花淡紫色。花期 6～8 月。

【习性、分布、用途】性强健，喜温湿，喜光。世界各地栽培，株丛挺立，色泽淡雅洁净，用作水面美化。

图 8-2-161 旱伞草

图 8-2-162 纸莎草

【技能训练】

识别常见的草本与灌木森林植物

调查当地某苗圃、森林公园或植物园的草本与灌木植物，并编写名录。

一、训练准备

（1）实训前期准备：包括和实习公园或苗圃的事先约定、车辆安排、费用预算等。

（2）班级分组：全班根据情况分为若干小组，每组以 5 人为宜，选定小组长负责全组的工具领取与保管和任务分工。

（3）领取工具与工具书：放大镜、枝剪、采集铲、标本袋、标本夹、吸水纸、标本记录卡、鉴定卡、采集记录本、植物鉴定工具书、植物彩色图谱等。

二、内容和方法

1. 现场指导

教师带领学生沿既定的路线，针对常见的所学的草本与灌木进行复习和识别，重点复习各种植物的种名、科名和主要的识别要点及其所属的类型，同时观察其生境与应用。

2. 学生分组识别与采集

学生以小组为单位，巩固识别实习公园中老师讲解的草本与灌木类植物，对不认识的植物进行采集并记录其形态特征。注意尽量采集全面，如根、茎、叶和花、果等器官，同时记录花、果的颜色，采集地点，采集人，日期等，利用工具书对其进行检索，与植物彩色图谱对比，最后对所采集的标本进行压制备用。

3. 实训报告

（1）每组根据实习结果对宿根草本园林植物、球根草本园林植物、多浆及仙人掌类植物、水生园林植物四大类型编制该公园的多年生草本园林植物名录，要求全面，每一类型科名均按老师上课的顺序进行排列。

（2）每组根据调查结果按照系统编制野生草本与灌木的名录。

4. 后期工作

对所采集的标本进行换纸压干交标本室，交还工具与书籍。

参 考 文 献

1. 华南植物研究所主编 . 广东植物志 1-7 卷 . 广州 : 广东科技出版社，1990-2005.
2. 广西植物研究所主编 . 广西植物志 1-2 卷 . 南宁 : 广西科学技术出版社，1991-2005.
3. 方彦，何国生 . 园林植物 . 北京：高等教育出版社，2005.
4. 芦建国，杨艳荣 . 园林花卉 . 北京：中国林业出版社，2006.
5. 庄雪影 . 园林树木学 . 广州：华南理工大学出版社，2006.
6. 邢福武 . 广州野生植物 . 贵阳：贵州科技出版社，2007.
7. 庄雪影 . 园林植物识别与应用实习教程 . 北京：中国林业出版社，2009.
8. 何国生 . 森林植物 . 北京：中国林业出版社，2012.
9. 向明，黄安 . 园林植物识别 . 北京：科学出版社，2013.
10. 黄宝康 . 药用植物学 . 7 版 . 北京：人民卫生出版社，2016.